探究"钱学森之问"
科技创新人才智能分析

Inquiry into Hsue-shen Tsien Question
Intelligent Analysis of Scientific and Technological Innovation Talents

薛昱 张文宇 冯筠 任露 ◎ 著

科学出版社
北京

内 容 简 介

本书将管理科学、系统工程、脑认知和机器智能的相关理论结合在一起应用于科技创新人才关键要素的系统研究中。从定性与定量的综合集成，到概念加工与数据加工的协同运用，通过理论建模分析了科技创新人才的相关指标，并运用了实证分析挖掘出不同层次科技创新人才形成的关键要素，这对我国科技创新人才的培养有着重要的理论意义和社会价值。

本书可供各高等院校教育管理部门阅读，也可供科研院所中教育研究管理人员参考。

图书在版编目(CIP)数据

探究"钱学森之问"：科技创新人才智能分析/薛昱等著. —北京：科学出版社，2019.7
ISBN 978-7-03-059390-0

Ⅰ. ①探… Ⅱ. ①薛… Ⅲ. ①技术人才–人才培养–研究–中国 Ⅳ. ①G316

中国版本图书馆CIP数据核字（2018）第250739号

责任编辑：李 敏 张 菊／责任校对：彭 涛
责任印制：肖 兴／封面设计：无极书装

科学出版社 出版
北京东黄城根北街16号
邮政编码：100717
http://www.sciencep.com

新科印刷有限公司 印刷
科学出版社发行 各地新华书店经销

*

2019年7月第 一 版　开本：787×1092　1/16
2019年7月第一次印刷　印张：20　插页：2
字数：300 000

定价：168.00元
（如有印装质量问题，我社负责调换）

前　言

科技创新是解决发展中面临的重大问题的根本，是建设创新型国家的一个重要方面，科技创新人才的缺乏是科技创新活动中最显著的问题。跟随着"钱学森之问"，本书以不同层次的科技创新人才为研究对象，利用系统工程、管理科学、脑认知和机器智能等相关理论多角度研究培养科技创新人才的关键要素，从定性到定量综合集成，概念加工与数据加工协同运用，通过理论建模分析科技创新人才培养的相关指标，在系统工程视角下通过实证研究挖掘不同层次科技创新人才的关键要素，这对我国科技创新人才的培养有着重要的理论意义和社会价值。

本书共分为 10 章。第 1 章主要概述了科技创新人才的定义与发展现状；第 2 章从良好的知识修养、高尚的人格品质、健康的体魄和健全的心理四个层面系统分析了科技创新人才七商的关键要素，构建了科技创新人才关键要素指标体系，为后续系统研究科技创新人才提供理论基础；第 3 章基于科技创新人才关键要素指标体系，定性分析了七商及七商指标的关联关系；第 4 章用高层次科技创新人才的七商指标数据作为衡量标准，构建了科技创新人才匹配模型，判别样本是否符合科技创新人才标准，进而确定样本个体具体的科技创新层次；第 5 章通过研究七商指标间的关联关系，进行科技创新人才关键要素量化分析；第 6 章构建科技创新人才无向加权小世界复杂网络的拓扑模型，综合分析基于局部、全局和综合属性的网络节点重要性评价指标，计算科技创新人才复杂网络节点重要性，进而挖掘影响科技创新人才的关键要素；利用网络抗毁性测度指标分析不同层次的科技创新人才复杂网络在蓄意攻击和随机攻击两种策略下的抗毁性变化情况，以研究不同层次科技创新人才的关键培养要素；第 7 章通过研究人脑的生理基础与科技创新人才关键要素的关联，研究不同脑功能结构对个体七商相关指标的影响；第 8 章基于人类的认知过程从概念加工、数据加工、双向协同加工三种认知模式研究科技创新关键要素在加工过程中起到的作用，并采用贝叶斯分类器等挖掘不同层次人才的差别；第 9 章通过研究机器智能和人类智慧之间的异同，分析机器智能在科技创新活动中的辅助功能，提出了人类智慧和机器智能的协同发展模式，为提出科技创新人才的培养方案提供依据；第 10 章对收集到的科技创新人才的数据从复杂网络模型与机器智能模型等方面做了实证分析。

  本书由薛昱、张文宇、冯筠和任露编写，其中第 1 章～第 3 章由清华大学（经济管理学院）工商管理博士后流动站薛昱博士编写，第 4 章～第 6 章由西安邮电大学教授、中国航天系统科学与工程研究院博士生导师张文宇编写，第 7 章～第 9 章由西北大学教授冯筠编写，第 10 章由西安邮电大学教师、中国航天系统科学与工程研究院博士研究生任露编写。感谢清华大学雷家骕教授在书稿的编写工作中提供思路、给予建议。全书前期的资料收集及整理由西安邮电大学硕士研究生杨媛、刘思洋、张茜、刘嘉等共同完成。全书的统稿及校对由西安邮电大学硕士研究生朱钰婷、王丹枢、董大地、赵松敏、于瑞等共同完成。全书的制图及第 6 章的软件调试由中国航天系统科学与工程研究院博士研究生王磊，以及西安邮电大学硕士研究生于琦、杨风霞、樊海燕等共同完成，在此向他们表示真诚的感谢。

  在本书的写作过程中，虽然作者处处尽心尽力，希望能够做到尽善尽美，但是，由于本书所采用的系统工程与机器智能学习的研究方法是尚在发展的交叉学科且作者学术水平有限，书中难免存在不足之处。在此，作者竭诚欢迎并恳切希望广大读者不吝批评和指正，共同为我国科技创新人才的智能分析及"钱学森之问"的探索做出积极的努力。

作　者
2018 年 10 月

目 录

1 导论 ··· 1
   1.1 科技创新人才的定义与内涵 ·· 1
   1.2 科技创新人才研究综述 ·· 6
   1.3 科技创新人才发展现状 ··· 19

2 科技创新人才要素定性分析 ·· 23
   2.1 科技创新人才七商内涵 ··· 23
   2.2 七商关键要素分析 ·· 28

3 科技创新人才要素关联分析 ·· 51
   3.1 七商内部要素关联分析 ··· 51
   3.2 七商之间逻辑关联分析 ··· 63

4 科技创新人才系统评价 ·· 73
   4.1 科技创新人才关键要素指标体系构建 ····························· 73
   4.2 科技创新人才匹配模型 ··· 75
   4.3 科技创新人才模糊综合评价模型 ··································· 77

5 科技创新人才关键要素量化分析 ······································ 84
   5.1 数据分析方案设计 ·· 84
   5.2 七商内部要素量化关联分析 ·· 88
   5.3 七商之间的量化关联分析 ··· 96

6 科技创新人才关键要素复杂网络建模 ······························ 107
   6.1 复杂网络基本理论 ·· 107

  6.2 科技创新人才关键要素复杂网络拓扑结构 …………………… 122
  6.3 科技创新人才七商要素复杂网络节点重要性评价 …………… 125
  6.4 科技创新人才七商要素复杂网络抗毁性研究 ………………… 133

7 脑认知基本概念与理论 ………………………………………………… 137
  7.1 人脑认知现状 ……………………………………………………… 137
  7.2 人脑认知的基本模型 ……………………………………………… 140
  7.3 大脑的基本认知模型 ……………………………………………… 161
  7.4 科技创新人才的七商在人脑知觉四个过程中的作用 ………… 165

8 脑认知模型下基于机器学习的科技创新人才成长模式 ………… 167
  8.1 概念加工模型下基于贝叶斯分类器的科技创新人才分类 …… 167
  8.2 数据加工模型下基于层次聚类算法的科技创新人才鉴别 …… 182
  8.3 基于双向协同的科技创新人才关键要素系统研究 …………… 195

9 基于机器智能模型的科技创新人才鉴别分析 …………………… 213
  9.1 机器智能 …………………………………………………………… 213
  9.2 基于机器智能的科技创新人才关键要素的数据建模与分析 … 243

10 科技创新人才关键要素实证分析 ………………………………… 273
  10.1 实证数据来源及数据处理 ……………………………………… 273
  10.2 科技创新人才关键要素系统评价分析 ………………………… 274
  10.3 科技创新人才关键要素复杂网络模型分析 …………………… 283
  10.4 科技创新人才关键要素脑认知模型分析 ……………………… 298
  10.5 科技创新人才关键要素机器智能模型分析 …………………… 302

参考文献 ………………………………………………………………………… 305

1 导　　论

科学技术的快速发展，推动了社会经济结构由工业经济转向知识经济。知识经济的出现，给经济发展与社会发展带来了更好的机遇。知识经济代表着创新能力，对知识的掌握和创造性的开拓与应用能够带动国家富强、民族兴旺、企业发达、个人发展。一个以知识、智力资源为主体的知识经济时代即将到来。科技作为一个民族进步的灵魂，是国家兴旺发达的不竭动力，科技的发展已经成为社会生产力的主要推动力量，并渗透到人类生产生活的各个领域。可以说，一个国家和地区对科学技术的掌握及运用程度，决定了其经济社会发展水平。国际竞争最终都体现在科学技术的竞争上。科技的发展在于创新，创新的根本来源于科技创新人才，科技竞争归根结底是对科技创新人才的竞争，科技创新人才的总体数量和层次，直接决定了一个国家国际科技竞争力的水平。

1.1　科技创新人才的定义与内涵

1.1.1　科技创新人才的定义

20世纪80年代，我国兴起了对科技创新人才的研究热潮。相关研究成果中尚缺少对科技创新人才的准确界定，对其概念和认知尚未取得普遍认可。赵宏远[1]、王广民和林泽炎[2]、韩利红和李荣平[3]、廖志豪[4]、刘敏和张伟[5]、王贝贝[6]、李燕[7]相继从不同角度对科技创新人才进行了定义，但从整体上看，广大学者认为科技创新人才应具有三大特点：①从事科学技术研究；②具有创新精神；③能够产生巨大的贡献。结合以上学者观点，笔者认为科技创新人才是指拥有广博的专业知识和健康的身体状况，坚定不移地进行科学研究和创新，确保科学研究的实事求是，并将科研成果无私奉献，对科技进步、经济建设和社会发展产生巨大贡献的人才。

按照贡献程度和社会影响力的不同，笔者将从事科学和技术知识方面的工作或研究的科技创新人才划分为潜在科技创新人才、一般科技创新人才和杰出科技创新人才三个层次，如图1-1所示。

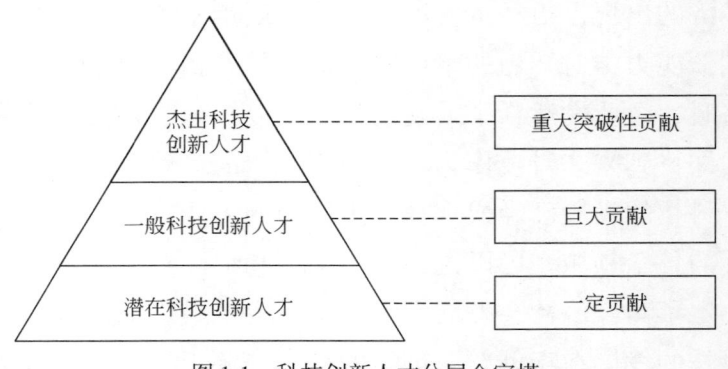

图 1-1 科技创新人才分层金字塔

1）最底层：潜在科技创新人才，是指学习过一定的专业知识，在知识技能等方面优于一般人员，正在从事或有潜力从事科学技术工作，对科学技术的产生、发展、传播和应用活动具有一定影响，在科学发现和知识产出方面拥有一定的成果，对社会经济发展做出了一定贡献的人才。

2）中间层：一般科技创新人才，是指拥有良好品质及优秀专业才能，具有敢于探索、研究和创造的创新意识，在科学研究中能够超越前人的理念和研究，产生出科技创新成果或创新理念，并为社会带来巨大贡献的人才。

3）最顶层：杰出科技创新人才，是指拥有广博知识体系，具有较高学术造诣，能够形成突破性理论、观点、技术和方法的科技创新成果，对科技进步、经济建设和社会发展做出了重大突破性贡献的人才。

综上，科技创新人才队伍的三层划分层层递进，对科技创新人才的综合能力的要求逐渐提升。杰出科技创新人才是科技创新人才金字塔的顶端人才，是科技创新人才队伍的带头人，是"大成智慧学"中"集大成、得智慧"核心内涵的集中体现。

1.1.2 科技创新人才的内涵

根据科技创新人才的定义，科技创新人才应为综合素质很高的人才，除了掌握广博的知识外，还在人格、身体、心理等方面具有较高的素质，具体包括以下四部分内涵。

1.1.2.1 具有良好的知识修养

科技创新是指在现有知识和技术的基础上，对其进行的突破。因此，科技创新人才在知识积累方面需要一定的广度与深度，且具有良好的知识修养。一般说来，科技创新人才的知识结构应该包括：接受过系统的专业学习训练，具有较高的学历，掌握与科技研究相适应的文化知识及基本理论，精通一种或几种专业知识和技能；同时具有开阔的视野，宽泛的知识层面，能够掌握与自己专业相适应的相关的金融、管理、法律等知识。面对日新月异的科技更新，科技创新人才必须保持强烈的求知欲，利用极强的思维能力去充实和更新自身知识体系，才能有重大创新和成就。

1.1.2.2 具有健康的体魄

马克思说："在科学上没有平坦的大道，只有不畏劳苦沿着陡峭山路攀登的人，才有希望达到光辉的顶点。"[8]科技创新活动的复杂性和突破性要求科技创新主体必须拥有一副能经得起考验的身体。拥有健康的身体才能在科研活动中投入大量的精力，才能持续活跃在科技成果创新的道路上。相反，一个拥有良好的知识结构、科学的研究方法、明确的科研目标的科研主体,却恰恰缺少了一副健康的身体,结果只能是其科学研究无法顺利进行,科研成果无法达到预期效果。因此,身体作为革命的本钱,是决定科技创新人才的科研成果能否有效发挥作用的重要保证。

1.1.2.3 具有高尚的人格品质

人格品质决定了个体的价值观,而价值观对个体的人生观、世界观会产生巨大影响[9]。科技创新人才作为一个国家科学技术发展的领路人,产出的科技成果的应用方向往往与个人品质有直接联系,将对科技创新的发展产生重要影响。科技创新作为发现和改造客观世界的活动,在客观世界中发挥着巨大的作用。当科研主体具有高尚的人格品质时,才能实事求是地进行科学研究,得到真实、有效的科研成果;才能具有无私的奉献精神,将科技创新作为必胜的奋斗目标,全身心地投入其中;才能引导科技创新成果在正确的渠道发挥作用和价值,不会为了私人利益,损害国家和社会的集体利益。

1.1.2.4 具有健全的心理

创新就是突破传统习惯,打破思维定式,创造前所未有的新事物与新思想。突破传统使科技创新主体必须经常承担较大的压力,在经受失败的磨砺后破茧成蝶,以顽强的毅力实现目标。同时,科技创新活动由于其复杂性、综合性特征,某一科技攻关项目往往需要多人通力合作才能完成。但是在巨大的科研压力下科研团队必然会存在很多矛盾和冲突,因此科技创新人才,只有清楚自身和科研伙伴的地位,进行合理分工,同时恰当地处理和他人的关系,才能保证科技创新活动的高效开展。

现代心理学和成功学的研究提出:人的成功商数可以概括为健商、智商、知商、灵商、情商、心商、胆商、意商、逆商、德商、位商等。在将前人提出的各商进行汇总后发现,各商概念存在一定的重叠。本书从科技创新人才应该具有的四个方面的素质——良好的知识修养、健康的体魄、高尚的人格品质和健全的心理出发，使用"商"对科技创新人才关键要素进行衡量，提出科技创新人才所应具备的七商。

在衡量个体知识修养方面，表示个体智力水平的智商已涵盖衡量对事物本质的灵感、顿悟能力和直觉思维能力的灵商，同时认为利用大脑思维将信息转化为知识的能力对科技创新人才也尤为重要，因此本书利用智商和知商来衡量科技创新人才的知识修养水平。

在衡量个体身体健康方面，科技创新人才需要健康的身体作为科技创新活动的坚实基础，因此保留健商的概念，并将健商扩充为包括健康意识、自理能力、身体素质、运动协调能力四大方面的衡量个体生命质量的指标。

在衡量情绪管理能力方面，情商和心商概念相近，因此本书提出了涵盖面更广的情商概念，包括个体感受与理解、运用与表达、处理自己与他人之间情感关系以及控制与调节自己情感的能力。在衡量冒险和意志力方面，胆商衡量了胆量、胆识、胆略，逆商则是指个体面对逆境承受压力的能力，意商是指坚韧性、目的性、果断性、自制力等，三者有一定的相似之处，面对复杂的、长期的、系统的、高风险的科技创新活动，笔者提出新的意商概念，定义包括个人独立程度、对待事物主动性、自身行为把控能力、自信程度、决策执行能力、抗压能力等方面的能力水平，将胆商、逆商包含在内。在衡量处位能力方面，科技创新活动需要多个个体组成的科研团队共同完成，因此科技创新人才必须迅速且准确地判断自身在科研团队中所处的地位，快速、有效地完成科研任务，即拥有较高的位商。

在衡量个体道德水平方面仍继续沿用德商概念，但结合科技创新人才的具体道德要求，将德商细化为社会责任感、奉献精神、敬业程度和诚信水平四个方面。

总之，良好的知识修养用智商和知商来衡量，为科技创新人才提供知识基础；健康的体魄用健商来衡量，为科技创新活动提供良好的身体基础；而健全的心理则包含情商、意商、位商，使科技创新人才能够利用机会、相互协作、坚持直至胜利；健全的人格素养，可用德商来衡量，使科技创新人才实现对社会的积极贡献。正是基于这样的思考，笔者试图利用七商在个体发展过程中的变化情况对科技创新人才所应具备的要素进行系统化分析，以期为科技创新人才要素的培养与塑造奠定理论基础。

1.2　科技创新人才研究综述

笔者重点梳理了国内外科技创新人才所需的关键要素，但相关文献有限。在查阅文献的过程中，发现较多研究科技创新人才成长规律的文献中都涉及对其发展产生重要作用的一些因素，如家庭因素、学校因素、社会因素等，而这些因素在很大程度上会影响科技创新人才的关键要素。本书在科技创新人才成长规律相关研究文献的基础上，结合科技创新人才的培养现状及培养过程中出现的问题，系统化分析科技创新人才成长过程中的关键要素。同时，对科技创新人才所需要素的研究方法进行综述，以便采取更为科学、合理的方法凝练出更加完备、针对性更强的科技创新人才关键要素。因此，本书从科技创新人才所需要素、成长规律及培养模式和关键要素研究方法这四个方面，对科技创新人才的相关研究文献进行整理和综述。

1.2.1　科技创新人才所需要素综述

1.2.1.1　国外关于科技创新人才所需要素综述

国外对科技创新人才所需要素的研究时间较长，但研究成果主要以"创新人才"或"创新型人才"为研究对象，尚未聚焦到科技创新人才的要素研究。笔者通过分析国外学者的研究和调查对象，将数据来源为科学家、科技工作者的文献进行整理，其结果见表1-1。

1 导　　论

表 1-1　国外科技创新人才要素特征研究汇总

研究者	知识	智力	创新思维	发散思维	洞察力	想象力	分析能力	创新精神	独立性	乐观平和	自控力	毅力	兴趣好奇	性格孤僻	冒险	严谨态度	自信	创新能力	合作能力
Einstein			√			√													
J. P. Guilford			√		√	√	√												
Barron							√												
D. Wechsler								√											
E. P. Torrance				√															
Frank Barron		√			√		√			√	√			√					
Torrance													√						
Bailey													√			√		√	
Pravdic																			√
Ricciardelli	√											√	√		√				
Rocom										√		√	√		√				
Jeery M. Burger[9]																	√		

· 7 ·

国外学者认为科技创新人才要素主要包括具有创新思维，良好的洞察力、想象力和分析能力，具有独立人格，忍耐力和好奇心强等特征。同时，有部分学者的研究结论略有不同，如 Pravdic（1986 年）认为科技创新人才应具有较强的合作能力，Barron（1969 年）却认为科技创新人才是性格孤僻的人。综合以上成果，国外对科技创新人才的要素研究主要集中在个人能力与品质方面，尚未研究身体素质对个体科技创新层次的影响。

1.2.1.2 国内关于科技创新人才所需要素综述

国内对科技创新人才要素进行的研究相对较多。白金铠[10]、施章清[11]、朱清时等[12]、黄楠森[13]、殷石龙[14]、张黎[15]、郝克朋[16]、隋延力[17]、陈希[18]、董国强[19]、赵传江[20]、林秀华等[21]、刘新彦[22]、王建鸣[23]、郑婧[24]、张秀萍[25]、赵鹏大[26]、田建国[27]、王彦梅[28]、王广民和林泽炎[2]、王思思[29]、叶明[30]、邢媛媛[31]、姜建明[32]、余祥庭和李晓锋[33]、廖志豪[34]、吕淑琴等[35]、林崇德和胡卫平[36]、吕成祯[37]、郑庆华[38]、黄小平[39]等多位学者从不同角度，根据不同层次的科技创新人才进行了研究。笔者将以上学者的研究成果汇总，其结果见表 1-2。

通过对上述学者提出的科技创新人才要素构成因素进行对比分析后发现，知识基础、高尚人格、创新意识、创新思维及持之以恒是科技创新人才的主要特征，为科技创新人才的后续研究及培养提供了一定的理论基础。但大多数学者是从不同的行业、不同的角度构建的要素评价模型，且研究对象不能确保达到科技创新人才层次，缺少权威机构研究、发布的要素模型，缺乏对关键要素的实证研究成果。大多研究成果只是学者从不同角度、不同领域层面对科技创新人才的要素进行分析，未能完整地建构出明确、具体的要素指标，从而其研究结果呈现出较大的主观性，科技创新人才评价体系尚未得以科学合理地构建，缺乏定量的系统分析。同时，研究成果大多针对科技创新人才这一广泛的研究对象，未能体现出不同层次科技创新人才在所需要素中的区别，研究成果不具有针对性，限制了其在实践应用方面的可操作性。

1 导 论

表1-2 国内关于科技创新人才要素特征的研究

项目	知识基础	创新思维	注意力、观察能力	记忆能力	想象能力	分析能力	创新能力	好奇心	进取心	持之以恒	健康体格	严谨态度	社会适应力	乐观	高尚人格	合作精神	创新意识	质疑冒险	竞争意识
白金铠	√														√	√			
施章清	√		√	√	√	√	√	√	√	√		√							
朱清时等	√		√		√			√					√						
黄楠森		√								√	√		√		√		√		
段石龙		√								√							√		
张黎		√	√							√					√	√			
郝克明								√							√		√	√	
隋延力										√					√		√	√	
陈希	√	√					√								√		√	√	
董国强	√	√					√	√									√	√	
赵传江	√	√					√			√					√		√		
林秀华等																			
刘新彦														√					
王建鸣										√					√	√	√	√	
郑婧	√									√					√		√		
张秀萍等	√						√												

· 9 ·

探究"钱学森之问"——科技创新人才智能分析

续表

项目	知识基础	创新思维	注意力、观察能力	记忆能力	想象能力	分析能力	创新能力	好奇心	进取心	持之以恒	健康体格	严谨态度	社会适应力	乐观	高尚人格	合作精神	创新意识	质疑冒险	竞争意识
赵鹏大		√					√										√		
田建国	√						√	√							√				
王彦梅	√						√								√		√		
王广民和林泽炎	√	√	√			√											√		
王思思	√	√				√		√							√	√			
叶明	√														√				
邢媛媛	√				√														√
姜建明	√							√				√			√				
余祥庭和李晓锋	√	√				√	√		√	√		√							
廖志豪	√	√				√		√									√		
吕淑琴等	√		√					√		√				√	√				
林崇德和胡卫平	√	√			√	√		√							√	√			
吕成祯	√	√						√		√		√			√	√	√	√	
郑庆华	√	√						√		√					√	√			
黄小平	√	√	√					√		√					√	√		√	

· 10 ·

因此，无论是对科技创新人才的界定，还是研究不同层次科技创新人才的区别，该研究问题都具有深入研究的理论意义和实践价值，从而使笔者构建的全面、细化的科技创新人才综合要素评价指标具有深刻的现实意义。

1.2.2 科技创新人才成长规律综述

人才成长规律是指对人才成长过程中各种本质联系的概括与归纳，包括人才成长过程中所接受的各种影响因素，以及不同因素影响对人才的成长和发展所带来的结果。我国人才学家王通讯通过对人才成长过程的研究，提出了师承效应、马太效应、共生效应等人才成长的八大规律[40]。对于科学技术研究领域的人才而言，因其面对的研究对象的特殊性和复杂性，使得科技创新人才的成长规律既存在一般人才成长规律，又存在一些特殊规律。

1.2.2.1 国外关于科技创新人才成长规律综述

国外学者对科技创新人才成长规律的研究成果较多，研究范围也比较宽泛，主要包括年龄家庭环境、教育环境、政策影响、地理优势等影响因素，对这些影响因素进行分析后得出了科技创新人才的成长规律（表1-3）。

表1-3 国外关于科技创新人才成长规律的研究

作者	研究对象	科技创新人才成长规律
朱克曼[41]	美国诺贝尔奖得主	82%的获奖者家境优越，影响家庭教育环境
Roco[42]	生物医学领域的科技精英	家庭的作用、遗传、人格和其他影响
Golub[43]	克罗地亚的科学精英	拥有较高的学历和外语能力，担任科研领导职务，具有管理科研团队的相关经验
Ren[44]	诺贝尔化学奖获得者	高教育水平、优秀的导师、广泛的学术交流和合作对诺贝尔奖得主有深刻影响

续表

作者	研究对象	科技创新人才成长规律
Zweig 等[45]	中国的海归学者	政府政策及赞助商对科学研究进行资助会对科技创新人才造成多大程度的影响
Parke[46]	环境生态领域科学家	采用地理优势累积效应来解释科技创新人才的集聚特征
Chan 和 Torgler[47]	1901~2000年诺贝尔物理学奖、化学奖、生理学或医学奖得主	世界一流大学在科学精英的培养过程中存在优势累积效应

1.2.2.2　国内关于科技创新人才成长规律综述

国内关于科技创新人才成长规律的研究较多，学者对科技创新人才成长过程与规律已有较为全面和深刻的认识。根据所选研究对象的层次不同，将科技创新人才划分为潜在科技创新人才、一般科技创新人才和杰出科技创新人才三个层次，分别针对不同层次的科技创新人才进行具体研究。由于潜在科技创新人才的特征尚不明显，难以把握普遍的成长规律，所以国内相关研究主要针对一般科技创新人才和杰出科技创新人才。

对潜在科技创新人才成长规律的研究：研究对象多为高校普通教师或大学生。以普通高校大学生、研究生为主要研究对象，通过对其学习经历和影响其成长的相关因素进行问卷调查，进而利用统计分析方法得到影响潜在科技创新人才的关键要素。但通过对文献的整理，发现学者对潜在科技创新人才的研究相对较少，且多数研究均是聚焦在科技创新人才成长的某一方面的影响，尚未形成人才成长规律系统性的结论（表1-4）。

表1-4　潜在科技创新人才成长规律的研究

作者	研究对象	研究结论
郭新艳[48]	四川省部分重点高校的科技创新人才	科技创新人才的成长分为预备、适应、稳定等多个发展阶段，其成长过程是循序渐进的
郭樑[49]	清华大学毕业生	科技创新人才成长是一种具有生长优势的矢量

续表

作者	研究对象	研究结论
林曾[50]	美国学者	在多个年龄阶段中个体科研能力都有可能达到个体的峰值水平
傅裕贵[51]	大学教师和科研院所研究人员	科技创新人才成长的内在要素包括：相关学科的知识与科学研究能力构架、选择与创立研究方向、承担科技任务与科技创新实践、科技成果产出与学术交流、学术贡献累积与学术地位形成
史静寰[52]	普通大学生	拔尖创新人才成长最重要的是优秀教师对学生的引导作用
李亚员[53]	普通科技创新人才	提出对创新特质的培养，注重知识交互和文化驱动对人才发展的影响，给出"修齐治平"的普遍规律

一般科技创新人才和杰出科技创新人才成长规律的研究：研究对象为诺贝尔奖得主、两院（即中国科学院和中国工程院）院士及科技奖获得者或某区域内的科技领军人才。这部分研究所考虑的影响因素已较为细致，主要通过家庭环境因素、受教育状况、影响最大的导师、科研团队等因素进行统计分析，得出一般科技创新人才和杰出科技创新人才成长共性，即规律性的认识（表1-5~表1-7）。

表1-5 一般科技创新人才成长规律的研究

作者	研究对象	研究结论
张俊芳等[54]	120名有突出贡献的中青年专家	注重学校教育、个人兴趣和社会需求的有机结合，培养适应性人才
马建光[55]	"两弹一星"科技精英	将社会需求作为人才培养方向，注重艺术与科学、理论与实践的结合
刘芳[56]	我国科学技术获奖者	三大内因（品德因素、智能因素和体制因素）和五大外因（家庭因素、教育因素、政治因素、团队因素和交流因素）共同作用的结果
林崇德和胡卫平[36]	拔尖科学创新人才	拔尖人才也需要在前期通过各种学习探索提升自己，最终才能产出高质量的研究成果
张霜梅[57]	拔尖科技创新人才	个性显现、主动积累、反思创新、责任促动

作者	研究对象	研究结论
郭俊[58]	高校科研机构的领导人、专家教授、技术研发的高级人才或院士、长江学者、国家杰出青年、"千人计划""青年千人计划""百人计划"入选者	外因主要有社会主流意识、社会资源、高素质群体、重大科研机遇及可供领军人物活动的舞台等;内因主要有忧患意识、前瞻意识、调整方向意识、团队建设意识及能力等
付连峰[59]	科技精英	科技精英的男女性别比明显高于其他科技人员;教育背景的重要性无以复加;科技精英的技术职称、管理职务、工作性质、机构级别和机构类别也与科技人员群体及其他层级存在着不同程度的差别;科技精英的社会网络状况也优于科技群体
傅宇[60]	2011~2014年国家优秀博士论文获得者	家庭背景(父母的受教育程度)、科研经历(学科背景、导师情况、科研资源)、自我认知(学习方式选择倾向、自身努力程度、性格特征)
高芳祎[61]	华人高被引科学家	个人素质(性别、社会出身、早期居住区域、勤奋与兴趣、志向与理想、专业眼光及宗教)、"重要他人"(所有教育阶段的老师、科研合作伙伴、亲属等)和组织环境(接受高等教育的机构、工作机构、实验室环境及专业学会组织、职业流动)
吴培熠等[62]	国家最高科学技术奖获得者	艰难环境的磨砺、现代科学思想的熏陶、名校名师的栽培、海外留学和工作的经历

表1-6 以诺贝尔奖得主为研究对象的科技创新人才成长规律研究

作者	研究对象	研究结论
马孝民等[63]	诺贝尔奖得主	主要集中于高科技产出的国家和高等教育机构,其成果较多呈现领域交叉的特性,合作性研究成果比例逐渐升高
万文涛[64]	诺贝尔奖得主	研究对象的创新能力随着年龄的增长均呈现先升后降的趋势,而创新经验随着年龄的增长稳步增加
刘少雪[65]	诺贝尔奖得主、汤森路透数据库中的高引科学家及中国两院院士	良好的系统化教育、高层次的研究团队和平台、坚定的科研信念是取得拔尖性成果的基础
刘亚俊等[66]	诺贝尔奖得主	从一名普通科学工作者成长为一流科学家的周期长短在很大程度上取决于获奖者博士阶段的研究工作

续表

作者	研究对象	研究结论
陈其荣和廖文武[67]	诺贝尔奖自然科学类奖项获得者	年龄、跨学科背景、一流大学体制和创新型国家
董凌轩等[68]	诺贝尔物理学奖获得者	合作是高科技创新人才成长过程中非常重要的影响因素
朱明明和万文涛[69]	323位美国诺贝尔奖得主	创新经验和创新能力随年龄增长分别呈Logistic曲线和"钟形"曲线分布，且两者之间呈非线性相关关系

表1-7 以院士为研究对象的科技创新人才成长规律研究

作者	研究对象	研究结论
吴殿廷等[70]	1999年底前当选的863名中国科学院院士和2001年底前当选的612名中国工程院院士	对成长的地域分布情况、成长环境等因素进行了系统调查，发现地域条件、家庭环境、受教育情况都是影响院士成长的重要因素
Cao[71]	1955~2001年当选的970名中国科学院院士	良好的家庭教育环境、丰富的求学经历、国家的强烈需求，这些是研究对象的普遍特点
邓笑天[72]	中国科学院院士和中国工程院院士及其他层面科技精英	内在因素：稳定的研究方向、执着的探索精神、合理的知识结构、创新的思维品格、正确的研究方法、健康的身心状态。外在因素：较好的科研条件、正常的学术交流、稳定的生活条件、适当的政策激励、良好的文化环境
卜晓勇[73]	中国科学院院士	科技精英具有明显的时代特性和师承规律
张煌[74]	参与我国军事研究的两院院士	将科学精英的成长过程划分为"潜人才"、从"潜人才"向"显人才"转变、最终成为"显人才"三个阶段
白春礼[75]	中国科学院系统内的两院院士、"百人计划"入选者、国家973计划和863计划重大项目负责人	拥有良好的家庭经济基础、接受系统的学校教育、根据国家的需要选择自身的研究领域、强烈的爱国情怀使得研究对象在传统优势学科等领域取得了瞩目的成果
张楠和李斌[76]	中国女院士	较富裕的家庭、稳定的经济支持、优良的家庭学习传统、良好的学校教育

杰出科技创新人才和一般科技创新人才指的是在当前研究的领域内有一定的成果与建树的工作人员，高校中的拥有高水平的大学生也是同龄人当中的优秀人才，研究他们的成长过程并总结出规律对于科技创新人才成长规律的研究具有重要的指导作用。然而，大学生和高校教师虽然都有相

关的专业知识与能力，但其科研成果的创新性并不能得到保证，该部分的研究其实践意义还有待证实。因此，笔者选取影响世界100人、历年诺贝尔奖获得者及中国两院院士这三大类杰出科技创新人才成长模式作为研究对象，既补充了第二部分文献的研究范畴，又弥补了第一部分研究对象创新性不确定的这一遗憾。基于他们成长过程的研究总结而成的规律对于进行科技创新人才成长规律的研究有着十分重要的理论价值和现实意义。

1.2.3 科技创新人才培养模式综述

1.2.3.1 国外关于科技创新人才培养模式综述

国外早在20世纪中叶就开始关注包括科技创新人才在内的创新人才的培养，重要的标志是大力开展科技创新教育。在美国这一方面的研究具有重要的创新意义的成果是麻省理工学院对于科技创新人才培养定位与发展模式的研究。美国哈佛大学2007年实行了新的有关科技创新人才的培养课程，具体有关新的通识教育，这是将科学和人文、教学与研究、课内和课外联系在一起的新的模式，一切以学生为中心开展培养工作，目标是培养新的科技创新人才。与此同时，美国的一些研究型大学开始将社会上的精英定位成人才培养的目标，并且也取得了重大成果。在世界朝着全球化、一体化发展的过程中，欧美国家在培养杰出创新人才的过程中越来越快、越来越强，欧美国家通过不断改进人才培养模式，已取得了许多成就。例如，欧洲大学重点研究的"研究导向的教育""基于研究的教育"；德国政府通过对现有教育资源和人才培养的整合评比，评选出10所由国家重点投资的学校进行世界一流大学的建设，5年投资19亿欧元用于有关科技创新人才的培养和相关精英人才的培养。

通过早期对科技创新人才培养模式的研究和大量有关科技创新人才培养模式的具体实践，国外对于科技创新人才培养已进入比较深层的领域并取得了一系列研究成果。20世纪90年代，Finke等[77]提出"过程导向创新培养模式"，注重创新的认知培养；但Amabile[78]、Lubart和Sternberg[79]、

Csikszentmihalyi[80]等学者提出应采用"系统导向培养模式",这些理论和成果为后来相关的科技创新人才的培养提供了新的视野,包含了非认知方面的因素。而 Chung 和 Ro[81]认为应该使用"问题导向的模式"来培养学生的创新思维。还有 Park 等[82]、Houng 与 Kang[83]提出的"个性化的教育模式",Barak[84]提出的"合作探究的组织模式",Lewis[85]提出的"创新竞赛模式",Gibson[86]、Eckhoff 和 Urbach[87]提出的"宽松环境育人模式",Berg[88]、Chang 等[89]提出的"玩兴氛围模式"等,这些理论和成果都对大学生的创新思维和能力有着进一步的提升与促进作用。

总体上说,欧美一些发达国家在有关科技创新人才培养的研究上有着较早的历史,并已有了积累和比较成熟的成果,具体包括:已经建立了一系列的培养模式和人才的管理制度,并拥有完善的配套设施和工作人员,相对于我国,其教育制度更加完善。这些都会对我国进行科技创新人才培养起到借鉴和帮助的作用。

1.2.3.2 国内关于科技创新人才培养模式综述

国内对科技创新人才培养模式的研究,主要是对于科技创新人才培养的现状及已有的问题、科技创新人才如何培养的研究。

对科技创新人才培养的现状及存在的问题的研究:王强等[90]、蒋雪岩和谢朝阳[91]、赵欢[92]、彭菊香和刘向红[93]、朱清时等[12]、姜联合等[94]、李中斌[95]、司徒倩滢[96]、赵鹏飞等[97]、胡军[98]等对我国现有的科技创新人才培养进行了分析,发现在科技创新人才培养的过程中存在以下问题:①培养科技创新人才意识的缺失;②主观能动性的缺乏,主要原因是传统的教育模式对培养学生的主观能动性方面有一定的负面影响;③社会缺乏学习科技创新的氛围;④政府对于科技创新鼓励机制的引导存在不足、高校行政化及科技管理机制不完善;⑤科技创新投入经费不足。这些原因导致我国目前科技创新人才培养规模日益壮大,但质量提升缓慢,同时缺乏科技创新能力和原创性。

对培养科技创新人才的途径和方法的研究:不同学者从不同的角度提

出了科技创新人才的培养途径和方法的改革,如张秀萍[99]、王红乾[100]、叶赋桂和罗燕[101]、赵姝颖和潘峰[102]、詹秋文[103]等认为将教学与科研相结合是较为有效的科技创新人才培养模式,胡冬煦[104]、刘扬正和王佩麟[105]将尊重个性的学校教育作为科技创新人才培养的重要模式,王丽茹[106]、范宁军等[107]、应中正等[108]、孟成民[109]、周叶中[110]、黄勇荣[111]认为跨学科教育比较有效,郝克朋[16]、钟秉林等[112]、张磊[113]将多渠道培养科技创新人才作为培养模式,何钟宁等[114]、董变林[115]、王剑等[116]、贺岚[117]等认为校企结合的实践性教学能够起到更好的效果等。有关科技创新人才培养模式的说法很多,冯刚[118]、冯慧[119]、翟立[120]、赵辰智[121]等认为应从思想政治教育方面提高科技创新人才素质。另外,眭依凡[122]、黄江涛和毕正宇[123]、孙孝科[124]、白强[125]在借鉴美国名校已有的对于创新人才的培养的前提下,提出了我国大学培养科技创新人才应进行的改革;陈锦其和徐明华[126]则从知识二元性视角对科技创新人才的培养提出建议。

目前,我国将培养的目标主要集中在大学生和研究生,并且已经进行了许多的尝试和探索,我国许多知名高校已经陆续开展了相关科技创新人才特色培养模式的研究。然而,尽管对于科技创新和人才培养已有了多年研究,但从国家整体而言还存在以下不足之处:①相关的理论和文献研究既没有充分适应建设创新型国家的发展趋势,也没有满足培养科技创新人才的关键需求,研究的具体指向不突出。②已有的创新人才研究大多是对于理论的分析,并且研究深度不足、层次不够丰富。相当一部分仅仅只是从整体上对于科技创新若干人才进行说明,缺乏具体实践的指导意义。

1.2.4 科技创新人才关键要素研究方法综述

在对科技创新人才所具备要素进行研究的文献中,学者较多地运用了层次分析法、模糊综合评价法、因子分析法及数理统计等方法。李光红和杨晨[127]、魏海燕和何萌[128]等主要运用了层次分析法将科技创新人才要素评价过程量化,从而将受到多种因素影响的科技创新人才要素进行简化提取，以构建科技创新人才要素评价模型。韩瑜等[129]、徐步朝等[130]则采用模糊综合评价法构建科技创新人才所具备的能力要素模型，进而较为准确地计算出科技创新人才要素模糊综合评价值。李良成和杨国栋[131]、时玉宝[132]等采用因子分析法对科技创新人才要素进行分层，以提取出对科技创新人才影响最为显著的因素。李燕等[133]、黄小平和李毕琴[134]则利用数理统计的方法，提取出了在调查对象中所占比例较大的几项关键要素。另外，刘泽双等[135]利用遗传算法，提出了科技创新人才创新能力评价的模糊综合评价新模型；蔡会娟[136]进行了基于层次分析法和BP神经网络的高校研究生综合要素评价研究。

综上，我国目前对于科技创新人才评级体系已有大量相关研究，但主要的研究方法仍停留在较为简单的分析方法，在提取科技创新人才的关键要素时会导致部分信息丢失，具有一定的局限性。虽然已有学者采用当前先进的方法和手段研究科技创新人才所应具备的关键要素，但研究仍相对较少。因此，笔者采用复杂网络方法、脑认知理论和机器学习方法对科技创新人才的基本要素进行深度挖掘和量化研究，力求多学科、多角度地提炼出更为科学、合理的科技创新人才关键要素体系，为科技创新人才的培养提供理论和决策支持。

1.3 科技创新人才发展现状

1.3.1 科技创新人才在经济社会发展中的作用

科技在人类历史中扮演着极为重要的角色，把人类社会推向更高一层的文明，人类社会对客观世界的认识过程中伴随着大量的科学发现。一个国家或地区的科技发展水平往往是其经济发展层次的直观表现，而科技创新是科学技术向前发展的直接动力。所以，科技创新能力是促进国家、区域经济发展的核心竞争力。从这个意义上说，人类社会的发展、世界经济的繁荣，很大程度上都来源于科学技术的创新，科技的每一次创新必然对世界经济、科技发展和国际综合国力竞争带来重大影响。科技创新推动知识经济快速发展，在知识经济时代，世界各国都迅速将科技创新作为国家发展的首要目标，将科技创新提升到战略层面，希望通过促进科技创新提升本国在国际范围内的核心竞争力。面对世界科技发展的新形势和日趋激烈的国际竞争，我国已经意识到科技对国家发展的重要作用，习近平总书记在关于科技创新的一系列重要讲话中就强调："科技是国家强盛之基，创新是民族进步之魂"。目前，我国已把走创新型国家发展道路作为我国面向2020年的战略选择，其中科技创新作为在科学技术领域的创造与革新的活动，是解决发展中面临的所有重大问题或根本性问题的根本，是我国建设创新型国家的关键。因此，如何通过科学技术的自主创新拉动我国建设创新型国家进程，是当前需要重点研究的课题。

人是生产力中最活跃的因素，是科技创新的主体。没有人才，科技创新就是一句空话。科技创新人才作为从事系统性科学和技术知识的发现、生产与应用活动的创造性人力资源，是科技这一先进生产力的集中体现，因此，对科技创新人才资源的有效开发与管理直接影响科学技术发挥其第一生产力的作用。科技发展和科技创新的不竭动力都来自于科技创新人才，其水平直接体现着科技创新能力的强弱，是区域社会经济快速发展不可替代的优势资源。因此，科技创新人才的培养问题受到了世界各国的高度关注，是一项有战略意义的研究课题。知识经济快速发展背景下，各国均在制定相应的对策，以提高科技创新人才的发展层次。中国作为发展中国家的一员，只有在科技创新人才的培养战略上赶上发达国家的战略部署，把高层次科技创新人才作为提升国家综合国力的战略资源，才能引领科技发展创新，提高自主创新能力，为我国建设创新型国家提供人才基础。

1.3.2 我国在科技创新人才培养中的不足

创新驱动的实质是人才驱动，任何科技创新活动都需要由科技创新人才来实现。近年来，我国在前沿科学技术方面的突破形成了许多令世界瞩目的成果，但在基础科学研究方面与发达国家相比仍存在较大差距。在人才培养方面，中国积极向世界发达国家看齐，推进了一批"985""211"高校的建设，实施了长江学者、"千人计划"等高端人才政策，以推进我国在科技创新人才培养方面的发展。

2014年6月9日，习近平总书记在中国科学院第十七次院士大会、中国工程院第十二次院士大会上讲话指出，"我们要把人才资源开发放在科技创新最优先的位置，改革人才培养、引进、使用等机制，努力造就一批世界水平的科学家、科技领军人才、工程师和高水平创新团队，注重培养一线创新人才和青年科技人才"，明确指出科技创新人才对科技发展的重要作用，将科技创新人才的培养提升到了国家战略层面。

虽然我国科技创新人才队伍规模随着科技投入的逐年增长不断扩大，但是科技创新人才与人口总数的比值仍然较小，我国科技创新水平与发达国家相比还存在着科技创新能力不强、科研成果转换效率较低等一些较为突出的问题，使我国自主创新能力提升缓慢，严重制约着我国社会经济的发展。面对当前科技创新人才培养的困惑，钱学森进行了深入的思考。

钱学森作为著名的科学家，广为人知的是他对国家民族、对科学研究做出的巨大贡献。其对青年人才、对科学道德的挚爱，却没能应用到中国的人才教育和培养中，这使得钱学森倍感遗憾。钱学森指出："现在中国没有完全发展起来，一个很重要的原因是没有一所大学能够按照培养科学技术发展创造人才的模式去办学，没有自己独特的创新的东西，老是'冒'不出杰出人才，这是很大的问题。"之后，社会各界展开了对创新人才教育培养所存在问题的深入思考，并将钱老的"为什么我国冒不出杰出人才"这一问题命名为"钱学森之问"，由"钱学森之憾"表现的现象深入到追其根源的"钱学森之问"。究其根本，"钱学森之问"提出的是我国科技创新人才的教育问题。在当前的应试教育体系下，我国在科技创新人才教育中对创新培养的理论认识已达到一定高度，但对创新实践能力的提高强调不足，这使得科技创新人才队伍难以真正地增添新鲜血液，加之我国老一辈科技大师相继离去，高端科技创新人才缺失，底层科技人员数量巨大但所产出的具有科学价值的成果较少，使得我国科技创新人才的整体质量难以得到提升。

　　对于"钱学森之问",钱学森用他所倡导的"大成智慧学"提供了一定的解决思路。"大成智慧学"的核心就是要打通各行、各业、各学科的界限,即为集大成得智慧。在科技研究领域,科技创新人才作为一国科技创新的领军人物,必须具有科学的人生观、价值观和世界观,能够运用多学科交融的学识进行科技创新,并运用创新科学技术改造客观世界。拥有较高综合素质的全方位发展人才,必须是集大成而得智慧者。然而,钱学森比较超前的教育设想的方向是前瞻的,但还是初步的,有的只是一个草图,还不够完善和成熟,尚需接受实践的进一步检验,需要在科技创新人才培养的实践中实事求是地理解和发挥。因此,笔者试图从钱学森"大成智慧学"中"集"的要点出发,依据大系统的理念,构建科技创新人才应具有的要素系统,为今后对科技创新人才的评价和选拔提供一定的指导,为我国实施全面素质教育打下理论基础;并结合衡量个人素质高低的"商数"概念,运用七商衡量科技创新人才的关键要素,以提升科技创新人才的整体素质,为培养全面发展的、新型智能型的科技创新人才奠定理论基础。

2 科技创新人才要素定性分析

为了实现潜在及一般科技创新人才从普通到优秀素质的提升，达到培养更多的杰出科技创新人才的目标，笔者将科技创新人才的素质特征划分为知识修养、身体素质、人格品质及心理状况四个层次特征，再利用七商衡量科技创新人才关键要素。其中良好的知识修养通过智商和知商来衡量，是科技创新人才内在素质。高尚的人格品质通过德商来衡量，是指科技创新人才的劳动成果通过其创造性劳动对社会的进步与发展产生的积极贡献，这是判定其为科技创新人才的外在依据。健康的体魄作为科技创新人才发展的基础主要用健商来衡量，是科技创新人才进行科学研究的身体根本。而健全的心理则通过情商、意商、位商三商衡量，是科技创新人才的心理状态。每个商值下又有不同的指标及影响因子对各商进行具体衡量，以构建出具体、详细的科技创新人才要素体系（图2-1）。

2.1 科技创新人才七商内涵

2.1.1 健商内涵界定

健商[137]（health quotient，HQ），是指个体对健康的态度及其把握程度，是1993年B. Bowman医生首次提出的。通过健商来对人的健康水平进行考察，不仅要看人体是否有疾病，更重要的是看个体在思想、情感、环境及社会这些方面是否健康，健商是对人生活环境情况的测量与评价，

探究"钱学森之问"——科技创新人才智能分析

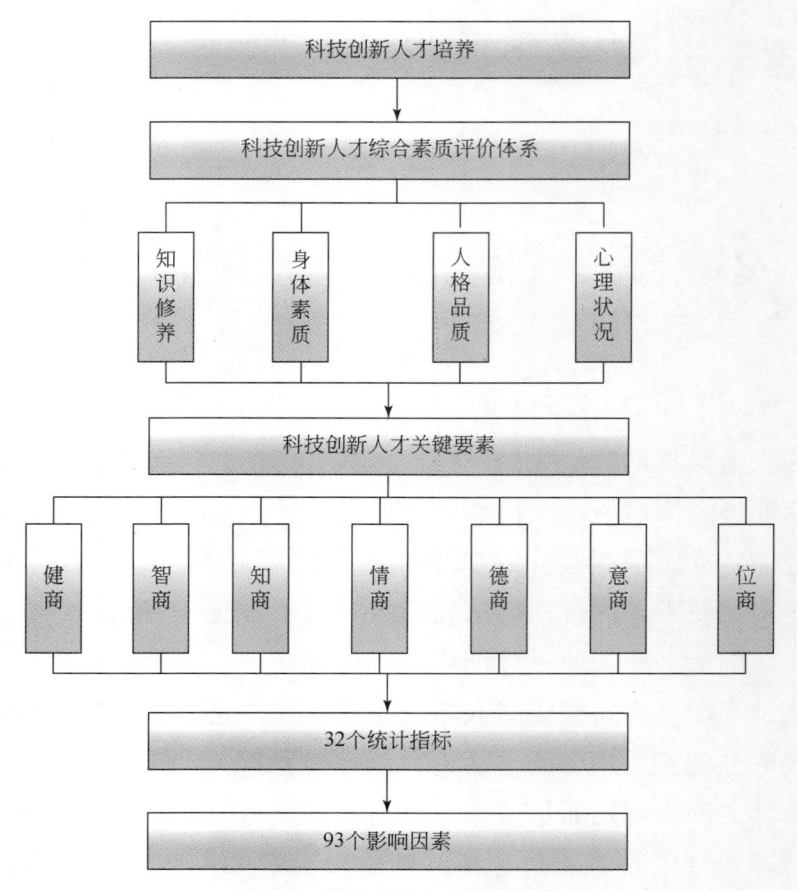

```
           ┌──────────────────┐
           │  科技创新人才培养  │
           └────────┬─────────┘
                    ↓
        ┌───────────────────────────┐
        │ 科技创新人才综合素质评价体系 │
        └───┬────┬────┬────┬────────┘
            │    │    │    │
         ┌──┴┐┌─┴─┐┌─┴─┐┌─┴─┐
         │知 ││身 ││人 ││心 │
         │识 ││体 ││格 ││理 │
         │修 ││素 ││品 ││状 │
         │养 ││质 ││质 ││况 │
         └─┬─┘└─┬─┘└─┬─┘└─┬─┘
           └────┴─┬──┴────┘
                  ↓
        ┌───────────────────────┐
        │   科技创新人才关键要素   │
        └┬───┬───┬───┬───┬───┬─┬┘
         │   │   │   │   │   │ │
       ┌─┴┐┌┴─┐┌┴─┐┌┴─┐┌┴─┐┌┴─┐┌┴─┐
       │健││智││知││情││德││意││位│
       │商││商││商││商││商││商││商│
       └─┬┘└─┬┘└─┬┘└─┬┘└─┬┘└─┬┘└─┬┘
         └───┴───┴─┬─┴───┴───┴───┘
                   ↓
           ┌──────────────┐
           │  32个统计指标  │
           └──────┬───────┘
                  ↓
           ┌──────────────┐
           │  93个影响因素  │
           └──────────────┘
```

图 2-1　科技创新人才要素体系

它综合反映了一个人的生命质量状态。

目前学术界对于健商的定义一般包含身体健康和心理健康两个方面。笔者在对前人文献进行总结归纳后认为,健商是衡量个体身体健康程度的指标,包括健康意识、自理能力、身体素质、运动协调能力四个方面。健商不仅靠先天决定,更要靠后天学习获取。在新世纪社会和科技竞争日益激烈的情况下,拥有良好的健商是人才自身发展的必备前提。科技创新人才在良好健康意识的指引下明确自身行为是否对健康有利,通过不断提高对自身健康的管理能力,不断提高身体素质和运动协调能力,为科学研究提供良好的身体基础。

2.1.2 智商内涵界定

智商[138]（intelligence quotient，IQ），是指人们认识客观事物并运用知识解决客观实际问题的能力，它是德国心理学家威尔海姆·斯特恩在1912年提出的。智商是运用已有知识去解决实际问题的能力，它是衡量人认识客观事物的标准，是一个科技创新主体进行创造性思维活动的基础。没有良好的智商发展水平，就谈不上高水平的创新能力。

一般而言的智商主要是指测度智商，往往需要通过智商量表进行测量，操作比较烦琐。笔者总结智商研究相关文献，结合遗传医学的观点，将智商归纳为父母遗传基础，受教育程度，注意力、观察力水平，记忆力水平，应变能力，想象力水平，语言理解及表达能力，以及逻辑思维能力八大要素。父母遗传基础和个体受教育程度是个体智商高低的外在表现，注意力、观察力水平，记忆力水平，应变能力，想象力水平，语言理解及表达能力以及逻辑思维能力则影响着个体智商潜能的开发，决定着智商的高低，是个体智商的具体表现。

2.1.3 知商内涵界定

知商[139]（knowledge quotient，KQ），是指个体通过大脑思维对客观世界的物质形态及运动规律进行概括和反映，并将客观世界的信息转化为知识的能力。知商最重要的作用是明确知识和智商在后天发展过程之中的辩证关系。知商作为提升智商水平必不可少的文化营养的原因正是它是人脑加工处理的内在的信息材料，知商转化为智商的条件就是后天获取的知商能够被人脑认知功能表达和运用，进而提高人的智商。

关于知商的研究文献较少，笔者依据个体对外界信息的获取、加工、存储等认知过程，结合教育学相关理念，将知商要素归纳为个体的知识获取能力、知识存储量及知识表示与应用能力。个体需要以良好的知识获取能力为前提，在储备大量知识基础后，个体会产生对于所学知识的深入思考与运用，进行科技创新。

2.1.4　情商内涵界定

情商[140]（emotional quotient，EQ），主要是指人在情绪、意志、耐受挫折等方面的品质，它是美国哈佛大学心理学教授戈夫曼在1995年提出来的。情商是衡量情绪智商水平高低的一项指标，是一种准确觉察、评价和表达情感的能力，是一种通过产生感情以促进思维的能力，一种调节情绪以帮助情绪和智商发展的能力，情商的高低，可以决定个体的其他能力能否发挥到极致，从而决定个体的人生有多大的成就。

关于情商的相关研究比较成熟，笔者在总结相关文献后认为情商主要反映个体感受与理解、运用与表达、处理自己与他人之间情感关系及控制与调节自己情感的能力。它是人体大脑神经中枢认知功能对外界相关情商信息的不同反映，主要包括加工信息、处理信息和表征信息。后天的环境影响和人文教育对情商的培养，可以改变、提高个体对自我及他人情绪的认识、理解能力和自我的情绪控制能力，进而改变自己的情商。个体高情商下的良好情绪状态，影响着个体对科技创新活动认识的客观性，使个体倾向于对自己和其他合作伙伴的认识更正确，并能协调好关系，融洽创新环境，有利于创新能力的提高。

2.1.5　德商内涵界定

德商[141]（moral quotient，MQ），是衡量个体道德品质水平的数据指标，是西方学者于20世纪90年代提出的一个重要概念。德商就是衡量人的道德素养的一种指标，具体是指个体的所作所为、言行举止是否符合当时社会所公认的道德操守、行为规范，包括体贴、尊重、容忍、宽容、诚实、负责、平和、忠心、礼貌等各种美德。因此，要评价一个个体，最重要的是对其德商的考量，高尚的思想道德情操，公平、公正的处事原则及勤勉、踏实的工作作风是个体应具备的道德品质。

关于德商的概念，至今没有统一的定义，大多数专家、学者认为德商表示个体的德行水平和道德人格品质。由于笔者研究对象主要面向科技创新人才，故在相关研究的基础上，通过对众多影响因素的筛选，提出用对研究对象影响较大的社会责任感、奉献精神、敬业程度和诚信水平等具体指标来衡量个体德商的高低。

2.1.6 意商内涵界定

意商[142]（will quotient，WQ），是指一个人的意志品质水平，是人在一定动机激励下为实现目的而克服内部困难与外部困难的心理过程。人的意志力强弱有差异，个体必须在明确的奋斗目标的基础上，通过周密的计划，运用正确的途径和科学的方法，在克服困难的勇气和毅力的支撑下才能取得成功。

笔者在意商相关研究的基础上，结合科技创新人才的主要特征，认为个体意商应包含个人独立程度、对待事物主动性、自身行为把控能力、自信程度、决策执行能力、抗压能力等方面。个体的创新行为都需要意商来支撑，意商的高低直接影响着个体的创新能力。

2.1.7 位商内涵界定

位商（position quotient，PQ）是衡量一个人处位能力的商数，也叫位置智力、位置智慧，它主要是指个体在自我清晰的社会定位及对社会贡献能力大小的考量基础上针对个人成长制定出的阶段性发展规划及把握成功规律的决策执行力。它决定着个体能否正确选择、获取适合自己个性和能力的位置，并能够不断发展自己的位阶。

位商是个体综合能力的体现，需要通过相关的管理能力、处位能力进行衡量。所以，笔者提出通过个体的处位能力、决策水平、组织工作水平对不同研究对象的位商水平进行量化研究。位商水平并不是一个人先天就有的，大多都是需要经过后天的系统培养和专门训练去形成。位商与知商、情商一样，都来源于实践经验的积累和丰富的社会阅历，且对智商的提高都有重要的指导作用，尤其对个体智商的逻辑思维能力有重要的影响。

2.2 七商关键要素分析

2.2.1 健商要素

保持健康的体魄，是决定个人成功的基础因素。假若个体的科技能力很强，却没有拥有一个健康的身体，则无法长期做出科技成果，这对国家、对社会、对人类都是一个巨大的损失。因此，任何一个想要在科学上做出成就的人，都不可忽视健康这个因素。健商高低取决于健康意识、自理能力、身体素质和运动协调能力四方面。

2.2.1.1 健康意识

健康意识是指个体对自己生理和心理健康的感悟，知道哪些行为是利于或者不利于生理和心理健康的。对于不利于生理和心理健康的行为，能够多方面综合考量并及时对其做出反应，以减少和消灭影响健康发展的不利因素，使健康意识更为健全，帮助身体健康与环境更加协调统一。健康意识主要由健康认知反应、健康情趣和健康意志这三方面构成。认知即是为什么要保持健康，是个体对健康概念的理解；情趣即是对自我健康状况的满意度如何，是个体对健康的体验和态度；意志即是能否保持健康，是个体对自我健康的调节、控制和激励。

2.2.1.2 自理能力

个体的健康意识不仅能够支配身体通过运动锻炼提高身体素质，而且也能够加深和提高个体的健康意识。自理能力是指个体作为自己生理和心理健康的维护者，主动地在行为上保持自己的健康水平，即在行为层上做出反应。自理能力是指在保持有规律的生活节奏的同时，营养均衡、增加体育运动量、拥有良好的卫生习惯及保持心理健康。

2.2.1.3 身体素质

身体素质是指个体在精神层面和行为层面对自己的健康行为做出一定的反应后，身体对这些行为的反馈。例如，心血管耐力、肌肉力量和耐力、柔韧性等。科技创新人才只有形成了相对稳定的身体、心理及社会适应状态，才能保证日常科研工作的顺利进行。

2.2.1.4 运动协调能力

当科技创新人才拥有良好的健康意识和自理能力，其身体素质必然也不差，具体表现为优良的运动协调能力，即运动协调能力是身体素质的具体反馈指标，包括速度、反应、爆发力、灵敏性、协调性和平衡能力等。只有不断提高科技创新人才的运动协调能力，才能激发其进行体育锻炼的积极性，才能保证身体机能的健康稳定。

综上，将健商的影响因素总结如图2-2所示。

2.2.2 智商要素

2.2.2.1 父母遗传基础

个体的生理遗传和家庭教育等都会对个体的智商发展产生重要的影响。相关的医学研究表明，智商是遗传基因和生存环境共同作用形成的，父代和子代都会受到共同遗传因素及相似文化背景的影响。

首先，个体的智商多方面都与遗传因素具有十分密切的关系。德国科学家曾对10 000名儿童的智商进行调查，结果发现，父母智商为优秀者，

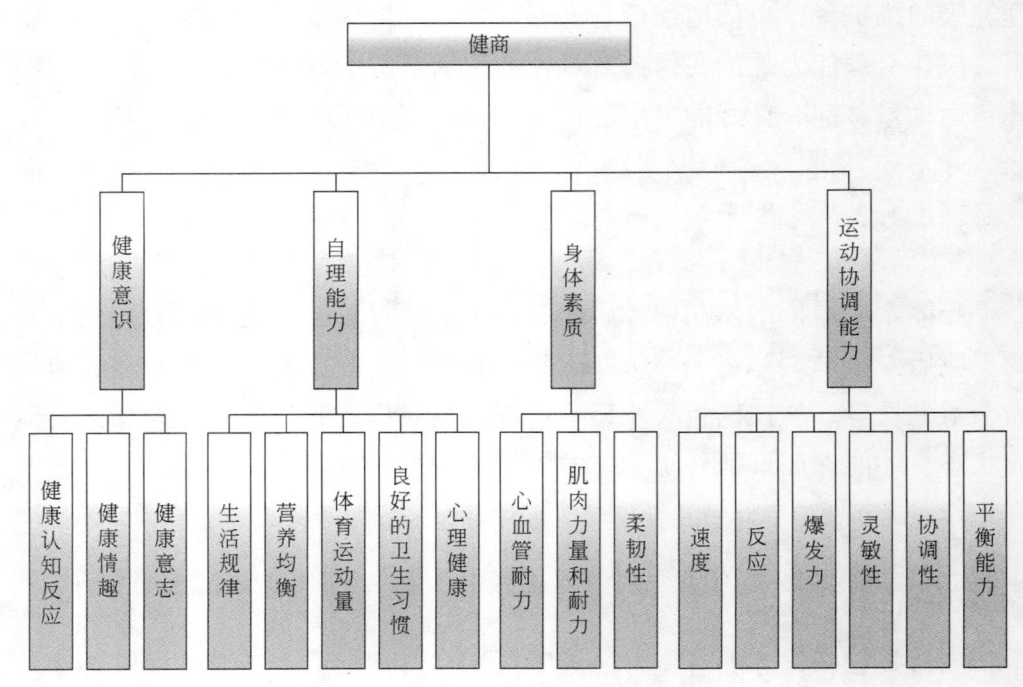

探究"钱学森之问"——科技创新人才智能分析

图 2-2 健商相关影响因素

其子女约 70% 智商为优秀；父母智商偏低者，70% 的子女智商也是偏低的。这是因为人的智商与脑神经系统结构、细胞数量、神经递质、记忆分子等都有密切的关系，而这些都取决于遗传的基础——脱氧核糖核酸，即 DNA，因此拥有相似遗传基因的子女在生理角度受到父母智商的巨大影响。

其次，家庭教育对个体的智商有无可比拟的作用。婴儿从一降生开始，家庭教育就率先起到了至关重要的作用。科技创新人才的独立思考能力、主动创造能力首先被家庭教育所影响，良好的家庭氛围能够使家庭中个体的智力得到有效的开发。

2.2.2.2 受教育程度

受教育程度也将直接影响个体的智商水平。在学历教育方面，学校教育对智商的发展有着更强的目的性，是有计划、有组织地提高智商的场所，学校教育是促使遗传因素最优化、家庭教育系统化、社会教育明朗化、环境因素知识化的智商发展因素。而越高学历的教育越注重对人的思维方式、自主学习能力的培养，这就使学历越高的人的思维方式、理解能力都有了更好的发展，即带来更好的智商发展，为成为科技创新人才提供了智力基础。在非学历教育方面，一些社会文化机构或组织对智商也有重要的影响，如各种培训、进修，研修类培训班等，对科技创新人才的思想品德、文化知识、发展能力等方面都有很大的促进和提高，同时也为个体的科技创新兴趣和个体智商的进一步提高做准备。

2.2.2.3 注意力、观察力水平

个体在进行创新活动时，首先要收集客观世界的信息，在收集信息的过程中对所处时代经济、社会、生活和科学技术本身发展提出存在问题，并进行思考、预测、期望与遐想。而其提出问题的能力则有赖于个体对现实的观察力。因此，观察力是个体获得客观世界的感性经验的基本保证，是收集信息的先导，可以从全面性、能动性、细致性、准确性（由表及里）几个方面考察。个体必须在细致观察的基础上，主动、积极地洞察事物发生的细微变化，合理地安排观察顺序，有计划、分步骤地全面观察事物，最终透过现象观察到事物的本质。

个体要通过观察外界获得信息，就必须具有专注的注意力。注意力是指人的心理活动指向和集中于外界某一事物或某些事物的能力。注意是一种意向活动，注意力是智力的一个基本因素，是对事物和现象的警觉、选择能力，即指向和集中能力，被称为"心灵的门户"。衡量个体注意力好坏的标准主要包括以下四个方面：一是注意力的稳定性，是指在一定的时间段内，个体能够比较稳定地在科学对象与科学活动上集中思想，达到最好的注意效果；二是注意力的广度，也就是注意力的范围，广度就是个体集中注意力于所观察事物过程中清楚认识的对象的数量及范围，不同的个体具有的注意力广度也有所不同，同时随着时间的增加，个体的注意力广度也会有所提高；三是注意力的分配能力，是指个体在进行多项活动时能够把注意力平均分配于多项科学活动当中，或是专注于多个科学目标的能力，

个体的注意力是有限的，但却可以根据自己的实际能力，培养有效注意力的能力；四是注意力的转移速度，是指个体能够主动及时且有目的地将注意力从一个科学活动调整到另外一个科学活动的能力，注意力的转移性是思维灵活性的重要表现，注意力的集中和转移都对科研活动有极大的帮助。

总体上来说，注意力与观察力相辅相成、有机结合在一起，注意力是观察力的基础，同时观察力也是注意力的聚合。

2.2.2.4 记忆力水平

记忆是人类心智活动的一种，是对过去所感知的事物现象在人脑中的识记、保持、认识和重现。它是人的知识经验的宝库，起着储存信息的作用，为人的思维活动提供原料。人不但能通过记忆记住直观事物，获得认知与感受，而且也能通过语言记忆获得间接经验，用以分辨和确认周围的事物，也能通过记忆所提供的知识经验解决复杂问题，使人类文化知识可以积累起来。

人主要通过神经系统进行记忆，因为神经系统具有可塑性，神经系统接收到外界事物对其神经组织的刺激，有关部位就留下了痕迹和联系，心理学家将其称之为识记和保持，这些痕迹和联系在脑中的恢复，在心理学上称为重现或再现。通常衡量个体记忆力的指标包括以下三种：一是短期记忆力，信息保持的时间通常在 5~20 秒，最长不超过 1 分钟；二是中期记忆力，是指将感官所接收到的信息通过神经传递至大脑，并将这些信息在海马体中暂时储存的能力；三是长期记忆力，是指神经连接把短期记忆暂时性强化，通过在大脑海马区中合成一些新的 RNA（核糖核酸）和蛋白质，将突触传递中的暂时性改变转化为结构的永久性转变，形成长期记忆。科技创新活动需要在现有知识的基础上超脱出去，而此过程需要良好的记忆力作为知识储备的前提。

2.2.2.5 应变能力

应变能力是指当个体感受到外界事物，如环境、条件等发生变化时，及时做出的反应,主要包括对环境的应变能力和对对手的应变能力两方面内容。它是由人的肌体、神经系统、经验等统一建构的对外界刺激产生的有效反应。应变能力可能是天性本能,也可能是大脑迅速运转思考所做出的下意识决策。面对未知事物需要敏捷的应变能力,这就需要平时必要的知识积累、聪明的头脑、出色的智慧和丰富的应变经验。应变能力强的人往往能在复杂的环境中沉着应战,而不是紧张和莽撞从事。在实践活动中,科技创新人才必然会遇到各式各样的问题和实际的困难,只有保持客观冷静的心态,在日常的工作和学习中,急中生智,发挥自己敏捷的思维和语言应变能力,才能竭尽全力去克服困难;应对复杂多变的环境过程中,坚持自我检查、自我监督、自我鼓励,才能培养出好的应变能力。

2.2.2.6 想象力水平

想象力在人类生活中起着重要的作用,人类可以对过去所认知的事物形成记忆,并在人脑中进行创造性的活动,形成一个新的念头或者思想画面。离开了想象,人既不可能有什么预见,也不可能有什么发明。想象力使个体的智商不受时间和空间的限制,使各种信息富有活力,推动信息的知识化。想象思维可以分为再造想象思维和创造想象思维。顾名思义,再造想象思维即是个体对某科学理论的记忆重现;而创造想象思维则不仅是对某科学理论的记忆再现,而是在再现的基础上对其进行创造性地加工,进而形成新的科学理论。

2.2.2.7 语言理解及表达能力

语言理解及表达能力是指个体在与他人交往时,运用语言工具进行顺利理解且能清晰表达信息的一种能力。语言理解能力、口语表达能力、文字表达能力是现代人才所必备的,是个体发展智商和社交的基本素质之一。在现实生活中,每个个体都具有语言理解及表达能力,只是由于先天条件素质及后天训练的强度不同,因此获得能力的快慢和高低也就有所差异。这就表明人的语言理解及表达能力主要还是依赖在后天的语言训练和语言交流中得到强化与提升。语言不仅是科技创新人才进行沟通的工具，同时也是心智能力的一种反映，语言理解能力在个体学习知识的过程中起着重要的作用。因此，个体的语言理解及表达能力在这个竞争日益激烈的21世纪显得更加重要，不仅将给个体带来新的生存机遇，而且对个体的全面素质的提升也提出了更高的要求。

2.2.2.8 逻辑思维能力

逻辑思维能力简单来说就是对事物正确、合理思考的能力，也就是一种对事物进行理解、比较、分析、综合、抽象、概括、判断、推理的能力，能运用科学的逻辑方法，清晰地描述出自己的思维过程。

逻辑思维能力是智商的核心，是考察个体智商高低的主要指标。而其他智商因素都是它加工的信息原料，是为了给它提供活动的动力资源。信息原料和动力资源受逻辑思维能力支配，且必须通过逻辑思维运转才能有效地进行配合。人类在采集、收集和储存及交换信息时，良好的逻辑思维能力会帮助个体更主动地形成逻辑思维的延伸，完成从具体形象思维到抽象思维的转变。

综上，将智商的影响因素总结如图2-3所示。

2.2.3 知商要素

人们通过对主观世界和客观世界的认识，将获得的大量信息进行有规律有逻辑地整合，使其系统化地变为知识。知识是符合文明发展方向的，是被验证过的、正确的、被人们所相信的，它是人们经过社会实践，对物质世界和精神世界进行探索得出的经验与结果的总和。知识是被人们理解和认识后又进行人脑思维加工而形成的。知识是由信息发展而来，经过科技创新人才在一定理解和认识基础上对其进行具体加工而形成的产物。知商是在对知识进行系统科学的理解和分类之后进行整合集成的表现，涵盖

2 科技创新人才要素定性分析

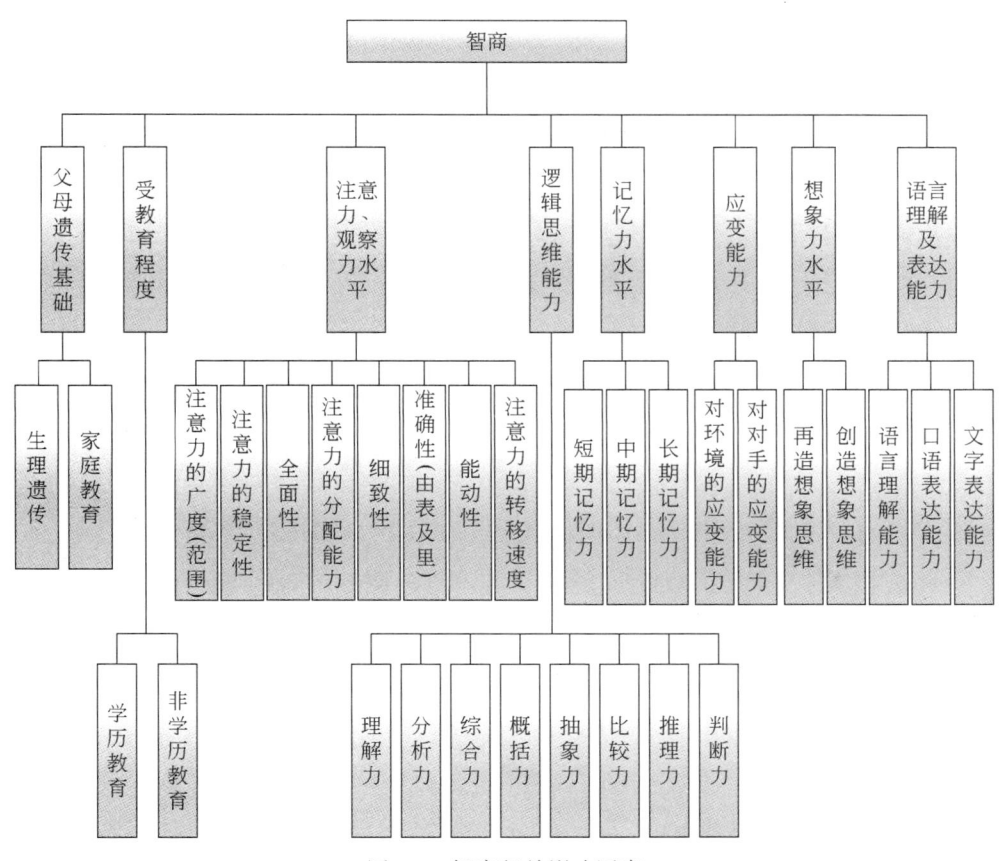

图 2-3 智商相关影响因素

获取知识的能力、丰富的知识存储量，甚至包括知识表示与应用能力。

2.2.3.1 知识获取能力

随着社会的发展和文明的进步，知识和信息无限延伸与扩大，家庭教育、学校教育与社会教育都应接不暇。学生想要终身学到东西并从中受益，知识获取与吸收便显得尤为重要。应在不断学习工作的过程中，努力培养学生的知识获取能力、自我发展的能力、自我获得和更新知识的能力。知识的获取简单来说就是对外界信息的获取。而知识获取能力就是个体在学习生活工作中，将从书本、他人及社会经历中获取的知识与经验抽取出来，并转换为知识接收者自身知识的能力。人在持续不断地获取知识能力、学习能力的同时，能不断增加其知识储备量，改善其知识结构，以适应社会发展的需要。人只有不断学习、汲取知识，及时更新知识结构，才能将所获得的知识转换为新的构想，获得新的成果。

因此，个体只有在自觉的、独立自主的学习及与他人的合作学习过程中，及时提出问题、探究问题并解决问题，把所学习到的知识和能力灵活运用，并与原有的知识体系相结合，才能具有学习责任感和社会责任感。

知识获取能力的指标包括知识选择能力与主动学习能力。

2.2.3.2 知识存储量

知识存储量是个体在大脑中存储的知识量。知识的存储量与知识获取能力紧密相关，知识获取能力的强和弱能够直接影响到知识储备的质量与数量，知识储备可以提升新旧知识的整合和利用速度，为后续的知识共享、利用与创新奠定基础、提供素材。由此可以推断，人的知识存储量会影响知识获取能力。

一般个体想成为科技创新人才，需要具有扎实的基础知识、精深的专业知识、广泛的邻近学科知识，在开放的知识态度下不断吸收、同化新知识、新技术，并建立一个知识检索系统，将那些最新的、最适用的知识体系凸显出来，供及时选取。因此，知识存储量的指标包括知识储备的系统程度、知识储备的开放程度及知识的凸显能力。

2.2.3.3 知识表示与应用能力

个体拥有了比较丰富的知识基础，并不等于拥有了较高的知识运用能力。知识表示与应用能力的指标包括知识表达能力、知识运用能力以及知识创新能力。

知识表达能力是指个体作为知识发送者传递知识的能力，直接影响知识的转移效果。由于知识性质和内容的差异，需要采用不同的方式来组织、编码、传递知识。个体对知识的解释和讲解表述的准确度与清晰度，直接影响知识接收者能否有效地对知识进行理解和掌握。一般来说，个体的知识表达能力越强，知识传递效果就会越好。

知识运用能力和知识创新能力是指知识的鲜活化、高效化、社会化及创新化。要注重所学知识与社会实践操作的灵活运用，不能仅局限于死学知识，更应该将专业知识有效地转化为专业技能，用以解决社会生活中的实际问题；举一反三，讲究知识运用的效益和速度，通过知识运用能力，边学习知识边实际运用；提高知识高新技术的转化效率，使人们都能从所学到的知识中受益，从而能转换为更广泛的经济效益和社会效益；对现有知识结构进行组合整理，突破知识本身，经过创新，产生新的知识，这样知识才能被有效运用，得以发挥自身作用，从宏观和微观上推动社会文明发展进步，不仅保持群体具有较高知商的综合能力，而且保持参与创新活动个体的知商长久发展。

综上，将知商的影响因素总结如图 2-4 所示。

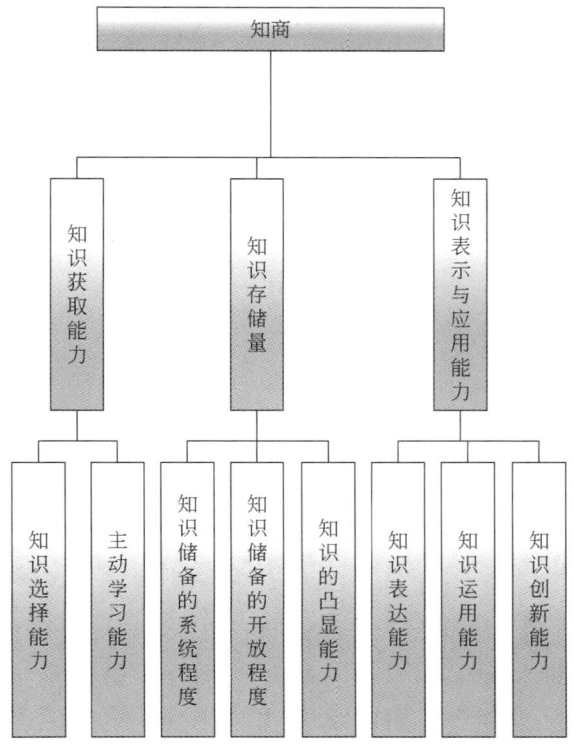

图 2-4　知商相关影响因素

2.2.4 情商要素

情绪是个体对事物的态度、体验及行为，伴有外在表现及内在基础。任何活动都伴随着情绪。情商是一种认识、管理、控制自己情绪以及与他人融洽相处能力的体现。从本质上说，情商包括以下四方面。

2.2.4.1 情绪认知能力

情绪认知能力是指对情绪的感知、认识、把握能力。从生物学的角度，认为情绪认知是在外界刺激下，人体脑神经中枢的认知功能根据已有的经验对刺激信息做初步的分类认识，通过外界信息是否满足自身需求将信息类别与基本的情绪状态联系起来，并做出相关反应。不同的个体因为自身性格基因与情绪控制能力的差异，会通过不同的情绪表达方式，表现出不同的情绪状态，做出不同情绪下的冲动反应。情商的主要表现就是个体在感受到自己的情绪后，自我管理、自我激励并控制好自己的情绪，或是在感受到他人情绪时，处理人际关系，调节好自己与他人的情绪反应。科技创新人才首先能够从自己的生理状态情感体验和思想中知道自己、认识自己、正确分析自己的情绪。当自身出现某种情绪时便能察觉，能监控情绪时时刻刻的变化，才能更好地投入到科学研究中去。

2.2.4.2 情绪表达能力

个体每时每刻都有情绪，有积极的，也有消极的。长时间的消极情绪对个体的心理健康不利，会影响个体正常的学习和生活，消极的情绪需要及时表达、发泄出来。科技创新活动需要团体合作，情绪表达能力则会影响科研团队的沟通。科技创新人才只有让别人理解自己的情感体验，才能更好地与队友沟通、合作。而情绪表达的关键是人能否及时地意识到情绪的存在和产生的原因，并能够去把握它、调控它，将消极情绪尽快地发泄

2 科技创新人才要素定性分析

出去,进而个体的注意力从消极方面转移到积极和有意义的方面来。

2.2.4.3 情绪运用能力

情绪运用能力是指情绪上不断地自我激励,适应性地调节控制自我冲动,改善自我和他人情绪,妥善处理人际问题,维系融洽的人际关系。个体的情绪是有感染力的,所以包括喜怒哀乐在内的所有情绪都可以在极短的时间内从科技创新人才身上"感染"给其他个体。当个体在宣泄自身情绪问题时,会影响身边的人,从而形成互动和感受到情绪感染所带来的效力,这就是情绪感染力。而科技创新人才积极的情绪感染力会影响科研团队中其他人的情绪,更好地带动周围人一起努力而达到协作互助、事半功倍的效果。但在为某一确定目标奋斗的过程中会出现各种各样的挫折和困难,因此人就需要不断进行自我激励,调节和指挥自身情绪。要灵活把握情绪运用能力,就必须集中注意力,进行自我激励和发挥主观能动性,只有这样,科技创新人才才能积极热情地投入科研工作当中,进而取得优秀的科技成果。

2.2.4.4 情绪控制与调节能力

情绪控制与调节能力是指个体采取一些策略来处理激起的情绪,应对内外的情绪压力,以维持身心平衡。个体只有尽快地摆脱强烈的情绪干扰,及时避免过度的情绪反应和行为失误,才能尽心地投入到科研工作中。与此同时,还应该加强自我面对挫折与困难的承受能力,从失败中找到原因、吸取教训、积累经验,化挫折为动力。

综上,将情商的影响因素总结如图 2-5 所示。

2.2.5 德商要素

"德商"是衡量自身以道德标准规范自己行为的能力的指标。一个科

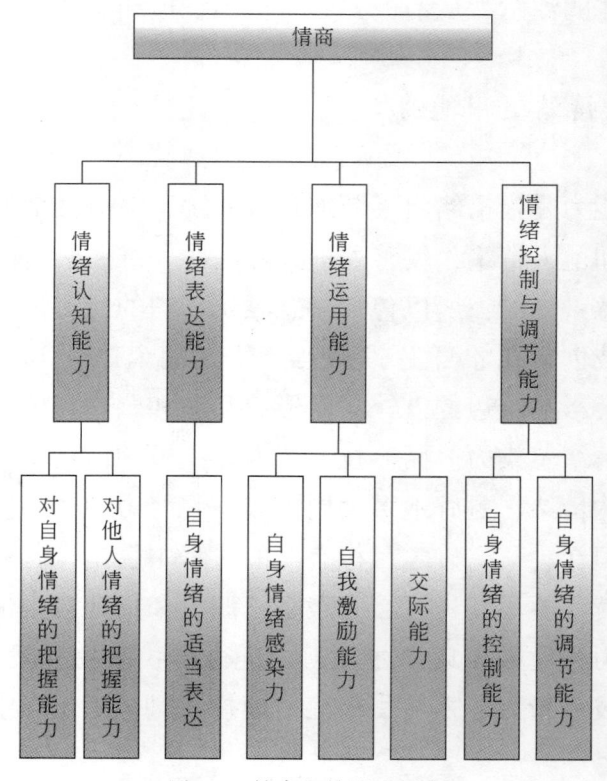

图 2-5　情商相关影响因素

技创新人才无论创新能力多强、科技成果有多少，如果没有道德，素质极低，最终还是会被社会淘汰，被科学舍弃。因此，人要献身科学，献身于人类社会文明，就需要树立道德规范，鞭策自己，只有这样才能在科技创新的道路上勇往直前。德商主要包括以下四个方面。

2.2.5.1　社会责任感

社会责任感是指个体对整个社会所担负的应有责任。社会责任感又可分为积极责任和消极责任。积极责任也称为预期的社会责任，是个体积极从事科研项目、积极服务于工作和社会的体现。消极责任或者说过去责任、法律责任，则是指个体产生对于社会和工作有危害的后果时，要求提出的补救行为。不同的科研工作者具有的社会责任感不同，则会产生出不同的科研成果。科学技术是一把双刃剑，没有对与错的区分，只有从事科技事业的科技创新人才正确衡量自己的社会责任感，真正做到自身利益和社会利益的共赢，才能为自身和人类做出有益的成果。

2.2.5.2 奉献精神

奉献精神是科技创新中的基本要求准则，也是保证科技发展前进的精神财富，主要包括对他人的无私帮助和对科研的奉献精神两方面。奉献精神要求每个个体都要以祖国发展和人民幸福为基点进行科研活动。要建设有中国特色的社会主义国家，就必须有具有奉献精神的科技创新人才，为发展社会主义市场经济服务，为改革开放以来人民群众所需要的物质生活和经济的可持续发展服务。与此同时，奉献精神还要求我们要有民族自尊心和自信心，积极投身到科研行动中去，以具体的实际行动报效祖国、服务人民。

2.2.5.3 敬业程度

科技工作是一项非常艰苦的工作。因此，科技工作者必须要具有对工作的投入度和对科研的深入度，这不仅是自身工作的责任与义务，更是对科研的尊敬。对于这种敬业品德，要求各个体学习前辈的言行和经验，不仅是国内的前辈，更要善于汲取和转化国外大师的科技成果。要树立艰苦奋斗的精神，面对困难要具有大无畏的气魄，只有这样才能做到创新。

2.2.5.4 诚信水平

科研工作就是从客观实际出发，公正反映和运用客观事物，科研工作的职责就是根本上的实事求是，从现实社会中的千丝万缕抽离出事物的本真，并能够运用到科学研究当中去。因此，科研工作必须要本本分分，不能有一丝弄虚作假及其他不诚信问题。作为一名科研工作者就必须提升自己的生活诚信度和学术诚信度，诚信做学问，诚信做人，这是最基本的职业操守。与此同时，科技创新人才还要坚守严谨的工作作风，秉持诚信科研的工作态度。

综上，将德商的影响因素总结如图2-6所示。

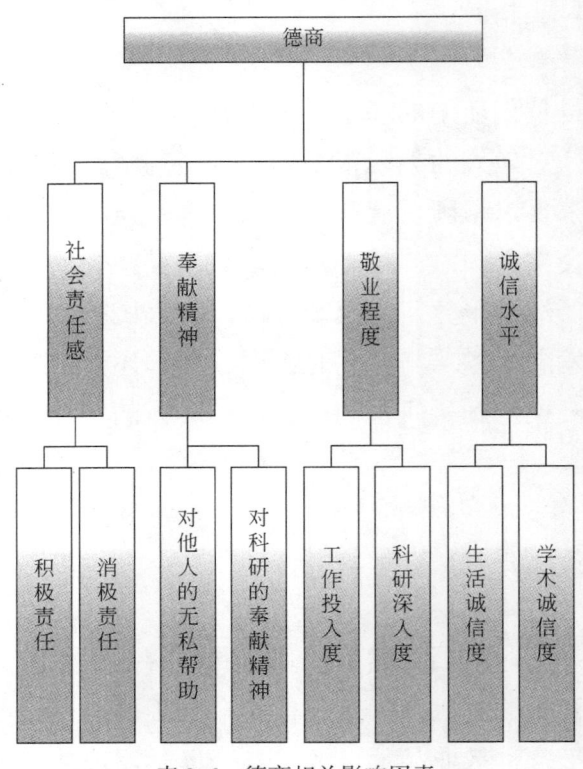

表2-6　德商相关影响因素

2.2.6　意商要素

意志是一种人的主观能动性的表现形式，主要过程为人通过自身的感知和观察能力发现问题，然后进行自主地全面分析，进而独立地有目的性地调动自身行为因素找寻解决方案，从而克服困难完成既定目标的完整的过程。在意志的结构中，独立性、主动性、自控力、自信度、执行力、抗压性等是意志的重要心理因素。它们之间相互作用、相互渗透，共同显示着人的意志品质，也影响着作为意志量度的意商的培养。

2.2.6.1 个人独立程度

独立性是性格意志特征的一种，反映个体在智商活动和实际活动中独立自主地发现问题和解决问题的水平，个人独立程度包括生活独立程度及思想独立程度两部分内容。通常，独立性强的科技创新人才，对传统的习惯、陈腐的科学观念采取怀疑和批判的态度，才更有创新的态度。

2.2.6.2 对待事物主动性

意志是个体通过自主辨析能力确定欲实现的目的，然后调动自己的主动性分析问题，进而自觉独立解决问题使其达到预期效果的整个心理过程，这也集中体现了个体的主观能动性和自觉创造性。主动性是指个体按照自己规定或设置的目标行动，而不依赖外力推动的行为品质。从事科技创新工作是件需要付出很大体力、脑力劳动的事情，它需要坚韧不拔的意志和持久的毅力。因此对待事物主动性主要包含完成目标的主动性和人际社交的主动性。当个体愿意主动从事科技创新工作时，就会将科技创新当成一种爱好、一种毕生追求的事业，这样就可以激发出人的无限潜力。

2.2.6.3 自身行为把控能力

具有完善的意志品格不仅体现在个体的主观能动性，还体现在一定程度的自我调整和自我约束的能力，具体的精神素养应该包括在从事科研工作的道路上排除外在种种因素的干扰，坚定自己的理想信念，争取个人成长进步的顽强和果敢。所谓自身行为把控能力，就是科技创新人才控制自己思想感情和举止行为的能力。自身行为把控能力是人的一种自觉的能动力量，不同于普通的对待事物的正面的参与性和主动性，其深层含义主要是指在特殊外在环境下，科技创新人才为实现预期目标做出的控制自身主体的特殊主动性和自我约束能力的集中体现。参与科技创新活动的个体只有具有自我约束、自我调控的能力，才能积极地支配自身，排除干扰，完成科技活动。

2.2.6.4 自信程度

自信心是一种反映个体对自己是否有能力成功地完成某项活动的信任程度，是在自身理解和认识的基础上的一种表达自身价值与表达自我的心理状态。与此相对，个体对自我认识的差异和自信心程度的不同，会不同程度地对其今后的成就和发展有一定的影响。自信主要表现在自我表达、自我尊重及自我理解方面。自信会有助于参加科技创新活动的个体进行积极性幻想，使自己始终处在一种亢奋的精神状态，进而藐视困难、不惧挫折，不断地扬弃自我、超越自我。

2.2.6.5 决策执行能力

决策执行能力就是在全面分析问题成因的基础上，将个人的心理活动转换成实际行动的顽强和果断的能力，从而能够保证任务高效有品质地完成，主要体现在决策制定的果断程度及决策实施的坚持程度。科技创新活动由于其复杂性和长期性，使得参与科技创新活动的个体应具备决策执行能力。科技创新人才只有快速地将科技创新想法付诸行动，才有可能验证预期的正确性。

2.2.6.6 抗压能力

抗压能力是指个体正确对待逆境时产生的负面的心理压力，进而涵盖对负面情绪的耐力、战胜力、适应力与容忍力，从而战胜自我的成长的过程。同时在科技创新人才成长的过程中，较好的心理承受能力又扮演着不可或缺的作用。面对各种考验和压力时，要坚定目标，在逆境前面就不会绝望而能坚强地挺起来，继续奋斗，并且从失败中积累经验、吸取教训，把挫折变为前进的动力。科技创新研究是探索未知的艰苦劳动，因此参与其中的个体没有顽强的意志和战胜困难的精神，是无法取得成果的。

综上，将意商的影响因素总结如图2-7所示。

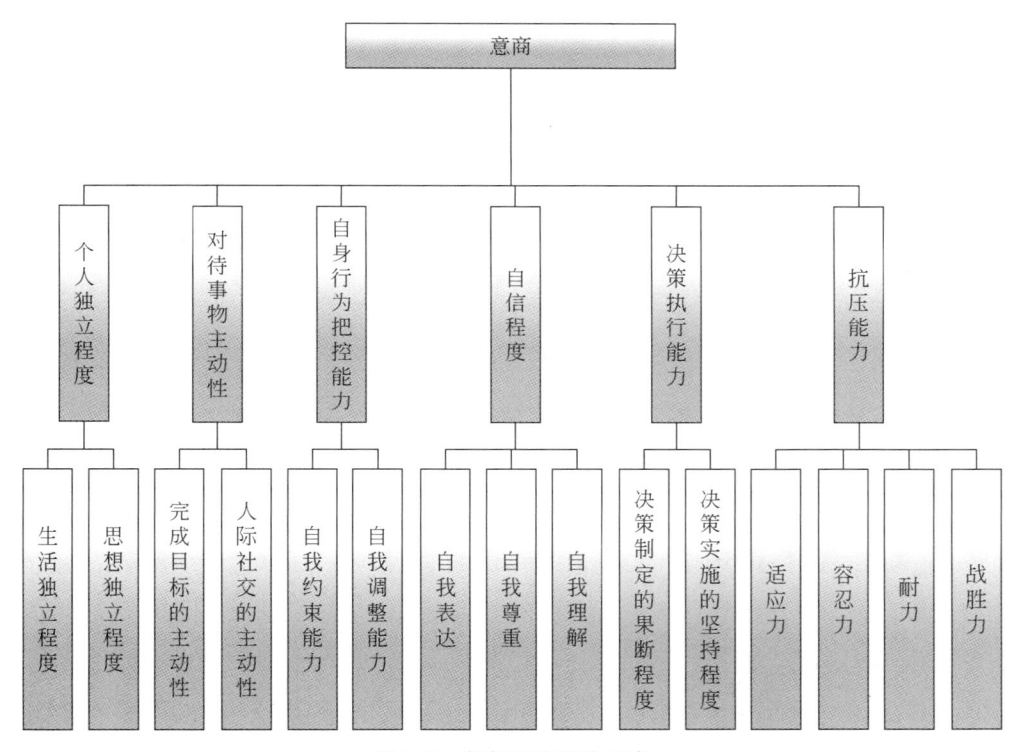

图2-7 意商相关影响因素

2.2.7 位商要素

科技创新活动作为一种向未知领域和未有领域探索的复杂活动，其需要多个拥有不同学科背景、能力各异的个体组成的科研团队共同完成，因此科技创新人才必须要在迅速且准确判断自身在科研团队中所处地位的基础上，根据自身能力制定合理的奋斗目标，保证人尽其才，才能快速、有效地完成科研任务。而位商作为衡量个体处位能力的商数，衡量指标主要包括以下三个。

2.2.7.1 处位能力

处位能力，就是指个体对自己或他人与社会环境关系的认识，包括对自身定位和对他人定位。而错的定位会使人的能力无法展现，因此找准自己的位置，参与科技创新活动的个体才能在自己擅长的科技领域大展其才，才能真正发挥其应有的作用，实现自身的价值。因此个体需要在充分了解自身价值观、性格特点、天赋才能、缺点的基础上，为自己设定一个合适的行动目标。而认清他人位置，才能适应自身在科研团队中的角色，从而提高团队协作能力。

2.2.7.2 决策水平

决策水平，是指个体对某件事拿主意、作决断、定方向的综合性能力素质，具体包括决策者需具备正确的评估能力、精确的预测能力、准确的决断能力三方面。其中，正确的评估能力是指在准确把握各个事项进展所需条件的基础上，对其顺利实施产生的效果所做出的准确的预估和评判能力；精确的预测能力是指准确分析每种备选方案可能产生的预期效果，评估每种方案得失的能力；准确的决断能力是指参与科技创新活动的个体需要具有从众多的决策方案中选取满意方案的能力。面对复杂多变的科技攻关难题，科技创新人才必须具有良好的决策水平，才能找准真正能解决问题的方案，才能采取有效的措施以确保科技创新活动的完成。

2.2.7.3 组织工作水平

社会的快速发展使科技创新人才面临一个又一个复杂的问题，这些问题需要整合许多优秀的人才资源共同协作才能解决，一般的科技创新活动都需要组建科研团队去共同攻克难题，这就需要科技创新人才具有良好的组织工作水平，包括组织能力与协调能力两方面内容。

所以，总结位商系统要素如图2-8所示。

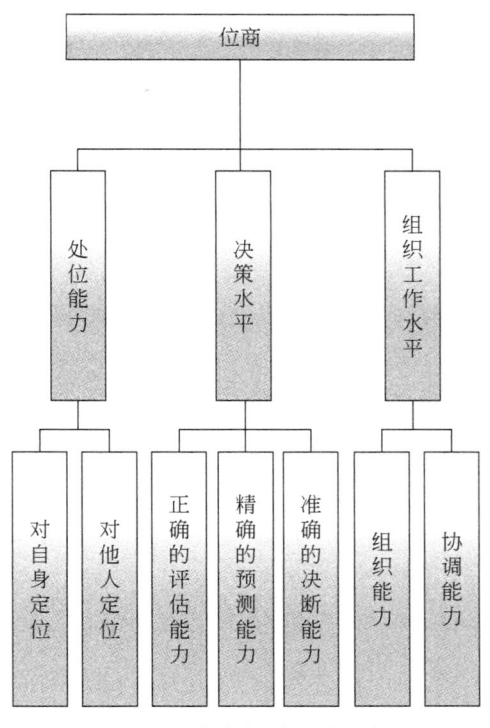

图2-8 位商相关影响因素

本节将科技创新人才的关键要素划分为良好的知识修养、高尚的人格品质、健康的体魄和健全的心理四个层次特征，并在四个层次特征上将科技创新人才的相关特征划分到健商、智商、知商、情商、德商、意商和位商这七商的影响范畴内，进一步分析各商的影响要素，最终将科技创新人才的影响因素体系总结于表2-1中。

探究"钱学森之问"——科技创新人才智能分析

表 2-1 科技创新人才的影响因素体系表

对象	层次	要素	统计指标	影响因素
科技创新人才	健康的体魄	健商（HQ）	（1）健康意识	1. 健康认知反应
				2. 健康情趣
				3. 健康意志
			（2）自理能力	4. 生活规律
				5. 营养均衡
				6. 体育运动量
				7. 良好的卫生习惯
				8. 心理健康
			（3）身体素质	9. 心血管耐力
				10. 肌肉力量和耐力
				11. 柔韧性
			（4）运动协调能力	12. 速度
				13. 反应
				14. 爆发力
				15. 灵敏性
				16. 协调性
				17. 平衡能力
	良好的知识修养	智商（IQ）	（5）父母遗传基础	18. 生理遗传
				19. 家庭教育
			（6）受教育程度	20. 学历教育
				21. 非学历教育
			（7）注意力、观察力水平	22. 注意力的广度（范围）
				23. 注意力的稳定性
				24. 注意力的分配能力
				25. 注意力的转移速度
				26. 全面性
				27. 能动性
				28. 细致性
				29. 准确性（由表及里）
			（8）逻辑思维能力	30. 理解力
				31. 分析力
				32. 综合力
				33. 概括力
				34. 抽象力
				35. 比较力
				36. 推理力
				37. 判断力

2 科技创新人才要素定性分析

续表

对象	层次	要素	统计指标	影响因素
科技创新人才	良好的知识修养	智商（IQ）	（9）记忆力水平	38. 短期记忆力
				39. 中期记忆力
				40. 长期记忆力
			（10）应变能力	41. 对环境的应变能力
				42. 对对手的应变能力
			（11）想象力水平	43. 再造想象思维
				44. 创造想象思维
			（12）语言理解及表达能力	45. 语言理解能力
				46. 口语表达能力
				47. 文字表达能力
		知商（KQ）	（13）知识获取能力	48. 知识选择能力
				49. 主动学习能力
			（14）知识存储量	50. 知识储备的系统程度
				51. 知识储备的开放程度
				52. 知识的凸显能力
			（15）知识表示与应用能力	53. 知识表达能力
				54. 知识运用能力
				55. 知识创新能力
	高尚的人格品质	德商（MQ）	（16）社会责任感	56. 积极责任
				57. 消极责任
			（17）奉献精神	58. 对他人的无私帮助
				59. 对科研的奉献精神
			（18）敬业程度	60. 工作投入度
				61. 科研深入度
			（19）诚信水平	62. 生活诚信度
				63. 学术诚信度
	健全的心理	情商（EQ）	（20）情绪认知能力	64. 对自身情绪的把握能力
				65. 对他人情绪的把握能力
			（21）情绪表达能力	66. 自身情绪的适当表达
				67. 自身情绪感染力
			（22）情绪运用能力	68. 自我激励能力
				69. 交际能力

探究"钱学森之问"——科技创新人才智能分析

续表

对象	层次	要素	统计指标	影响因素
科技创新人才	健全的心理	情商（EQ）	（23）情绪控制与调节能力	70. 自身情绪的控制能力
				71. 自身情绪的调节能力
		意商（WQ）	（24）个人独立程度	72. 生活独立程度
				73. 思想独立程度
			（25）对待事物主动性	74. 完成目标的主动性
				75. 人际社交的主动性
			（26）自身行为把控能力	76. 自我约束能力
				77. 自我调整能力
			（27）自信程度	78. 自我表达
				79. 自我尊重
				80. 自我理解
			（28）决策执行能力	81. 决策制定的果断程度
				82. 决策实施的坚持程度
			（29）抗压能力	83. 适应力
				84. 容忍力
				85. 耐力
				86. 战胜力
		位商（PQ）	（30）处位能力	87. 对自身定位
				88. 对他人定位
			（31）决策水平	89. 正确的评估能力
				90. 精确的预测能力
				91. 准确的决断能力
			（32）组织工作水平	92. 组织能力
				93. 协调能力

3 科技创新人才要素关联分析

3.1 七商内部要素关联分析

3.1.1 健商要素关联分析

根据健商概念与健商要素的描述,本书中健商包括健康意识、自理能力、身体素质、运动协调能力四个要素。首先,健康认知反应、健康情趣、健康意志是健康意识的具体体现,拥有良好的健康意识可以表现为对人和事物的正确充分的健康认识、健康体验、健康意志,它们之间相互影响、共同作用构成健康意识。其次,拥有一定自理能力的人,可以表现为生活规律、营养均衡、有适当体育运动量、拥有良好的卫生习惯以及心理健康五个方面。自理能力越强,以上五个方面的表现越突出,如果加强这五个方面的培养,可以在一定程度上提高自理能力,它们与自理能力之间相互促进,构成良性循环的关系。此外,身体素质可以通过心血管耐力、肌肉力量和耐力、柔韧性进行具体考察。最后,运动协调能力可以通过速度、反应、爆发力、灵敏性、协调性、平衡能力六个方面进行考察,这些方面的改善可以促进运动协调能力的提高。

根据以上健商评价指标的细分情况,对健商指标的相关分析如下。

1) 作息规律、营养均衡、拥有良好的卫生习惯并且心理健康是正确积极的健康认知的表现,能够保持一定的体育运动量是健康意志的体现,因此健康意识与自理能力之间存在着相互影响,自理能力是健康意识的外在表现形式,并且在一定程度上相互关联,提高健康意识的同时也会提升自理能力。

2) 注重膳食的营养均衡、定期参加体育锻炼有助于提高人体心血管耐力、肌肉力量和耐力及柔韧性,因此自理能力的提高会增强身体素质,同时身体素质好的人相较于身体素质差的人自理能力较强。

3) 体育运动量及心血管耐力、肌肉力量和耐力、柔韧性较好的人速度、反应、爆发力、灵敏性、协调性、平衡能力方面也比较出色,因此运动协调能力与身体素质及自理能力之间存在一定关联,自理能力与身体素质的加强有助于运动协调能力的提高,而运动协调能力的提高在一定程度上会对身体素质产生影响,拥有积极向上的健康意识能够促使人们参加体育锻炼、注重饮食与作息等,提高拥有健康体魄和良好身体素质的可能性。

4) 良好的健康意识可以促使人们定期参加适量的体育锻炼,以此提高灵敏性、协调性、平衡能力等,因此健康意识的提升有助于提高运动协调能力。

综上,健康意识、自理能力、身体素质、运动协调能力这四个要素相互影响,共同作用构成了完整的健商评价指标体系。健商要素关系如图3-1所示。

3.1.2 智商要素关联分析

根据智商概念与智商要素的描述,本书中智商包括父母遗传基础,受教育程度,注意力、观察力水平,记忆力水平,应变能力,想象力水平,语言理解及表达能力,逻辑思维能力八个要素[143]。其中,父母遗传基础在一定程度上可以反映孩子的先天智商水平,并且会对孩子启蒙阶段的教育产生较大影响。而自身的受教育程度作为个人努力层面,一定程度上可以反映智商高低。

对于注意力、观察力水平,注意力可以从注意力的广度(范围)、注

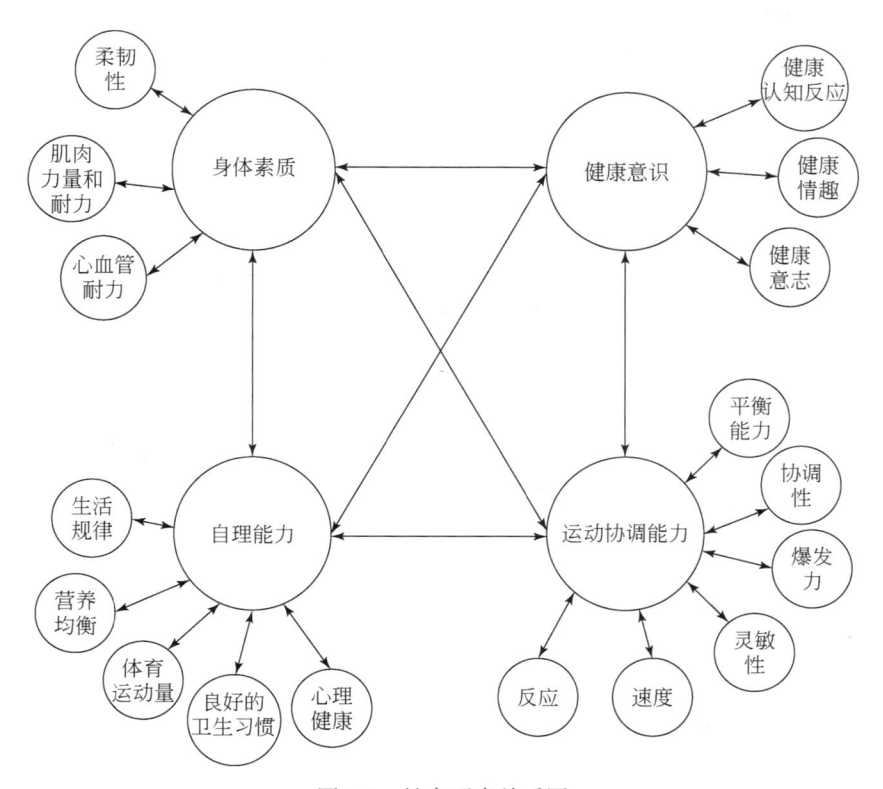

图 3-1 健商要素关系图

意力的稳定性、注意力的分配能力、注意力的转移速度四个方面衡量，观察力可以从全面性、能动性、细致性、准确性（由表及里）四个方面考察。记忆力水平可以分为短期记忆力、中期记忆力、长期记忆力三类，它们之间通过学习巩固可以逐步转化和提高。应变能力分为对环境的应变能力和对对手的应变能力，分别从人和事物两个方面考察。想象力水平分为再造想象思维、创造想象思维两种，再造想象思维是对所想影像及知识的二次组合加工，创造想象思维是根据其所学知识联想产生新生事物的能力。语言理解及表达能力从语言理解能力、口语表达能力、文字表达能力方面考量，其对知识的接受和表达都存在影响。逻辑思维能力从理解力、分析力、综合力、概括力、抽象力、比较力、推理力、判断力八个方面来衡量，它们都会对所学知识的理解、运用和创新产生影响。

根据以上智商评价指标的细分情况，对智商指标及其相关影响因素的相关分析如下。

1）父母遗传基础作为遗传因素的一部分，会对孩子智商的先天部分产生一定程度的影响，从而间接影响其他七个要素，尤其是记忆力水平与想象力水平这两个先天因素影响较多。

2）受教育程度会影响人们的注意力的广度（范围）、注意力的稳定性、注意力的分配能力及注意力的转移速度，从而影响注意力、观察力水平。同样，受教育程度还会对其再造想象思维、语言理解能力、口语表达能力以及文字表达能力有一定的影响，从而影响想象力水平和语言理解及表达能力，接受过高等教育的人相较于未接受过高等教育的人，想象力水平、语言理解及表达能力较好。此外，受教育程度还会对理解力、推理力、判断力、概括力等产生影响，良好的教育会有助于以上要素的提高，完善其思维方式，因此受教育程度对逻辑思维能力也存在影响。由此可知，受教育程度对想象力水平，注意力、观察力水平，逻辑思维能力和语言理解及表达能力都存在着不同程度的影响。

3）注意力、观察力水平，应变能力，想象力水平，记忆力水平，语言理解及表达能力，逻辑思维能力会对知识的记忆、理解、运用和创新产生影响，从而影响专业选择和测试发挥，进而受教育程度也会受到影响。

4）此外，创造想象思维和再造想象思维会影响人们对知识的联想记忆功能，想象力较好的人在记忆知识时通常会发挥其想象力结合其他事物对知识进行理解记忆，因此想象力水平会影响记忆力水平。

5）逻辑思维能力会影响人们的思维方式及思考模式，从而对知识产生不同的理解与认识，便会影响语言理解及表达能力。

6）注意力、观察力水平会影响知识接受程度，从而影响对知识的理解和知识再次传播的力度，所以注意力、观察力水平的提高有利于促进语言理解及表达能力的提升。综上，智商要素关系如图3-2所示。

3.1.3 知商要素关联分析

根据知商概念与知商要素的描述，本书中知商包括知识获取能力、知

3 科技创新人才要素关联分析

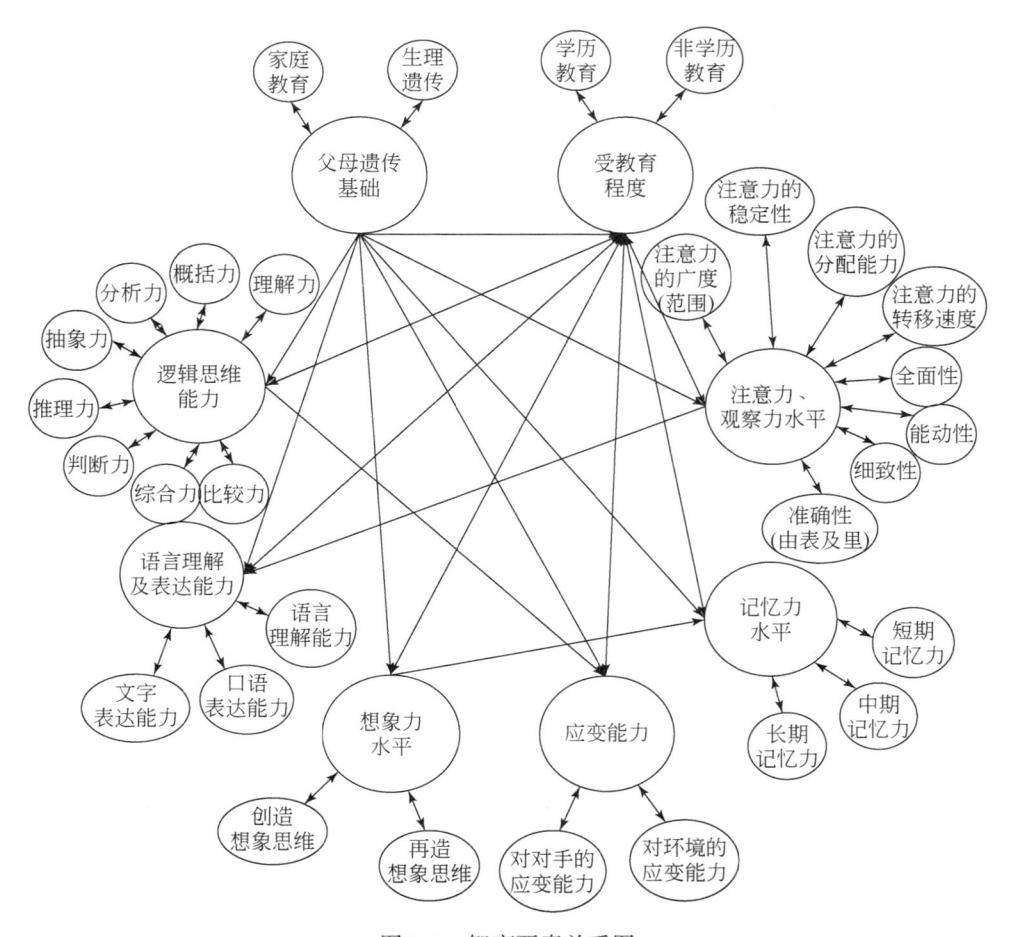

图 3-2 智商要素关系图

识存储量、知识表示与应用能力三个要素。其中，知识获取能力包括知识选择能力和主动学习能力两个方面，知识选择能力会帮助人们判断学习知识的价值，主动学习能力的提升可以促进知识获取能力的提高。知识存储量可以通过知识储备的系统程度、知识储备的开放程度、知识的凸显能力三个方面进行考察，知识储备的系统程度可以考量所储备知识的细化程度，知识储备的开放程度可以表明储备知识传播扩散的范围，知识的凸显能力可以体现对重点知识的学习与掌握能力，以上三个方面的提高均会带动知识存储量的增加。知识表示与应用能力由知识表达能力、知识运用能力、知识创新能力三个方面构成，知识表达能力、知识运用能力与知识创新能力构成了完整的知识运作程序，可以对知识的运作能力有较为全面的考察。

根据以上知商评价指标的细分情况，对知商指标及其相关影响因素的相关分析如下。

1）知识选择能力和主动学习能力会对知识存储量产生影响，知识选择能力较强，主动学习的能力较好，获取知识的途径和渠道会随之扩宽，知识存储量便会提升。因此知识获取能力是知识存储量的基础，会对其产生直接影响。

2）知识的选择能力和主动学习能力也会对知识表达能力、知识运用能力和知识创新能力产生影响，拥有了较为出色的知识选择能力便可以获得易于学习和传播表达的知识，主动学习能力会影响知识的运用、更新与创新，因此知识获取能力也直接影响知识表示与应用能力。

3）知识储备的系统程度、知识储备的开放程度和知识的凸显能力也会影响知识表达能力、知识运用能力与知识创新能力，因此知识存储量对知识表示与应用能力会有一定的影响，若知识存储量较为丰富，那么可以运用的知识面相对而言便比较广阔，拥有了丰富的知识存储之后，将知识运用在其研究领域就形成了知识的表达与运用，对知识理解得越透彻，将知识转化的能力越强，知识运作能力也越强。

综上，知商要素关系见图3-3。

3.1.4 情商要素关联分析

根据情商概念与情商要素的描述，本书中情商包括情绪认知能力、情绪运用能力、情绪表达能力、情绪控制与调节能力四个要素。其中，情绪认知能力不仅需要把握自身情绪同时也需要准确把握他人情绪，需要从以上两个方面共同考核情绪认知能力。情绪表达能力是从自身情绪是否可以正确表达进行考量。情绪运用能力可以从个人自身情绪感染力、自我激励能力及交际能力三个方面进行分析，自身情绪感染力是其对周围人和环境的影响力，自我激励能力可以体现其在面临困境时的情绪调节能力，交际

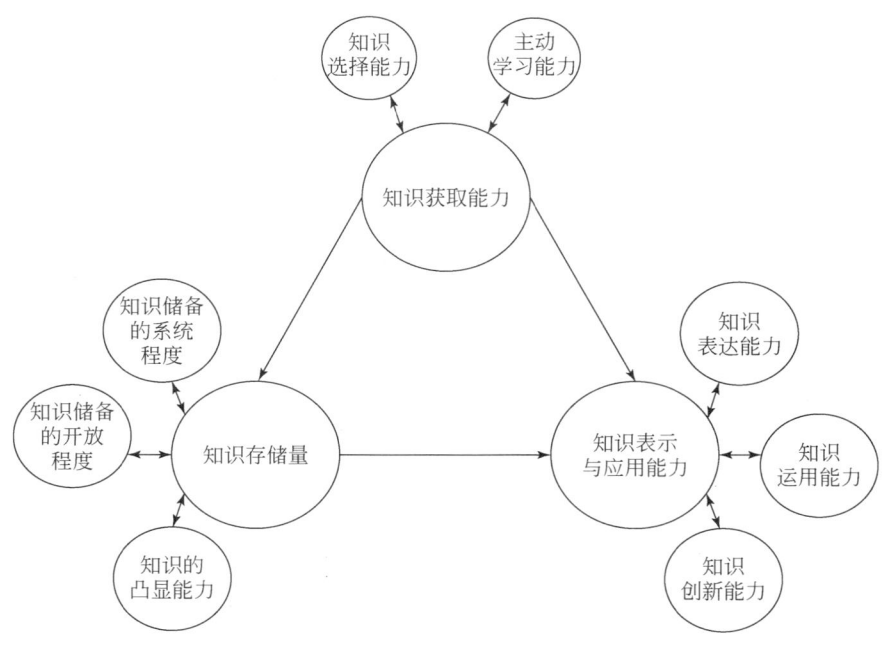

图 3-3 知商要素关系图

能力在一定程度上是他人与社会对其的接受程度，也可以反映其情绪运用能力的高低。情绪控制与调节能力是从自身情绪的控制能力与自身情绪的调节能力两个方面进行考量，控制能力是面对情绪起伏时对情绪的约束能力，调节能力是对情绪的一种转化方式。

根据以上情商评价指标的细分情况，对情商指标及其相关影响因素的相关分析如下。

1）对自身情绪的把握能力会影响自身的情绪表达、控制、调节、感染，而对他人情绪的把握能力会影响与他人相处过程中的相处方式，从而影响人际关系。由此可知，拥有良好的情绪认知能力是能够正确运用、表达情绪的基础，也是进行情绪控制和调节的前提。

2）自身情绪能否适当表达会影响情绪输出方式，从而影响情绪感染力、控制与调节能力，所以情绪表达能力会影响情绪运用能力和情绪控制与调节能力。

3）在一定程度上，情绪控制与调节能力会影响自身情绪的表达方式，进而影响情绪感染力和交际能力。因此，情绪控制与调节能力对情绪运用能力和情绪表达能力都会产生影响。

与此同时，情绪的运用、表达、控制与调节能力还会相互影响并且存在一定程度的正相关关系。情商要素关系如图3-4所示。

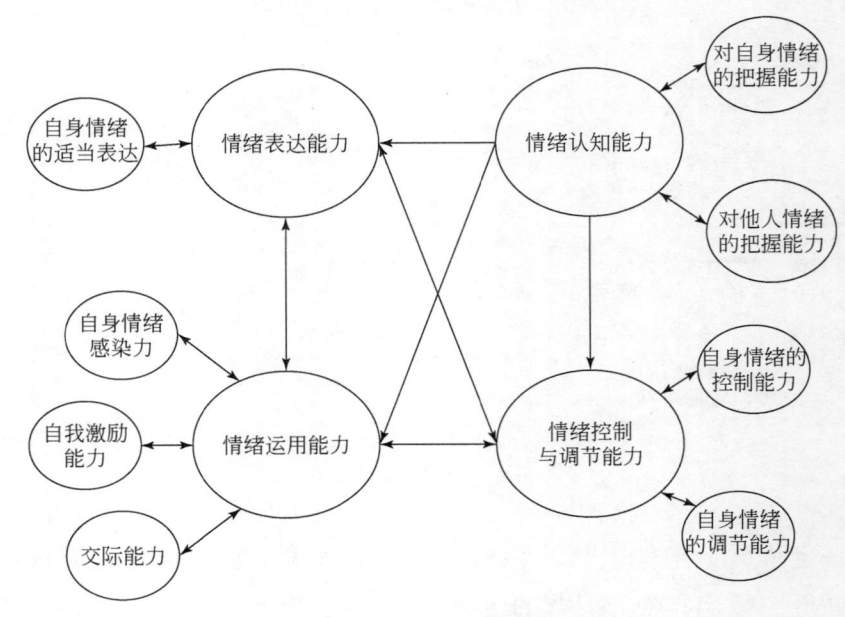

图3-4 情商要素关系图

3.1.5 德商要素关联分析

根据德商概念与德商要素的描述，本书主要从社会责任感、奉献精神、敬业程度、诚信水平这四个方面考察科技创新人才的德商。其中，社会责任感可以从积极责任和消极责任两个方面考察，积极责任是事中对责任的承担，消极责任是事后对自己行为的弥补，均可以体现其社会责任感。奉献精神是从对他人的无私帮助及对科研的奉献精神两个方面考察，对他人的无私帮助可以体现对社会及他人的奉献程度，对科研的奉献精神可以体现对学术的专注程度。敬业程度则从工作投入度和科研深入度来考察。诚信水平可以从生活诚信度和学术诚信度两个方面进行考量。

根据以上德商评价指标的细分情况，对德商指标及其相关影响因素的相关分析如下。

1）由于对他人的无私帮助是对社会回馈和乐于承担责任的一种表现，而在科研中的奉献精神则会影响科研的深入度和工作投入度，因此奉献精神会对社会责任感和敬业程度产生一定程度的影响。

2）积极责任会影响工作的投入度，并且在发现工作纰漏时会勇于承担并及时弥补，消极责任则可以反映生活及学术诚信度，因此社会责任感会对敬业程度和诚信水平造成影响。

3）工作的投入度和科研的深入度在一定程度上可以反映对科研的奉献精神，以及工作中积极责任与消极责任的承担状况，因此敬业程度同样也会对奉献精神和社会责任感造成影响。

4）一个人的诚信水平很大程度反映在其是否勇于承担责任方面，因此诚信水平也会对社会责任感带来影响。

综上，德商评价的四个指标是紧密相连、缺一不可的。社会责任感、奉献精神、敬业程度、诚信水平一同构成了科技创新人才的完整的德商体系，可以充分将个人层面上的道德观念与社会层面的道德考察相结合，保证科技创新人才不仅拥有学术道德也拥有高尚的社会道德。德商要素关系如图 3-5 所示。

3.1.6 意商要素关联分析

根据意商概念与意商要素的描述可知，本书提出的意商要素包括个人独立程度、对待事物主动性、自身行为把控能力、自信程度、决策执行能力、抗压能力六个方面。其中，个人独立程度可从生活独立程度和思想独立程度两个方面衡量；对待事物主动性可从完成目标的主动性和人际社交的主动性两个方面衡量；自身行为把控能力可从自我约束能力及自我调整能力两个方面考察；自信程度可从自我表达、自我尊重、自我理解三个方面衡量；决策执行能力则可以通过决策制定的果断程度和决策实施的坚持程度两个方面反映；抗压能力则分别从适应力、容忍力、耐力、战胜力四

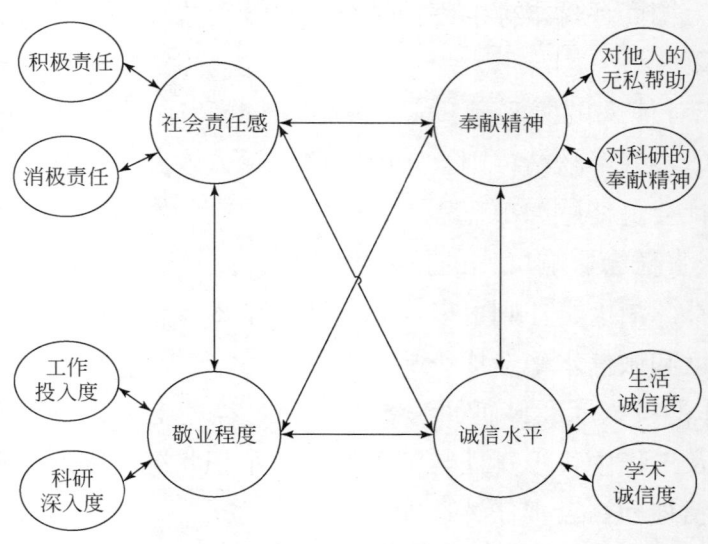

探究"钱学森之问"——科技创新人才智能分析

图 3-5 德商要素关系图

个方面衡量。

根据以上意商评价指标的细分情况,对意商指标及其相关影响因素的相关分析如下。

1)自信程度会对人际社交的主动性产生较大影响,自我表达能力越强,越渴望与人主动交流。同时,自我尊重和自我理解程度也是思想独立程度的一种体现。因此,自信程度对于对待事物主动性和个人独立程度都存在一定程度的影响。

2)考虑到一个人的生活独立程度和思想独立程度会影响到日常生活中对自我行为的约束能力,所以个人独立程度对自身行为把控能力也存在影响。同时,思想独立程度会对决策制定的果断程度及决策实施的坚持程度产生较大影响,因此个人独立程度同样也会对决策执行能力产生影响。

3)耐力、战胜力、容忍力与适应力是自我约束能力与自我调整能力的部分反映,因此自身行为把控能力和抗压能力之间存在相互影响的关系。

4)决策制定的果断程度、决策实施的坚持程度与完成目标的主动性存在着相互影响的关系,完成目标的主动性越强的人在决策制定时通常较为果断，在决策实施过程中越坚持。同时，决策制定果断、实施决策态度较为坚持的人可以说明其完成目标的主动性较强。因此，决策执行能力与对待事物主动性是相互影响、共同促进的作用。

5）自我约束能力和自我调整能力是自我尊重的一种具体体现，同时自我尊重程度也会在一定程度上影响着自身行为把控能力的高低，因此自信程度和自身行为把控能力也是相互影响的。

综上，个人独立程度、自身行为把控能力、自信程度这三个要素是科技创新人才作为独立个体的意商体现；对待事物主动性、决策执行能力、抗压能力这三个要素是科技创新人才面对外界事物或压力做出反应和行为的意商体现。这两个方面相互结合方才构成了较为完善的意商考察体系，因此它们的存在是相互补充、互相影响的关系。意商要素关系如图3-6所示。

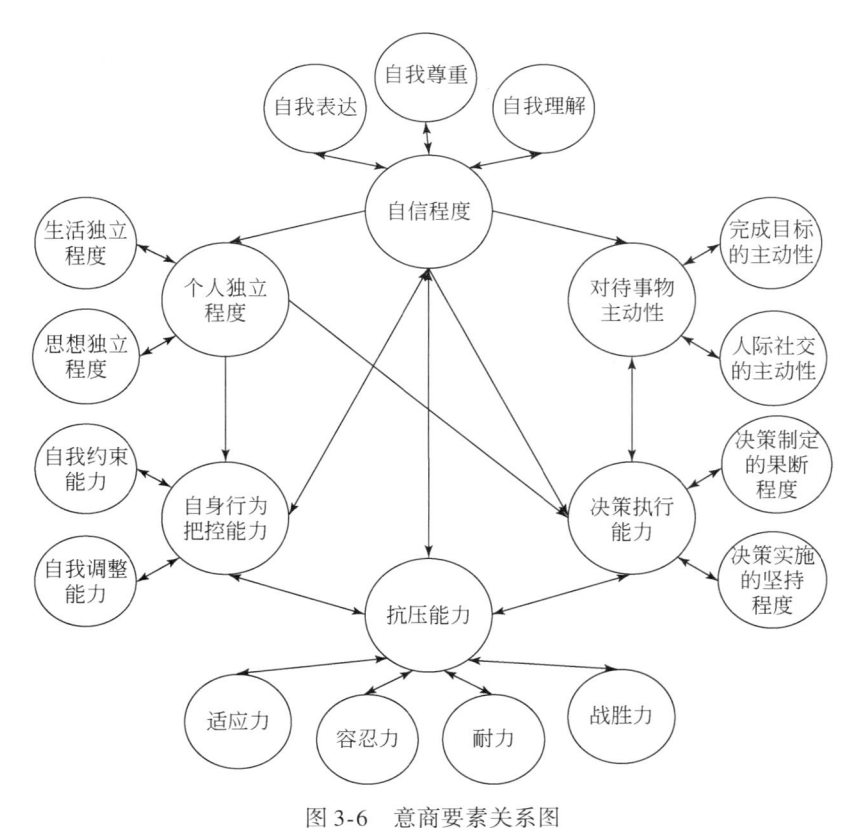

图3-6 意商要素关系图

3.1.7 位商要素关联分析

根据位商概念与位商要素的描述，本书中位商包括处位能力、决策水平、组织工作水平三个要素。其中，对个人处位能力的判定不仅需要考察对自身定位也需要考察对他人定位的判断。决策水平可以从正确的评估能力、精确的预测能力、准确的决断能力三个方面进行测评，预测与评估能力是在决策形成之前对形势的预判能力，而准确的决断能力可以体现决策形成时的决策水平和果断程度。而组织工作水平是从对人员及事物安排运用的组织能力及协调能力两个方面来考量。

根据以上位商评价指标的细分情况，对位商指标及其相关影响因素的相关分析如下。

1）对自身和他人的定位会影响科技创新人才对人员的任免与调配，从而影响其组织能力，因此处位能力会影响组织工作水平。对他人的正确认识可以帮助其进行适当的工作安排，从而提升组织工作水平。同样，拥有较强的组织工作水平有助于在工作过程中发掘人才及其才能，由此提高其处位能力。

2）预测、评估与决断能力会影响决策，在面对不同决策时需要良好的组织能力与协调能力去应对。因此，准确的决断能力会使后续组织与协调工作相对平稳地展开，而优秀的组织能力与协调能力也有助于对决策的信息反馈，利于后续方案的调整。

3）鉴于对个人及他人的定位受到预测与评估能力的影响，所以处位能力也受决策水平的影响，在一定程度上做出决策的同时，也是对自己与他人定位的判断。

综上，处位能力、决策水平及组织工作水平三个要素是相辅相成的关系，三个要素为一体构成了完整的科技创新人才位商体系。位商要素关系如图3-7所示。

图 3-7 位商要素关系图

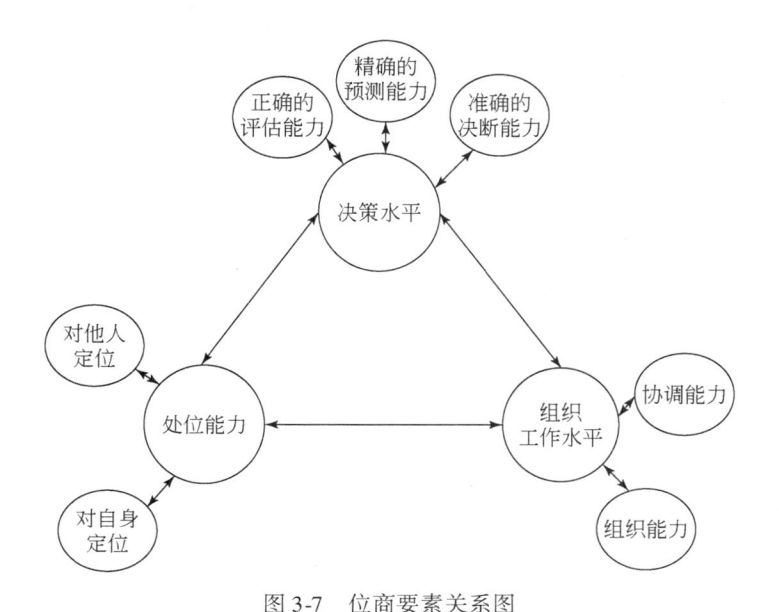

3.2 七商之间逻辑关联分析

3.2.1 健商和其他要素的关联分析

"健康是革命的本钱",在如今日益发展的现代社会,拥有健康的体魄仍具有重要的意义,其是我们顺利进行学习、工作和生活的先决条件,是我们无论从事何种工作的首要前提。健康不仅指个人体魄的提高,同时更在于健全的心理品格的逐步完善,需要我们做任何事情都具备的乐观向上的生活态度和豁达积极的处事风格。在这个人人都具有良好的健康意识的时代,每个人比拼的已不再单单是所谓的金钱和权力,而是更加看重"良好的健康状况",只有对于健康理念的准确把握,才有更大的机会去挖掘自身无限潜能,成长为创新型科技创新人才。

健商基于其全面性和广泛性的特点,其内涵也是包罗万象,首先应是其狭义上理解的生理健康,基于此还应涉及健全的心理要素和精神要素、环境要素与社会要素及生活要素等。从这个角度来说,健商就是个体生存和成功的保障,健商与智商、知商、意商的高低息息相关。智商是生存的基础,知商是获取知识的能力,意商是意志的体现,健商代表了个体的身体素质和健康意识,只有身体状况和精神状况全都健康的人,才能拥有好的语言理解及表达能力、应变能力、逻辑思维能力和知识的获取、表示及应用能力、自身行为的控制能力与抗压能力,相对地,智商、知商和意商合乎规律,对于个体的自理能力和健康意识的提高也会起到极大的促进作用,这样才能身心健康地工作和生活。如果从数学的角度来考量健商的重要作用,其理解可能更加生动形象。如果用1来比作健康的体魄和健全的心理,金钱、权力、家庭、事业、爱情等都比作是1后面的若干个0,人生当中如果仅仅拥有1是极不完整的,也就失去了人生中更多美丽的风景,但一旦失去了1的这个先决条件,就算后面有再多用0代替的宝贵的资源,那也只是枉然。从这个角度而言,用1来表示健商,其余的智商、知商、意商三商均用0来表示,如果缺少了1,那么其后所有的0带来的物质上或是精神上的效益也都毫无意义了。因此四者互为依存,相互促进。

综上所述,健商和其他要素的关联分析图如图3-8所示,其中实线代表健商和其他要素的关联关系,虚线代表其余智商、知商、情商、位商、意商及德商之间的关联关系。

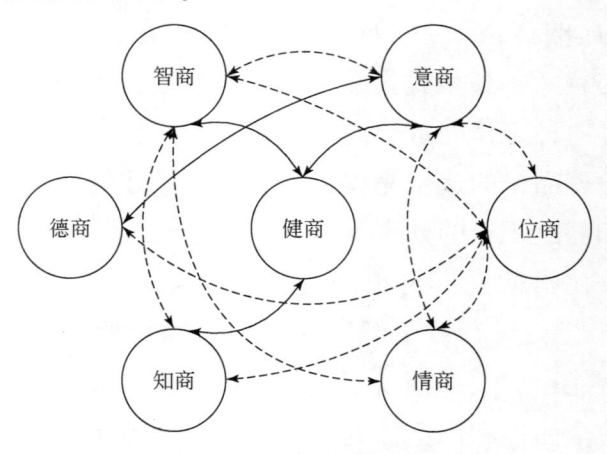

图3-8 健商关联分析图

3.2.2 智商和其他要素的关联分析

智商较高的人一般对客观事物具有准确的预判能力、全面的分析能力、果断的解决执行力及过人的记忆力等，并且他们对于自然现象和社会现象等往往具有敏锐的感知能力，能较好地针对细微的变化做出迅速准确的反应，如此一来，这些完善的人格素养对于其学习掌握专业基础知识等起到重要的作用，也为其成长为科技创新人才奠定了很好的基础。

智商代表的是传统意义的智力高低，同时也是情商建设的基础，只有对事物的整体把握达到一种全面的成熟的状态，才有可能更大程度地发挥情商所带来的附加效果。与此相对，情商也是智商的内容延伸和理念拓展，它可以帮助智商的发展确定基本方向，使得我们能充分利用自身优势有目标地完善自我，而非盲目地发展，从而获得效益最大化。因此，二者相辅相成、优势互补的特点也造就了智商高的人学习能力强，情商提高得快；情商高的人，能更好地实现自身的进步与发展，智商相应也就会提高。

意商产生于智力活动中，个体对于外界事物的感知、记忆、想象等思维认知活动，使个体明白了与外界事物的关系，从而产生了对物质世界的各种需求和欲望，因此才有了意志品格的产生、繁衍、形成和发展，也就是人们常说的意志力，反映个体的意志水平。每个人的意志力都来源于这样的产生过程，与个体的智商息息相关，都是在智力活动认知的基础上衍生和发展起来的，都在一定程度上受到智力的制约和限制。

知商是获取、学习、应用已知知识和未知知识的能力，它相当于人脑中的中央处理器，处理和转化获得的信息材料，为智商的发展提供养料。个体通过智力活动获取了海量信息，然后通过知商将这些信息进行预先处理，转化为有用的知识，加深个体对外界事物的理解，提升个体的认知水平，从而提高智力，知商是智商双生子，是它的另一种表现形式。

健商是个体身体素质和健康意识的体现，一个拥有正常智商的个体才能具有正常的健康意识，其身体素质在非先天性羸弱的条件下才能得到正常的发展和提高。高智商有利于促进个体对于健康内容、保健意识、健康维护、保健工具等的理解，个体对于健康意识的理解越深，其健商才能得到最大程度的提高。

位商是需要在智商基础之上，有明确奋斗目标的高级分析活动，用系统思维方法拟定并评估各种方案，从中选出合理方案的过程，智商高的人，逻辑思维越好，越有可能做出最正确的决策。

综上所述，智商和其他要素的关联分析图如图3-9所示，其中实线代表智商和其他要素的关联关系，虚线代表其余健商、知商、情商、位商、意商及德商之间的关联关系。

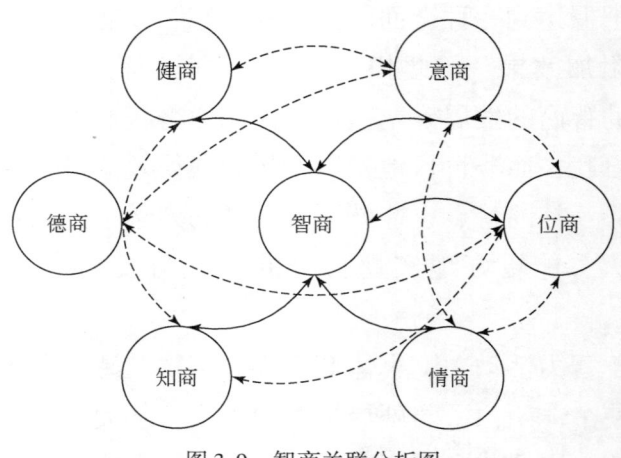

图 3-9　智商关联分析图

3.2.3　知商和其他要素的关联分析

知商水平的高低反映着个体的知识获取和转化能力，知商越高，信息的获取能力越强，个体为社会创造的实践应用价值就越高，越有可能成长为一名具有创新意识的现代科技创新人才。

现代的教育体系使个体从幼儿园开始就接收、获取、理解大量的信息，这些信息通过知商的转化变成了有用的知识，表现在生存能力和生活能力的方方面面，这些都从不同的角度反映着一个人的知商水平。知商与智商有着本质的区别，知商是人脑处理信息材料的中央处理器，通过吸收、理解和转化外来的信息数据提升个体的认知能力，从而提高个体的智力水平，是在个体智商基础上进行的智力认知活动。而智商是来源于先天性产生和后天性培养的综合形成与发展的一种复杂的、系统的、动态的智力活动，贯穿影响着一个人的一生，与知商的发展相辅相成，却又有着质的区别。智力的先天性形成与个体的健商有着不可分割的关系，后天的培养、发展与个体的知商和位商息息相关。具体来说，一方面，外界信息通过个体的生理器官感受传入人脑中枢神经系统，人脑中枢神经系统通过接收和处理产生大量的智力活动，并以智商、知商、位商、健商的角度表现出来；另一方面，知商、位商、健商的不同程度的提高又能促进智商认知能力、理解力、想象力、记忆力、应变能力等方面的提升，而智力活动的提升又会促进知商、位商、健商的逐级提高。这一过程其实是一个不断反复、不断循环的促进过程，智商、知商、位商、健商都是个体认知活动的不同表达，通过信息的流通和转化来相互促进、相互制约，它们之间存在的这种客观联系决定了彼此之间不可分割的必然关系。

综上所述，知商和其他要素的关联分析图如图 3-10 所示，其中实线代表知商和其他要素的关联关系，虚线代表其余智商、健商、情商、位商、意商及德商之间的关联关系。

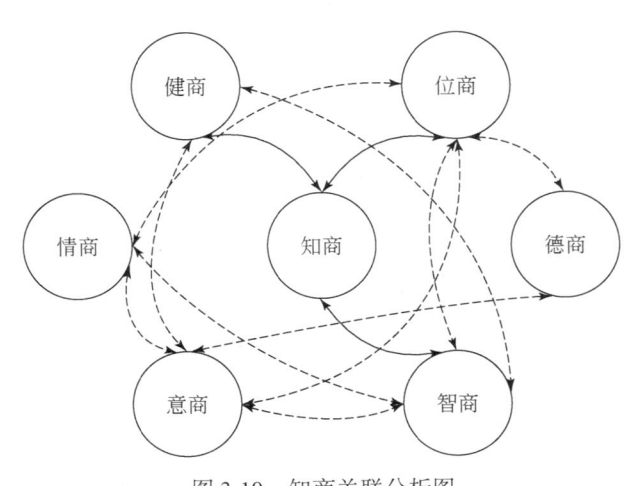

图 3-10 知商关联分析图

3.2.4 情商和其他要素的关联分析

情商反映了情感品质的差异性，不同情商的人处理问题方式、对待人生的态度及实际操作的能力迥然不同，高情商的人更加乐观，能用积极的心态面对生活中的困难和挫折，更有可能走向成功。

情商是个体成长的根本，是影响个体发展方向的关键因素。智商是个体成长的前提和基础，决定着个体对于客观事物的认知能力及处理外界问题的实践能力。情商是智商发展的导航仪，能为智商确立正确的发展方向。情商高的人能够正确地看待问题，对现实有着明确的认知，使个体有限的智力水平朝着最有利的方向发挥到最大，避免了个体发挥智力的盲目性和随意性。情商的发展层次在一定程度上会促进智商的发展，智商的成长又会促进情商的提高。情商与智商相互促进、相互依存、相互制约，是个体成功必不可少的因素，缺一不可，相辅相成，只有情商智商双高的人才有可能走向成功。

情商是意商的基础，意商的衍生与发展来源于个体的情商，没有情商的个体不可能拥有高的意商；意商又为情商确立正确的方向，拥有较强意志力的个体能够强制性把控自己的思想、情感和行为，使个体的思维和行动朝着最有利的、最正确的方向发展。一个具有良好情商的个体，善于处理人际关系，拥有良好的交际圈，有利于个体产生意志行为并坚持下去，对其意志力起到锻炼和促进作用；一个具有良好意商的个体，善于把控自己的行为和情感，在一定程度上提高了个体情绪的控制、管理及运用能力，克制和消除了负面、消极的情绪。

位商是认知和把握社会位阶、层级位置的能力，人们总是处在一定的社会组织之中，处在相应的社会位阶、层级位置。情商是对自我、对他人情绪认知能力的表现，对个体处理人际关系、处理社会生活有着很重要的作用。个体的社会层次需要个体拥有高超的情绪处理、情绪控制、情绪表达能力，即高超的情商。而高位阶的人一般都善于处理情绪问题，理性解决矛盾。个体的情商决定着位商，决定着个体所处的社会位阶、层级位

3 科技创新人才要素关联分析

置。反过来,位商影响着情商,决定着位阶、层级的跃迁。

综上所述,情商和其他要素的关联分析图如图 3-11 所示,其中实线代表情商和其他要素的关联关系,虚线代表其余智商、知商、健商、位商、意商及德商之间的关联关系。

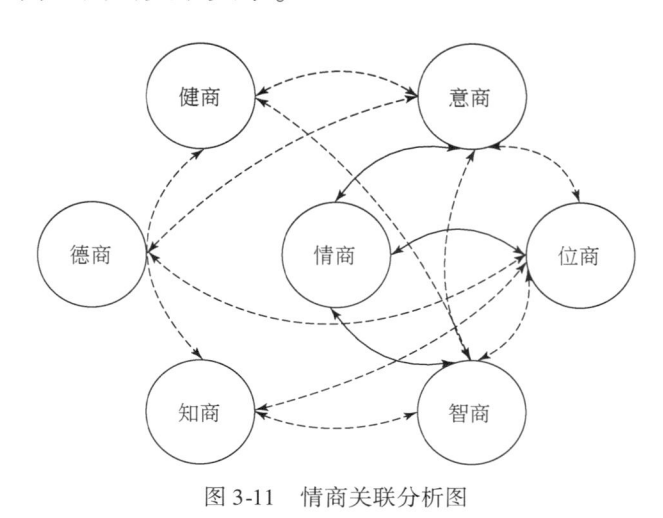

图 3-11 情商关联分析图

3.2.5 德商和其他要素的关联分析

高德商的人知荣明耻,具有同情心和责任心,为人诚信、正直、有良知、懂得宽容和感恩。在事实面前,提高德商的重要性不言而喻,因此在构建"德商、健商、智商、知商、情商、意商、位商"七位一体的科技创新人才关键要素培养体系中德商占据重要位置。德商是成为一名科技创新人才的基础和根本,一个没有德商的人永远无法成为一名合格的科技创新人才。

德商高的人一般会受到他人的尊敬,善于处理人际关系,在遇到挫折和困难时容易得到他人的帮助,轻松渡过难关。高德商的人有高度的敬业精神、诚信水平,对自身的把控能力、对待事物的主动性及正确的处位能力、决策水平有一定的促进作用,进而与个体的位商和意商相互配合、相互依存、相互补充,呈正相关关系。

综上所述,德商和其他要素的关联分析图如图 3-12 所示,其中实线代表德商和其他要素的关联关系,虚线代表其余智商、知商、情商、位商、意商及健商之间的关联关系。

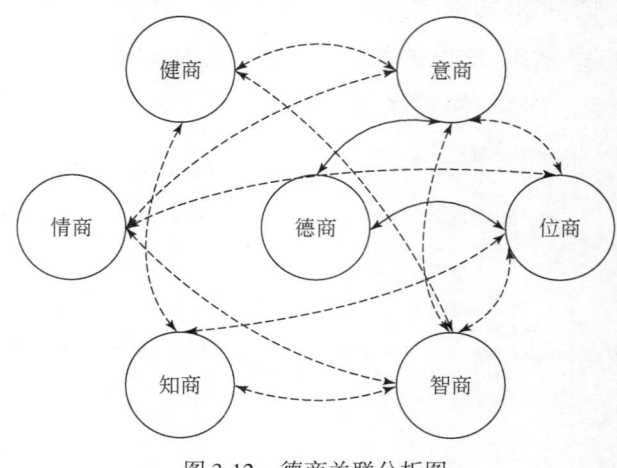

图 3-12 德商关联分析图

3.2.6 意商和其他要素的关联分析

意商是个体意志力的表现，意商高的人善于控制和要求个体的思想和行为，面对困难不容易放弃自己的坚持和理想，意商在个体情绪消极、负面能量爆发时发挥积极作用，促使个体乐观解决问题，做出明智正确的抉择。

智商是情商的基础，情商是意商的基础。没有正常的智商也就不存在合乎常理的情商，不存在基本的情商也就不存在合乎规律的意商。意商较高的人善于控制自己的情绪和行为，为情商确立正确的方向；情商较高的人能够正确看待问题，具有优秀的认知能力，为智商指出正确的方向，即智商、情商和意商相互区别又存在相互联系，彼此促进、共同发展。然而，三者之间也是相互独立的，并不是智商高的人，情商和意商就高；当然也并不是情商高的人，智商和意商就高。

健商是意商活动的基础，个体的身体素质决定了个体在社会生活中的意志力，不管是对于事物的主动性、个人独立程度，还是抗压能力，都与健商的高低息息相关，高健商的人更有利于促进个体的意志活动；相对地，高意商的人对自身的把控能力更强，更有利于个体健康、规律的生活习惯的养成，对于健商的提高有一定的促进作用。

位商是个体处位能力、决策水平、组织工作水平的体现，在任何情况下都能保持乐观的人生态度，在平凡的岗位上也能安身立命，不管是顺境、逆境都能够面对，要想做到这些，必须有一定的抗压能力、对自身行为的把控能力，即意志力，而意商的发展又能提高个体正确解决问题的能力，办事利索、决策果断、有顽强的毅力和坚忍不拔的意志，进而提高个体的组织协作能力，意商与位商相互促进、相辅相成。

意商高的人一般来说善于处理社会关系，在处理问题时不会用激进不当的方式解决问题，也不会遇到困难就止步不前、不敢勇敢发表自己的看法，他们坚持自己的道德理念和行为规范，力争做到谦虚、谨慎、勇敢、自信、诚实、宽容、自律等，高意商的人有强烈的社会责任感和牺牲精神。因此，意商是德商的另一种表现方式。

综上所述，意商和其他要素的关联分析图如图 3-13 所示，其中实线代表意商和其他要素的关联关系，虚线代表其余智商、知商、情商、位商、健商及德商之间的关联关系。

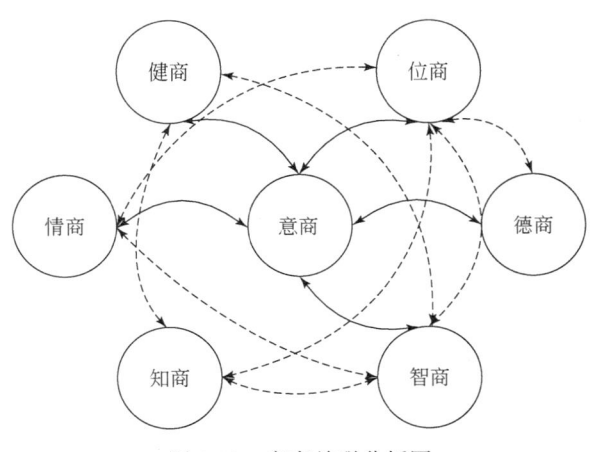

图 3-13 意商关联分析图

3.2.7 位商和其他要素的关联分析

位商是个体对于自身、他人位阶的正确认知能力，个体的位置选择与

探究"钱学森之问"——科技创新人才智能分析

个体的智商、知商、情商、德商和意商有着很密切的联系,是成长为优秀的科技创新人才必需的重要能力。

位商是在智商、知商、意商、德商和情商基础上的提升与选择。对于位商而言,有三个层面:一是对问题的正确认知和定位;二是解决问题时所做出的选择;三是问题处理后自身能力的提高。具体地说,个体位商的高低就体现在实际问题的处理过程中,首先,对目标问题的理解认知能力,是否做出了正确的理解和定位;其次,根据所处大环境,如何做出使问题解决的代价最小、所获得的利益最大的恰当、可行的决策;最后,有没有通过处理该问题总结经验教训,在各方面得到成长,提升自己的位商水平。在这个过程中,智商、知商、情商、德商和意商都发挥着不可替代的作用,分布于人生发展的每一个重要阶段。换而言之,位商是受到智商、知商等的综合影响,任何一方面的缺失都将导致个体自身定位的偏离,进而影响到个体发展的各个层面。

综上所述,位商和其他要素的关联分析图如图3-14所示,其中实线代表位商和其他要素的关联关系,虚线代表其余智商、知商、情商、健商、意商及德商之间的关联关系。

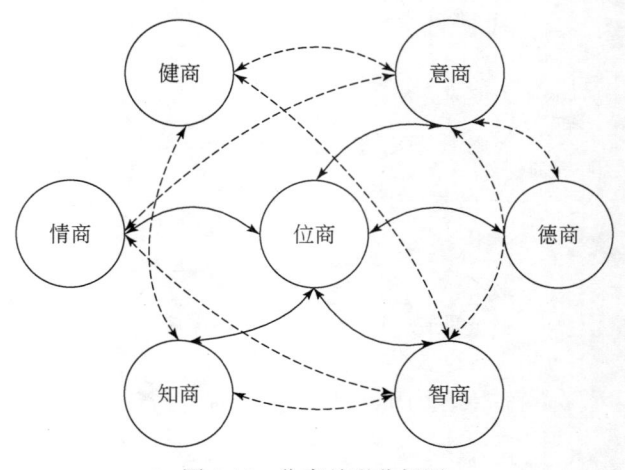

图3-14 位商关联分析图

4 科技创新人才系统评价

4.1 科技创新人才关键要素指标体系构建

科技创新人才的评价内容涉及的七商因素较多（图4-1），而七商的相关内容也有自身的特点，所以在选取指标的过程中应该按照以下几点原则进行选择。

1）客观性原则：客观性是保障科技创新人才评价结果准确率的根本条件，所构建的指标体系中的评价指标数据通过适当的方法、计算得到的评价结果应能准确、客观地反映出评价个体的科技创新水平。在指标的选取过程中，应充分参考相关资料文献和调研过程中的实际资料[144]。

2）科学性原则：所选取的评价指标满足预想指标体系框架的要求，以确保评价结果的准确性[145]。本书中科技创新人才评价体系的建立需要依赖于科学性原则，选取七商中的相关指标，使用尽可能体现个体七商程度的指标来反映评价个体的科技创新程度，通过评价过程得到真实有效的分析结果。

3）系统性原则：指标的选取应该在系统理论的基础上，建立系统框架[146]。选取的评价指标能够确保目标对象的全面属性，保障评价指标体系的科学性、完整性和系统性。评价体系应该具有层次结构，要能够全面反映不同个体科技创新程度的变化，各指标层间的关系应清晰明确。

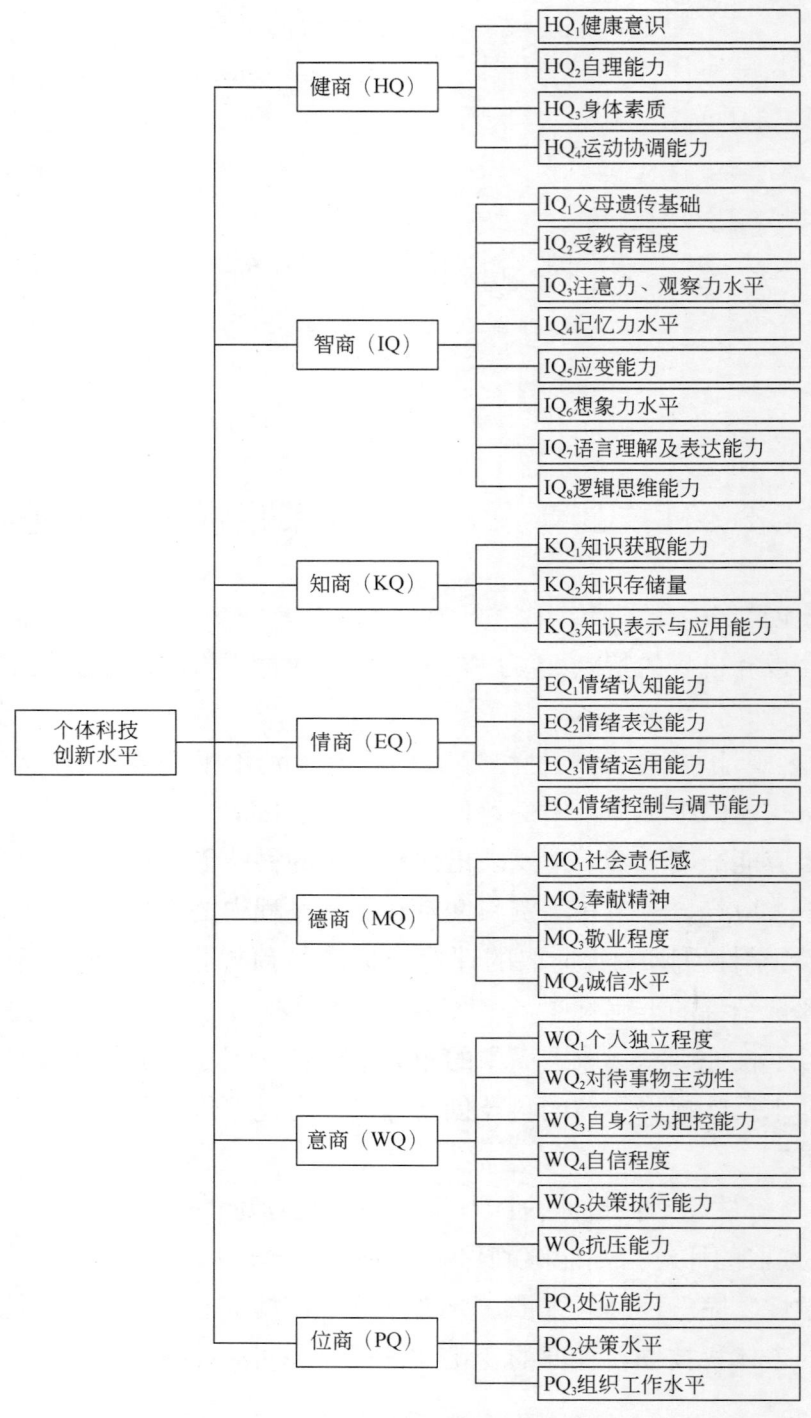

探究"钱学森之问"——科技创新人才智能分析

```
                                    ┌─ HQ₁健康意识
                       健商（HQ）────┤─ HQ₂自理能力
                                    ├─ HQ₃身体素质
                                    └─ HQ₄运动协调能力

                                    ┌─ IQ₁父母遗传基础
                                    ├─ IQ₂受教育程度
                                    ├─ IQ₃注意力、观察力水平
                       智商（IQ）────┤─ IQ₄记忆力水平
                                    ├─ IQ₅应变能力
                                    ├─ IQ₆想象力水平
                                    ├─ IQ₇语言理解及表达能力
                                    └─ IQ₈逻辑思维能力

                                    ┌─ KQ₁知识获取能力
                       知商（KQ）────┤─ KQ₂知识存储量
                                    └─ KQ₃知识表示与应用能力

    个体科技                        ┌─ EQ₁情绪认知能力
    创新水平────┤     情商（EQ）────┤─ EQ₂情绪表达能力
                                    ├─ EQ₃情绪运用能力
                                    └─ EQ₄情绪控制与调节能力

                                    ┌─ MQ₁社会责任感
                       德商（MQ）────┤─ MQ₂奉献精神
                                    ├─ MQ₃敬业程度
                                    └─ MQ₄诚信水平

                                    ┌─ WQ₁个人独立程度
                                    ├─ WQ₂对待事物主动性
                       意商（WQ）────┤─ WQ₃自身行为把控能力
                                    ├─ WQ₄自信程度
                                    ├─ WQ₅决策执行能力
                                    └─ WQ₆抗压能力

                                    ┌─ PQ₁处位能力
                       位商（PQ）────┤─ PQ₂决策水平
                                    └─ PQ₃组织工作水平
```

图 4-1 个体科技创新水平评价指标体系

4）可操作原则：指标的准确选取，能够通过相关途径得到评价模型所需要的相关资料，顺利地收集到所需要的全部数据，促进评价指标体系成功运作[147]。所收集到的数据应能通过适当的处理客观反映各评价指标的情况，指标体系的操作也应该是简便易行的操作运行程序。

5）可扩展性原则[148]：人的发展是一个复杂系统问题，影响个体科技创新层次的因素也是通过个体不同阶段、不同层面的特征表现出来的，在选取科技创新层次评价指标的过程中应考虑到理论研究的阶段性、局限性，在选取科技创新评价指标时应充分考虑后续研究中对指标体系扩展的需要，尽可能完善评价指标体系。

基于上述指标选取原则，为科学、系统、客观地评价个体的科技创新程度，笔者将利用第2章2.2节中所得到的研究结果，将七商作为评价个体科技创新水平的直接评价指标，而七商的相关要素分别作为七商的下层指标，对七商水平进行评价。具体评价指标体系如图4-1所示。

4.2 科技创新人才匹配模型

笔者考虑针对公认的科技创新人才的数据进行收集，将该部分数据作为科技创新人才的正样本，即科技创新人才的标准。同时，对于普遍的一般样本数据而言，如果样本数据与利用正样本数据构建的标准的匹配程度越高，则该样本的科技创新程度也就越高。

（1）构建科技创新人才标准

假设所收集到的正样本数据为 X_{mn}，其中 m 表示样本个体数量，n 表示评价指标个数。通过对正样本进行聚类分析，利用 K-means 聚类方法[149]将正样本分成 T 类，则将最终聚类中心值向量作为科技创新人才的标准，设为 X_0，则 X_0 由 T 个 n 维的一元向量构成。

（2）构建科技创新人才匹配模型

假设正样本数据中的一个样本数据为 $(x_1, x_2, x_3, \cdots, x_n)$，其中 $x_1, \cdots, x_n$ 分别表示七商的评价指标，通过 K-means 聚类算法得到 T 个聚

类中心向量构成正样本标准矩阵为

$$X_0 = \begin{bmatrix} x_{11} & x_{12} & \cdots & x_{1n} \\ x_{21} & x_{22} & \cdots & x_{2n} \\ \vdots & \vdots & \cdots & \vdots \\ x_{T1} & x_{T2} & \cdots & x_{Tn} \end{bmatrix}$$

计算个体数据 $x = (x_1, x_2, x_3, \cdots, x_n)$ 与 T 个标准向量的欧式距离，计算公式如下：

$$d(x, X_{0t}) = \sqrt{\sum_{i=1}^{n} |x_i - x_{ti}|^2}, \text{ 其中 } t = 1, 2, \cdots, T \quad (4\text{-}1)$$

最终将样本与 T 个标准向量之间的距离的最小值作为样本与标准向量之间的距离，即

$$d(x, X_0) = \min_{t=1}^{T} \{d(x, X_{0t})\} \quad (4\text{-}2)$$

一般，当样本足够大时，样本与标准向量之间的距离服从正态分布。所以，本书假设所有正样本与标准向量之间的欧式距离的最小值为 $D_{\min}$，最大值为 $D_{\max}$，则样本数据在 $(D_{\min}, D_{\max})$ 区间上服从正态分布 $N(u, \sigma^2)$，其中 u 为正样本与标准向量之间的距离的均值，σ 是所有正样本数据与标准向量之间欧式距离的标准差。

所以，存在一个阈值 d_0 使得概率 $P(d < d_0) = 0.95$，即当样本足够大时，若样本与标准向量之间的欧式距离小于 d_0，则该样本可以聚类到正样本中的概率为 95%，也就是说，在 $\alpha = 0.05$ 的显著性水平下，可以认为该样本与正样本一样是科技创新人才的样本数据。根据正态分布的相关理论可以得到 d_0 的计算公式为

$$d_0 = u + 1.645\sigma^2 \quad (4\text{-}3)$$

式中，1.645 为查询正态分布表所得。

综上，科技创新人才匹配模型的步骤如下。

步骤 1：通过 K-means 聚类确定正样本的分类数 T，并构建标准矩阵。根据公式（4-2）计算所有正样本数据与标准向量之间的欧式距离。

步骤 2：计算所有正样本与标准向量之间欧式距离的最大值（$D_{\max}$）、最小值（$D_{\min}$）、标准差（σ），并根据式（4-3）计算阈值 d_0。

步骤3：计算匹配样本数据与标准向量之间欧式距离 d，若 $d < d_0$，则该匹配样本是科技创新人才，否则匹配样本不是科技创新人才。

4.3 科技创新人才模糊综合评价模型

科技创新人才匹配模型是通过聚类的思想将一般样本与正样本进行匹配，若匹配成功则该样本为科技创新人才，否则就不是科技创新人才。匹配模型只是简单的对样本的类别（是否为科技创新人才）进行判断，并不能对所有样本的科技创新层次进行客观的、准确的评价。所以，本节将利用模糊综合评价模型[150]，综合考虑个体七商的所有评价指标，对待评价样本的科技创新层次进行系统评价。

4.3.1 评价指标权重的确定

4.3.1.1 熵值法权重

设有 m 个待评价对象、n 项评价指标的数据矩阵为 $\boldsymbol{X} = (x_{ij})_{mn}$，则对于第 j 个指标而言，若所有待评价对象的指标数据 x_j 的差异性越强，该指标在综合评价中所起到的作用也就越大。

在信息论中，信息熵是对系统无序程度的度量[151]。而在指标数据矩阵 $\boldsymbol{X}$ 中，若该项指标的数据差异性越大，则该指标的信息熵越小，指标的权重也就越大；反之，指标的权重越小。因而，指标信息熵的计算结果在一定程度上可以确定指标的权重。

熵值权重的计算步骤如下。

步骤1：用功效系数法对待评价对象的指标数据矩阵 $\boldsymbol{X}$ 进行标准化处理。其公式如下：

$$Y_{ij} = \frac{x_{ij} - \boldsymbol{X}_{\min(j)}}{\boldsymbol{X}_{\max(j)} - \boldsymbol{X}_{\min(j)}} \alpha + (1 - \alpha) \tag{4-4}$$

式中，$X_{\max(j)} = \max(x_{1j}, x_{2j}, \cdots, x_{nj})$；$X_{\min(j)} = \min(x_{1j}, x_{2j}, \cdots, x_{nj})$；功效系数 $\alpha \in (0, 1)$，功效系数的大小决定功效范围的大小，一般取 $\alpha = 0.9$。

步骤 2：计算指标熵值。假设第 j 个指标的熵值为 e_j，则第 j 个指标的熵值计算公式为

$$e_j = \frac{1}{(\ln m)\sum_{i=1}^{m} Y_{ij}}\left[\left(\ln \sum_{i=1}^{m} Y_{ij}\right)\sum_{i=1}^{m} Y_{ij} - \sum_{i=1}^{m} Y_{ij}\ln Y_{ij}\right] \tag{4-5}$$

步骤 3：计算指标权重。设第 j 个指标的权重为 w_j，则权重计算公式如下：

$$w_j = \frac{1 - e_j}{\sum_{j=1}^{n}(1 - e_j)} \tag{4-6}$$

4.3.1.2 多层交互权重

多层交互权重是基于决策科学的一种权重计算方法[152]。首先，上级指标给出各个指标的权重阈值范围，各下级指标根据自身情况在阈值范围内给出其权重，并反馈给上级；基于平衡性约束条件，上级对下级返回的权重进行综合，并将综合后的权重传递给下级，下级各单元根据上级的权重意见再对权重进行调整并返回上级进行综合，直至满足一定的要求后终止，由上级确定最终的指标权重。多层交互权重的确定过程流程如图 4-2 所示。

设有 m 个单元需要进行评价，每个单元有 n 个属性指标，第 i 个单元的第 j 个属性值为 x_{ij}，该属性的权重为 w_{ij}。权重确定具体过程如下。

步骤 1：上级给定权重约束。

在实际的系统中，指标之间的重要性差异不可能过于悬殊，一般认为只要是系统评价中引入的评价指标，其权重就不能为 0，一般也可以认为没有指标的权重会超过 50%。同时，若将指标的重要性进行分级，一般情况下，指标之间重要性程度的差别不会超过 10 倍，即最大的指标权重

4 科技创新人才系统评价

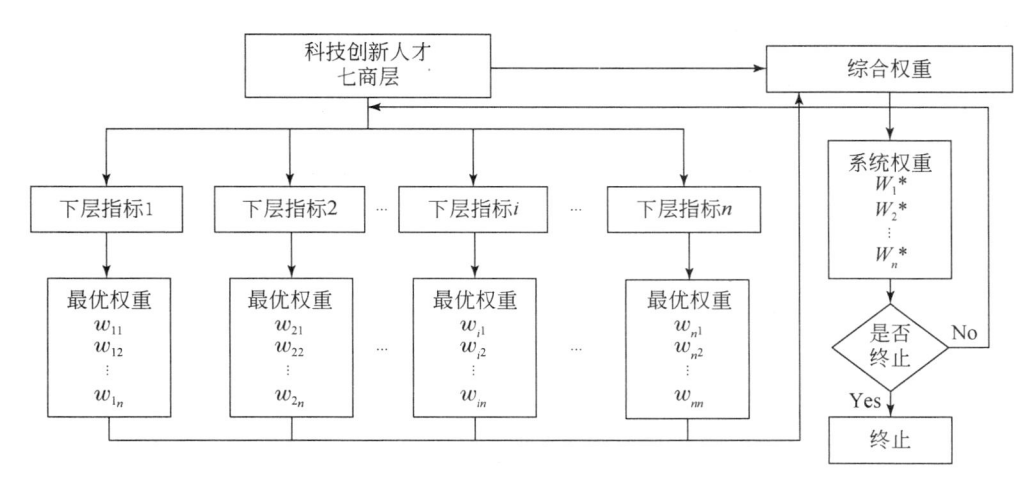

图 4-2 多层交互权重的确定过程流程图

不会超过最小权重的 10 倍。基于以上系统评价指标的权重分析，上级给定的权重约束一般为 $0.05 \leq w_{ij} \leq 0.5$。

步骤 2：各下级单元确定指标权重。

假定采用线性加权法表示各单元的综合评价结果，则第 i 个单元的综合评价值为 $\sum_{j=1}^{n} x_{ij} w_{ij}$，其中权重 w_{ij} 未知。

而对于第 i 个单元，可以通过以下优化问题求解 w_{ij}。

1) 目标函数：$Z_i = \max \sum_{j=1}^{n} w_{ij} x_{ij}$。

2) 约束条件：

$$\begin{cases} \sum_{j=1}^{n} w_{ij} = 1 \\ 0.05 \leq w_{ij} \leq 0.5 \\ \sum_{j=1}^{n} w_{ij} x_{ij} \geq T_i \quad i = 1, 2, \cdots, m \end{cases}$$

其中，$T_i = \sum_{j=1}^{n} w_{ij} x_{ij} = \sum_{j=1}^{n} (1/n) x_{ij}$。

利用上述线性优化问题，可以得到 m 组下级单元的权重向量。

步骤 3：上级综合权重的确定。

得到 m 个单元的权重向量后，上级需要平衡各单元，对各单元的权重向量进行综合，构造一组系统权重 W^*。笔者将构造一个权重向量 W^* 使得该权重与 m 个单位给出的权重向量之间的欧式距离之和最小。这一问题可以通过如下优化问题求解。

1）目标函数：$Z = \min \sqrt{\sum_{j=1}^{n}(w_j^* - w_j)^2}$。

2）约束条件：

$$\begin{cases} \sum_{j=1}^{n} w_j^* = 1 \\ 0.05 \leqslant w_j^* \leqslant 0.5 \end{cases}$$

步骤 4：下级单元根据上级单元所给定的系统参考权重调整自身权重。

而对于第 i 单元，可以通过以下优化问题求解 w_{ij}。

1）目标函数：$Z_i = \max \sum_{j=1}^{n} w_{ij} x_{ij}$。

2）约束条件：

$$\begin{cases} \sum_{j=1}^{n} w_{ij} = 1 \\ 0.05 \leqslant w_{ij} \leqslant 0.5 \\ \sum_{j=1}^{n} w_{ij} x_{ij} \geqslant T_i \quad i = 1, 2, \cdots, m \\ \text{其中，} T_i = \sum_{j=1}^{n} w_{ij} x_{ij} = \sum_{j=1}^{n} (1/n) x_{ij} \end{cases}$$

该约束条件使得各单元的综合评价值不低于上级给出的系统参考权重下的综合评价值。

步骤 5：确定停止条件并得到最终权重。

若下级单元将根据上级调整后的权重值反馈到上级，上级第 m 次得到综合后的权重 $W_{(m)}^*$ 满足 $\sum_{j=1}^{n}(w_{(m)j}^* - w_{(m-1)j}^*)^2 \leqslant 0.01$，则停止上下级反馈，最终权重即为 $W_{(m)}^*$，否则返回步骤 3。

熵值法确定评价指标权重是基于样本指标数据的信息熵情况确定各评价指标的权重，而多层交互权重的确定是通过上下级之间信息的不断反馈，最终确定评价指标的权重。所以，笔者在计算评价指标的权重时，将熵值权重和多层交互权重的平均值作为最终的评价指标权重，在考虑评价指标数值离散程度对评价指标权重影响的同时，利用最优化模型求解上级约束与下级偏好之间循环调整过程中的最优权重，把数值权重与决策权重相结合，使权重计算结果更符合客观情况。

4.3.2 评价指标隶属度矩阵的计算

假设从低到高有"差""次""中""良""优"五个评价等级，分别对应 1~5 的五个评价类别。若待评价样本 i 的第 j 指标值为 d_{ij}，对应等级的隶属度函数如下。

"差"等级类的隶属度：

$$r_{i1} = \begin{cases} 1 & d_{ij} \in [0, 1] \\ -(2d_{ij} - 5)/3 & d_{ij} \in (1, 2.5) \\ 0 & 其他 \end{cases}$$

"次"等级类的隶属度：

$$r_{i2} = \begin{cases} (2d_{ij} - 1)/3 & d_{ij} \in [0.5, 2] \\ -(2d_{ij} - 7)/3 & d_{ij} \in (2, 3.5) \\ 0 & 其他 \end{cases}$$

"中"等级类的隶属度：

$$r_{i3} = \begin{cases} (2d_{ij} - 3)/3 & d_{ij} \in [1.5, 3] \\ -(2d_{ij} - 9)/3 & d_{ij} \in (3, 4.5) \\ 0 & 其他 \end{cases}$$

"良"等级类的隶属度：

$$r_{i4} = \begin{cases} (2d_{ij} - 5)/3 & d_{ij} \in [2.5, 4] \\ -(2d_{ij} - 11)/3 & d_{ij} \in (4, 5] \\ 0 & \text{其他} \end{cases}$$

"优"等级类的隶属度：

$$r_{i5} = \begin{cases} (2d_{ij} - 7)/3 & d_{ij} \in [3.5, 5] \\ 0 & \text{其他} \end{cases}$$

上述隶属度函数的坐标图表示如图4-3所示。

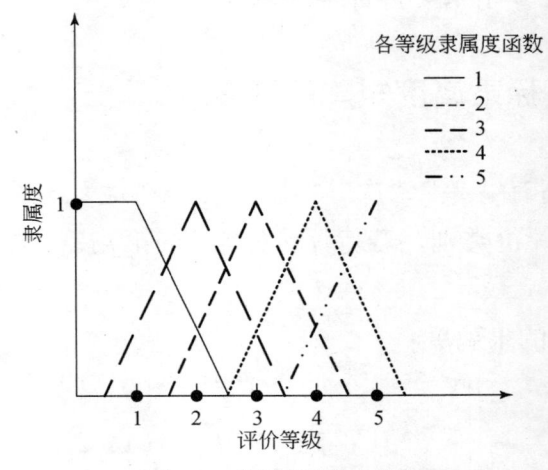

图4-3 隶属度函数坐标图

根据隶属度函数计算模糊关系矩阵 $\boldsymbol{R} = \begin{bmatrix} r_{11} & r_{12} & \cdots & r_{15} \\ r_{21} & r_{22} & \cdots & r_{25} \\ \vdots & \vdots & \ddots & \vdots \\ r_{p1} & r_{p2} & \cdots & r_{p5} \end{bmatrix}$，$p$ 为该层指标个数。

4.3.3 模糊综合评价

假设该层有 p 个指标，指标权重向量为 $\boldsymbol{W} = (w_1, w_2, \cdots, w_p)$，待评价样本的模糊关系矩阵为 $\boldsymbol{R}$，则综合评价向量为

4 科技创新人才系统评价

$$B = W \cdot R = (w_1, w_2, \cdots, w_p) \begin{bmatrix} r_{11} & r_{12} & \cdots & r_{15} \\ r_{21} & r_{22} & \cdots & r_{25} \\ \vdots & \vdots & \ddots & \vdots \\ r_{p1} & r_{p2} & \cdots & r_{p5} \end{bmatrix}$$

根据最大隶属度原则,找出评价向量 B 中最大隶属度值所对应的评价等级,该评价等级即为待评价样本的科技创新层次的综合评价等级,以上静态建模过程将为本书实证分析提供理论基础。

5 科技创新人才关键要素量化分析

5.1 数据分析方案设计

5.1.1 案例搜集方案

本书将杰出科技创新人才划分成三个层次，第一层为影响世界100人中的经济科技精英、生化医药英才、科学之星及探索之星，第二层为诺贝尔奖获得者，第三层为两院院士。所以，在案例收集方案的设计中将充分考虑这三个层次的科技创新人才数据案例的收集工作，同时考虑到样本的一般特征，设计问卷样表对一般样本数据进行收集。

具体案例的收集方案内容如下。

1）杰出科技创新人才。主要包含三类：第一类为影响世界100人中的经济科技精英、生化医药英才、科学之星及探索之星（共21例），第二类为诺贝尔奖获得者（37例），第三类为两院院士（159例）及杰出科技贡献者（5例），共计222例，作为正例样本。

2）一般科技创新人才。主要包括高校教师和一般科研人员，共400例。

3）潜在科技创新人才。主要是普通高校学生，共400例。

4）普通人员。主要有个体户和从事低收入工作的一般工作人员，共200例。

5）校验样本。为丰富样本层次，通过相关渠道，收集陕西省的一部分院士和三秦学者的七商数据，作为部分模型的验证样本。

5.1.2 量化特征搜集

为了将收集到的案例内容进行量化研究，针对不同的样本案例设计不同的指标量化方案。

正例样本：针对杰出科技创新人才的正例样本数据收集，首先通过阅读相关文献、传记分类提取七商相关的文献资料，每商根据文献，再分为细类，将标注依据填写，由多人交叉检验。再通过相关专家及工作人员针对不同的文献内容所体现的七商相关指标，按照由高到低的五个评价等级进行评价打分。在科技创新人才文本信息提取后，可采取四个维度打分，再利用离差算法对正例样本的打分进行统一，从而体现科技创新人才量化分值的客观性和合理性。四个维度来源：①院士；②政府及企业人才或人事管理层；③教师队伍；④学生队伍。

一般科技创新人才、潜在科技创新人才和普通人员等一般样本及校验样本数据将直接采用量表问卷的形式由相关人员进行统一调研，量表问卷参照正例样本设置1~5的评价维度，由问卷填写者针对自身的七商水平进行自我评价。

5.1.3 样本数据统计和预处理

经过正例样本的文本挖掘和相关人员的打分处理，共收集正例样本222例，其中包括影响世界100人21例，诺贝尔奖获得者37例，两院院士159例，以及杰出科技贡献者5例。对于一般样本的量表问卷发放，共回收样本917份，其中2份样本数据缺失超过50%，将缺失的无效数据剔除后，一般样本案例共收集了915份，其中包括高校教师、学生，科研工作者，个体商户和一般低收入人群等。陕西省科技创新人才的数据共收集了42例，其中院士样本8例，三秦学者样本34例（其中一组异常数据指标评价等级全为 5，将此组数据剔除），有效三秦学者样本 33 例。

首先，对所收集到的所有有效样本数据进行补缺，将样本数据中的缺失项，用该指标的样本平均值进行补充。

其次，通过相关统计可以发现一般的样本数据中个体七商 32 个指标自我评价结果中选择 4 或 5 评价等级的指标总数在 20 个以上的个体占总样本的比例为 52.46%，明显不符合一般样本的实际情况。同时，针对样本数据的问题，利用第 4 章综合评价模型对一般样本进行评价处理，处理结果显示有 30% 左右的数据评价结果与样本实际情况不符。数据出现该问题的原因主要是一般个体在对自身七商指标的等级进行评估时所采用的参照标准来自个体周边人群，与正样本的参照标准对比而言，一般样本中的参照标准普遍偏低，这就导致一般样本中的主观评价数据比自身实际水平偏高。

针对一般样本中部分个体的主观评价指标数据偏离实际情况的问题，通过多次仿真验证发现，将一般样本中个体指标打分结果为 4 和 5 的指标总数在 m 个以上的样本数据进行一定程度的弱化，即可对一般样本进行一定程度的修正。通过对比评价模型的计算结果发现当主观指标弱化系数为 0.8，m 取 24 时，一般样本修正数据与实际情况匹配度较好。所以，对该部分样本数据除"受教育程度"这一客观指标外的指标数据进行弱化处理，从而实现对一般样本数据的修正。

5.1.4 问卷样本数据信度、效度检验

对问卷收集到的一般样本数据进行信度、效度检验，使用 SPSS 软件的处理结果如下。

5.1.4.1 信度检验

SPSS 可靠性分析输出结果见表 5-1。

5 科技创新人才关键要素量化分析

表 5-1 可靠性统计量

Cronbach's Alpha 系数	项数
0.881	32

由于 Cronbach's Alpha 系数为 0.881（大于 0.7），可以认为一般样本的样本问卷结果符合信度检验要求。

5.1.4.2 效度检验

利用 SPSS 因子分析得到的结果见表 5-2。

表 5-2 **KMO 和 Bartlett 的球形度检验系数**

指标		数值
取样足够度的 KMO 度量		0.892
Bartlett 的球形度检验	近似卡方	9081.045
	df	496
	Sig.	0.000

KMO 值为 0.892（大于 0.7），Bartlett 的球形度检验显著，所以样本数据适合使用因子分析。

因子分析的成分矩阵见表 5-3。

表 5-3 成分矩阵

项目	成分						
	1	2	3	4	5	6	7
健康意识	0.668						
自理能力	0.532						
身体素质	0.756						
运动协调能力	0.761						
父母遗传基础		0.617					
受教育程度		0.662					
注意力、观察力水平		0.550					
记忆力水平		0.545					
应变能力		0.605					

续表

项目	成分						
	1	2	3	4	5	6	7
想象力水平		0.536					
语言理解及表达能力		0.712					
逻辑思维能力		0.577					
知识获取能力			0.621				
知识存储量			0.736				
知识表示与应用能力			0.671				
情绪认知能力				0.711			
情绪表达能力				0.705			
情绪运用能力				0.677			
情绪控制与调节能力				0.591			
社会责任感					0.759		
奉献精神					0.823		
敬业程度					0.777		
诚信水平					0.543		
个人独立程度						0.649	
对待事物主动性						0.592	
自身行为把控能力						0.546	
自信程度						0.535	
决策执行能力						0.656	
抗压能力						0.532	
处位能力							0.608
决策水平							0.679
组织工作水平							0.626

由表 5-3 可以看出，样本数据可以提取七个主成分，且各项指标的因子载荷均大于 0.5，所以一般样本的效度检验符合要求。

5.2 七商内部要素量化关联分析

本节在之前定性分析的基础上，通过已收集的科技创新人才的七商要素相关数据，对七商的内部要素关联度进行定量分析，具体分析七商内部

5 科技创新人才关键要素量化分析

各个要素之间是否存在相关性，若存在相关性，衡量相关程度的强弱。本节对相关性的定量分析，采用皮尔逊相关系数（Pearson correlation coefficient，PCC）来衡量七商内部各个要素之间的相关性及相关性的强弱。

相关性分析（correlation analysis）是对要素或变量之间是否存在影响关系的研究，若要素或变量间存在影响关系，进一步研究其影响的相关方向及相关程度。相关性分析是一种研究随机变量之间的相关关系的统计方法。相关性分析可以针对两个或多个具备相关性的变量元素进行分析，从而衡量两个变量因素的相关性及密切程度。

在研究应用中，由于相关图表仅限于反映两个变量之间的相互关系及其相关方向，无法对变量之间的相关程度进行明确的说明，因此，英国著名数学家皮尔逊发明了统计指标——相关系数（correlation coefficient）。相关系数是反映变量之间相关关系程度的统计指标。相关系数是按积差方法计算的，首先计算两变量与它们平均值的离差，然后用两个离差相乘的结果来反映两变量之间的相关程度。

皮尔逊相关系数是由皮尔逊在19世纪80年代经F. Galton论述的想法基础上发展起来的，用来度量两个变量X和Y之间的关联程度的一种统计学方法，取值为$[-1,+1]$，通常用r表示。皮尔逊相关系数的计算公式为

$$r_{xy} = \frac{N\sum XY - \sum X \sum Y}{\sqrt{\left[N\sum X^2 - \left(\sum X\right)^2\right]\left[N\sum Y^2 - \left(\sum Y\right)^2\right]}}; \quad X,Y \in [-1,+1]$$

(5-1)

式中，N为数据的样本量；X和Y分别为需要判定相关性的两个要素的观测值。若$r>0$，说明两个要素之间为正相关关系，即一个要素的提升也会影响另一个要素随之提升；若$r<0$，说明两个要素之间存在负相关关系，即随着一个要素的提高另一个要素会降低。并且r的绝对值越大，表明两个要素之间的相关性越强。一般划分为$0.8<|r|\leq 1$，极强相关；$0.6<|r|\leq 0.8$，强相关；$0.4<|r|\leq 0.6$，中度相关；$0.2<|r|\leq 0.4$，

弱相关；$0 < |r| \leq 0.2$，极弱相关或不相关。

基于皮尔逊相关系数原理，利用 SPSS 对七商要素的内部相关性进行分析，为构建科技创新人才关键要素系统的复杂网络结构奠定基础。

5.2.1 健商要素内部关联分析

利用皮尔逊相关系数对健商要素——健康意识、自理能力、身体素质、运动协调能力四个要素进行内部关联程度的定量分析。分析结果的相关系数显示，健康意识与自理能力、健康意识与运动协调能力之间的皮尔逊相关系数处于 0.2~0.4，因此以上要素之间存在正相关关系，并且关联程度为弱相关；健康意识与身体素质、身体素质与自理能力、自理能力与运动协调能力、身体素质与运动协调能力之间的皮尔逊相关系数处于 0.4~0.6，因此上述要素之间为正相关关系，关联程度为中度相关。

根据健商要素之间的皮尔逊相关系数可知，要素之间的相关性均处于中度相关或者弱相关之间，说明了健商的评价要素选择的合理性。健商要素内部关联关系图如图 5-1 所示。

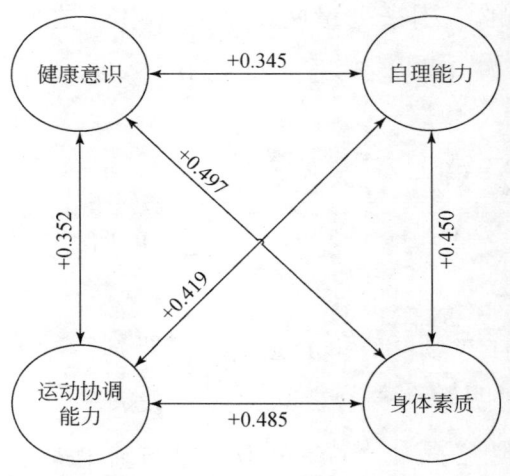

图 5-1 健商要素内部关系图

图中"+"表示因素之间正相关，数字表示相关系数

5.2.2 智商要素内部关联分析

利用皮尔逊相关系数对智商要素——父母遗传基础,受教育程度,注意力、观察力水平,记忆力水平,应变能力,想象力水平,语言理解及表达能力,逻辑思维能力八个要素进行内部关联程度的定量分析。分析结果中的相关系数显示,父母遗传基础与受教育程度,注意力、观察力水平,记忆力水平,应变能力,想象力水平,语言理解及表达能力,逻辑思维能力之间,受教育程度与注意力、观察力水平,记忆力水平,应变能力,想象力水平,语言理解及表达能力,逻辑思维能力之间,皮尔逊相关系数处于0~0.2,因此以上要素之间关联程度为极弱相关或不相关关系。

注意力、观察力水平与应变能力、想象力水平、语言理解及表达能力,记忆力水平与应变能力、想象力水平、语言理解及表达能力,应变能力与想象力水平、语言理解及表达能力,想象力水平与语言理解及表达能力,语言理解及表达能力与逻辑思维能力之间的皮尔逊相关系数处于0.2~0.4,因此以上要素之间存在正相关关系,并且关联程度为弱相关。

注意力、观察力水平与记忆力水平、逻辑思维能力,记忆力水平与逻辑思维能力,应变能力与逻辑思维能力,想象力水平与逻辑思维能力之间的皮尔逊相关系数处于0.4~0.6,因此上述要素之间为正相关关系,关联程度为中度相关。

根据智商要素之间的皮尔逊相关系数可知,要素之间的相关程度处于极弱相关至中度相关之间,说明了智商要素选择的合理性,冗余程度低。智商要素内部关联关系图如图5-2所示。

5.2.3 知商要素内部关联分析

利用皮尔逊相关系数对知商要素——知识获取能力、知识存储量、知识表示与应用能力三个方面进行内部关联程度的定量分析。分析结果中的相关系数显示,知识获取能力与知识存储量、知识表示与应用能力,知

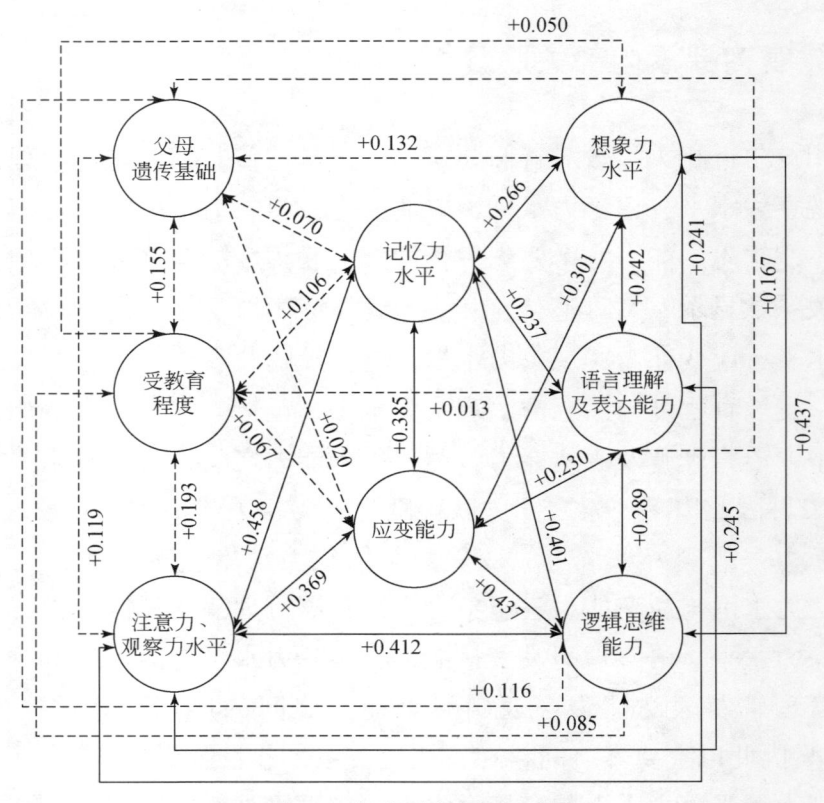

探究"钱学森之问"——科技创新人才智能分析

图 5-2 智商要素内部关系图

图中"+"表示因素之间正相关，数字表示相关系数，虚线表示不相关或者极弱相关

存储量与知识表示与应用能力之间的皮尔逊相关系数处于 0.2~0.4，说明上述变量两两之间存在正相关关系，并且关联程度为弱相关。知商要素之间不存在强相关的关系，由此也可说明知商要素选择的合理性，知商要素内部关联关系图如图 5-3 所示。

5.2.4 情商要素内部关联分析

利用皮尔逊相关系数对情商要素——情绪认知能力、情绪运用能力、情绪表达能力、情绪控制与调节能力四个方面进行内部关联程度的定量分析。分析结果中的相关系数显示，情绪表达能力与情绪运用能力之间的皮

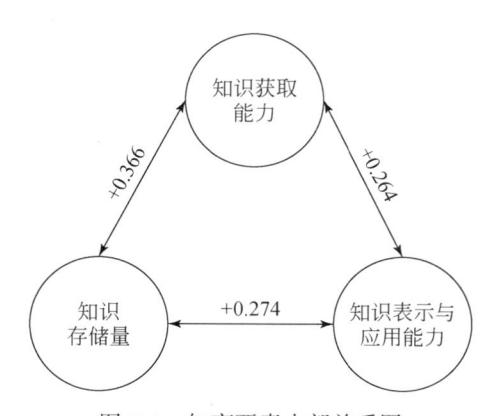

5 科技创新人才关键要素量化分析

图 5-3 知商要素内部关系图
图中"+"表示因素之间正相关，数字表示相关系数

尔逊相关系数为 0.397，处于 0.2~0.4，说明它们之间存在正相关关系，并且关联程度为弱相关；情绪认知能力与情绪运用能力、情绪表达能力、情绪控制与调节能力，情绪表达能力与情绪控制与调节能力，情绪运用能力与情绪控制与调节能力之间的皮尔逊相关系数处于 0.4~0.6，说明上述变量两两之间存在正相关关系，并且关联程度为中度相关。由此可知，情商要素之间不存在强关联，由此也可说明情商要素选择的合理性，情商要素内部关联关系图如图 5-4 所示。

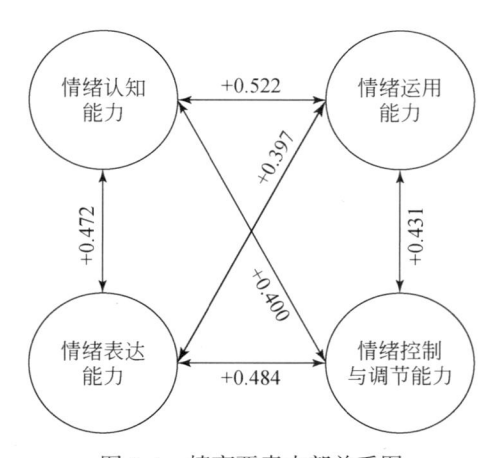

图 5-4 情商要素内部关系图
图中"+"表示因素之间正相关，数字表示相关系数

· 93 ·

5.2.5 德商要素内部关联分析

利用皮尔逊相关系数对德商要素——社会责任感、奉献精神、敬业程度、诚信水平四个方面进行内部关联程度的定量分析。分析结果中的相关系数显示，社会责任感与诚信水平之间的皮尔逊相关系数为 0.173，处于 0~2，因此社会责任感与诚信水平之间关联程度为极弱相关或不相关；社会责任感与奉献精神、敬业程度之间的皮尔逊相关系数分别为 0.322 和 0.281，均处于 0.2~0.4，说明它们之间存在正相关关系，并且关联程度为弱相关；奉献精神与敬业程度、诚信水平，敬业程度与诚信水平之间的皮尔逊相关系数处于 0.4~0.6，说明上述要素之间存在正相关关系，并且关联程度为中度相关。由此可知，德商要素之间的关联性不存在强相关的关系，由此也可说明德商要素选择的合理性，冗余度低，德商要素内部关联关系图如图 5-5 所示。

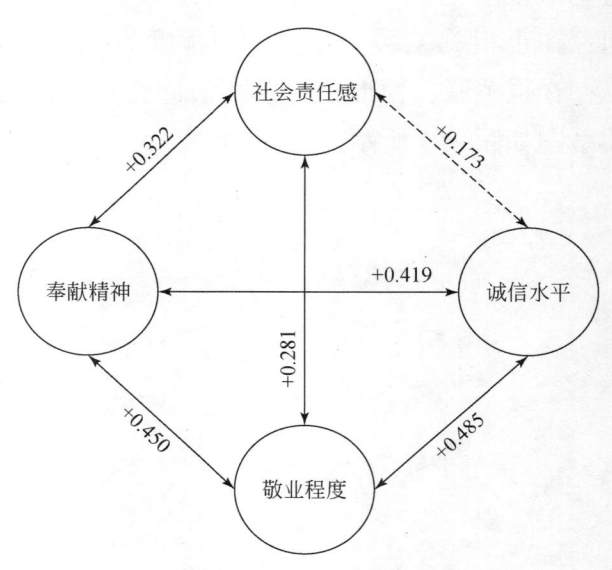

图 5-5　德商要素内部关系图

图中"+"表示因素之间正相关，数字表示相关系数，虚线表示不相关或者极弱相关

5.2.6 意商要素内部关联分析

利用皮尔逊相关系数对意商要素——个人独立程度、对待事物主动性、自身行为把控能力、自信程度、决策执行能力、抗压能力六个方面进行内部关联程度的定量分析。分析结果中的相关系数显示，个人独立程度与对待事物主动性、自身行为把控能力、自信程度、决策执行能力、抗压能力，对待事物主动性与自身行为把控能力、自信程度、抗压能力，自身行为把控能力与自信程度、抗压能力之间的皮尔逊相关系数均处于 0.2～0.4，说明它们之间存在正相关关系，并且关联程度为弱相关；对待事物主动性与决策执行能力，自身行为把控能力与决策执行能力，自信程度与决策执行能力、抗压能力，决策执行能力与抗压能力之间的皮尔逊相关系数处于 0.4～0.6，说明上述要素之间存在正相关关系，相关程度为中度相关。由此可知，意商要素之间的关联性不存在强相关的关系，由此也可说明意商要素选择的合理性，冗余度低，意商要素内部关联关系图如图 5-6 所示。

图 5-6 意商要素内部关系图

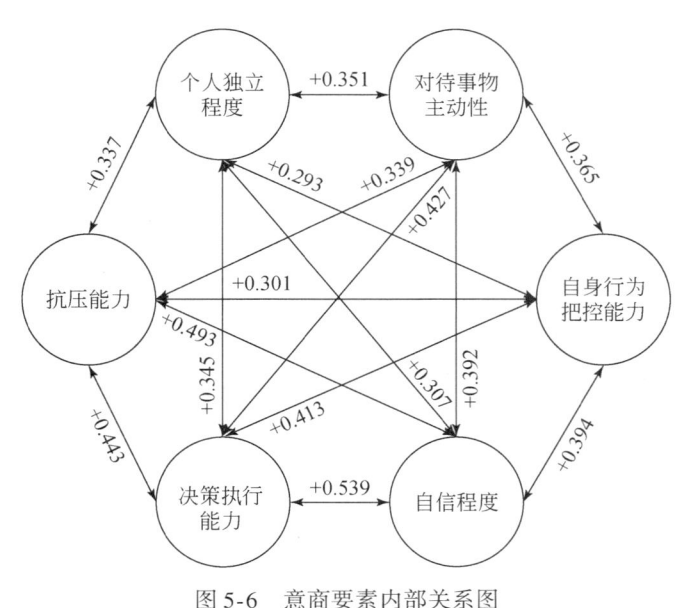

图中"+"表示因素之间正相关，数字表示相关系数

5.2.7 位商要素内部关联分析

利用皮尔逊相关系数对意商要素——处位能力、决策水平、组织工作水平三个方面进行内部关联程度的定量分析。分析结果中的相关系数显示，处位能力与决策水平、处位能力与组织工作水平之间的皮尔逊相关系数分别为 0.254 和 0.398，均处于 0.2 ~ 0.4，说明它们之间存在正相关关系，并且关联程度为弱相关；决策水平与组织工作水平之间的皮尔逊相关系数处于 0.4 ~ 0.6，说明决策水平与组织工作水平之间存在正相关关系，并且关联程度为中度相关。综上，位商要素之间不存在强关联的关系，由此也可说明位商要素选择的合理性，冗余度低，位商要素内部关联关系图如图 5-7 所示。

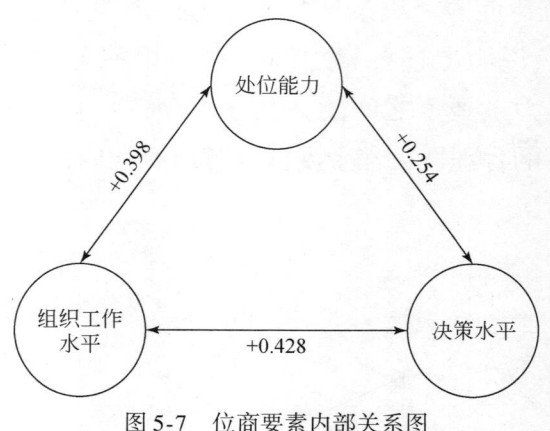

图 5-7 位商要素内部关系图

图中"+"表示因素之间正相关，数字表示相关系数

5.3 七商之间的量化关联分析

5.3.1 七商 AMOS 结构关联分析

结构方程模型是近年来社会科学领域进行量化研究的主要统计方法，广泛应用于经济学、法学、教育学、管理学、心理学、生物学等科学领

域，是计量医学、计量社会科学、计量心理学、计量生物学等众多统计分析方法的综合。结构方程模型结合因子分析、路径分析、回归分析，通过模型识别和估计对变量之间的相关关系与因果关系进行验证。

5.3.1.1 结构方程模型的基本要素

1）观察变量。亦称测量变量，是模型建立前获取的原始指标变量，直接应用于模型。原始指标变量分为反映性观察变量和形成性观察变量，前者由其他变量组成，后者则构成其他变量。

2）潜在变量。该指标较为抽象，不易用某个确定的指标来代替，如惩罚、奖励、责任感、成就感等。潜在变量分为外因潜在变量和内因潜在变量，两者都通过多个观察变量综合测度。

3）外生变量。对其他变量产生影响，自身却不受影响的变量。

4）内生变量。会受到模型中任意其他变量影响的变量，路径图中单箭头指向的变量。

5）残差项。模型本身不能解释所有的影响因素，由模型以外的变量决定的称为残差项。内生潜在变量和反映性观察变量都包含残差项。

5.3.1.2 结构方程模型的构成

结构方程模型主要由测量方程和结构方程两部分构成。前者用于描述潜在变量与其对应的观测变量之间的关系；后者则主要描述各个潜在变量之间的相关关系或因果关系。

第一，对于各潜在变量和其对应的观测变量之间的关系，通常写为如下测量方程：

$$X = \wedge_X \zeta + \delta$$
$$Y = \wedge_Y \eta + \varepsilon$$

式中，X 为外生观测变量；Y 为内生观测变量；ζ 为外生潜在变量；η 为内生潜在变量；$\wedge_X$ 为外生观测变量与外生潜在变量之间的关系，是外生观测变量在外生潜在变量上的因子负荷矩阵；Λ_Y 为内生观测变量与内生潜在变量之间的关系，是内生观测变量在内生潜在变量上的因子负荷矩阵；δ 为外生观测变量 X 的误差项；ε 为内生观测变量 Y 的误差项。

第二，结构模型。

对于潜在变量之间的相关关系或因果关系，通常写成如下结构方程：

$$\eta = B\eta + \Gamma\zeta + t$$

式中，η 为内生潜在变量；ζ 为外生潜在变量；B 为内生潜在变量之间的关系；Γ 为外生潜在变量对内生潜在变量的影响关系；t 为结构方程的残差项，用来解释结构方程中内生潜在变量无法通过模型本身解释的部分。

5.3.1.3 结构方程模型的步骤

（1）提出假设

根据七商各因素之间的相关关系分析，提出以下假设。

健商是智商、知商和意商的基础，健商体现了个体的健康意识和身体素质等相关指标，这些指标在一定程度上会影响个体的智力活动、学习能力和抗压能力等。基于上述分析，提出假设。

假设1：健商与智商、知商和意商之间存在正相关关系。

智商是个体从事各种智力活动的先决条件，一方面真实地反映了人们认识客观事物的能力，另一方面也影响着人们的知识运用能力，知商、情商、意商、健商、位商对于人类活动的影响效果，首先反映于大脑的智力思考，最后通过思考的具象结果得以实施。因此，知商、情商、意商、健商、位商对于人类科技创新活动的影响大小最终通过智商高低得以反映。基于上述分析，提出假设。

假设2：智商与知商、情商、意商、健商、位商都存在正相关关系。

情商首先会通过影响人的兴趣、意志、毅力等情感因素，提升或降低认识事物的能力。情商是对自身及他人情感的一种控制和调节能力。因此，情商的高低一方面会对日常活动中人际关系处理的好坏产生较大影响，另一方面在一定程度上与应变能力、处位能力、健康状况、抗压能力等也存在密切联系，其在很大程度上影响着个体智商、位商、意商的发展。基于上述分析，提出假设。

假设3：情商与智商、位商、意商存在正相关关系。

意商的高低不仅影响着人们能否主动积极地对待事物，并且也影响着从事创新活动过程中个人的自信程度及抗压能力，从而潜移默化地对人情绪、健康等方面带来影响。其始终贯穿于实践活动的全过程之中，它是智商、情商、德商、健商、位商的综合体现，又能在一定程度上对自身进行反馈作用。基于上述分析，提出假设。

假设4：意商与智商、情商、健商、位商、德商均存在正相关关系。

位商是衡量一个人处位能力的商数，它决定着一个人能否准确认识自己所拥有能力的位置，并为自己制定合适的发展路径。位商受智商、知商、情商、意商和德商的综合影响，任何一方面的缺失都将导致个体自身定位的偏离，进而影响个体发展的各个层面。基于上述分析，提出假设。

假设5：位商与智商、知商、情商、意商、德商存在正相关关系。

知商、智商、位商和健商是对人类从事了脑力劳动或智力认知功能活动之后，通过外在信息的反馈，对其信息进行内部梳理之后的外在规律表现形式，因此，知商、智商、位商和健商之间必然存在着相互依存或影响的关系。基于上述分析，提出假设。

假设6：知商与智商、位商、健商存在正相关关系。

德商的高低一方面影响着人类活动的范围，另一方面限制了人类活动的领域，但更重要的是只有拥有了较高德商才能拥有正确的人生目标，并且准确运用自身才能，坚持不懈地向既定目标努力。因此，德商的高低在一定程度上影响着人对自身才能的认知与运用能力及对于决策的执行力度，其与位商、意商之间存在着密不可分的关系。基于上述分析，提出假设。

假设7：德商与意商、位商存在正相关关系。

（2）七商结构模型设定

笔者运用 Excel 对所收集数据进行预处理，在此基础上采用 AMOS 21.0 进行统计分析及模型建构。AMOS 软件可以研究变量之间的相互关系，并创建模型对变量之间的相互影响关系及其造成影响的原因进行探

探究"钱学森之问"——科技创新人才智能分析

究。基于上述假设,构建七商 AMOS 结构模型,令 A_1、A_2、A_3、A_4 分别代表潜在变量健商的四个观测变量:健康意识、自理能力、身体素质、运动协调能力。B_1、B_2、B_3、B_4、B_5、B_6、B_7、B_8 分别代表潜在变量智商的八个观测变量:父母遗传基础、受教育程度、注意力、观察力水平、记忆力水平、应变能力、想象力水平、语言理解及表达能力、逻辑思维能力。C_1、C_2、C_3 分别代表潜在变量知商的三个观测变量:知识获取能力、知识存储量、知识表示与应用能力。D_1、D_2、D_3、D_4 分别代表潜在变量情商的四个观测变量:情绪认知能力、情绪表达能力、情绪运用能力、情绪控制与调节能力。E_1、E_2、E_3、E_4 分别代表潜在变量德商的四个观测变量:社会责任感、奉献精神、敬业程度、诚信水平。F_1、F_2、F_3、F_4、F_5、F_6 分别代表潜在变量意商的六个观测变量:个人独立程度、对待事物主动性、自身行为把控能力、自信程度、决策执行能力、抗压能力。G_1、G_2、G_3 分别代表潜在变量位商的三个观测变量:处位能力、决策水平、组织工作水平。用 t 代表结构方程的残差项。根据对七商要素间的逻辑关联定性分析,利用 AMOS 软件构建七商结构模型如图 5-8 所示。

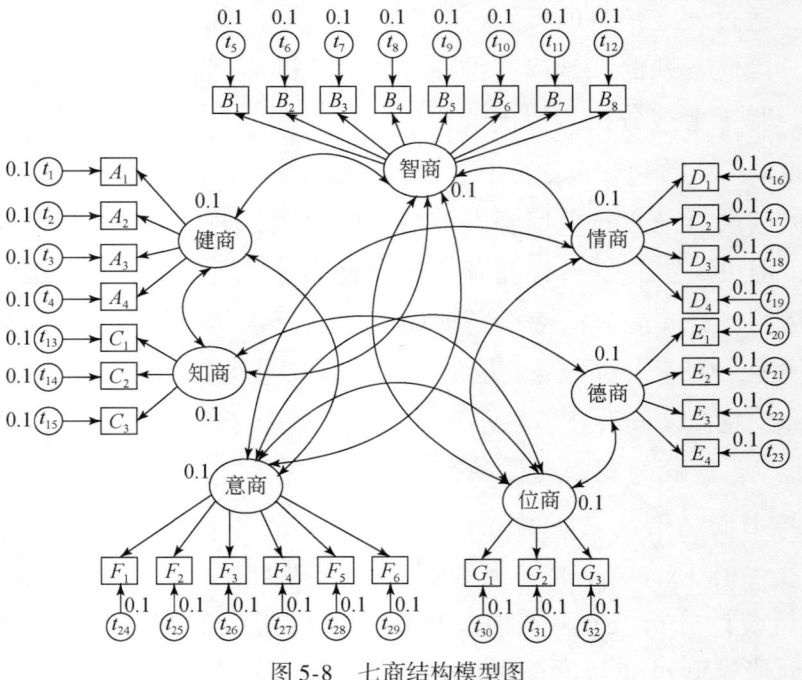

图 5-8 七商结构模型图

5 科技创新人才关键要素量化分析

（3）七商关系模型检验

基于收集到的 222 例正例样本数据，使用 AMOS 21.0 来对上述七商结构模型进行检验，七商结构关联系数如图 5-9 所示，假设均得到支持。

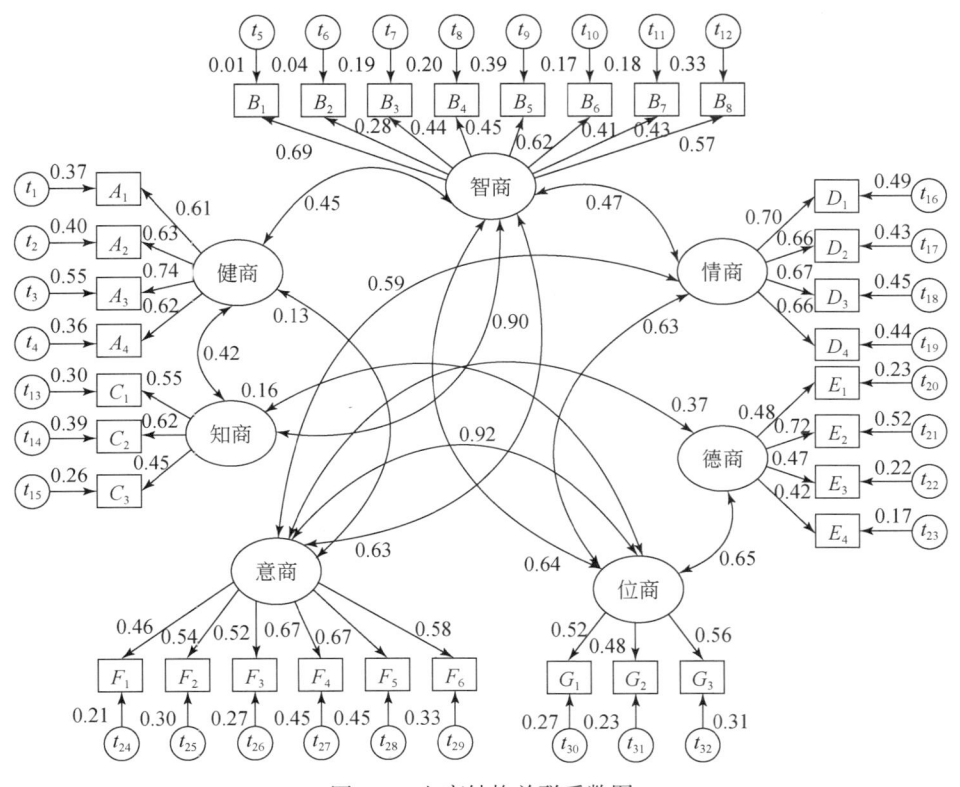

图 5-9 七商结构关联系数图

根据 AMOS 输出结果，得出七商间的关联分析如图 5-10 所示。

七商间的具体关联系数见表 5-4。

由表 5-4 可以看出以下内容。

1）健商与智商和知商有中等程度相关关系，与意商关联度相对较弱，高健商体现了良好的身体素质和健康意识，能在各个方面促进智商、意商、知商的发展。

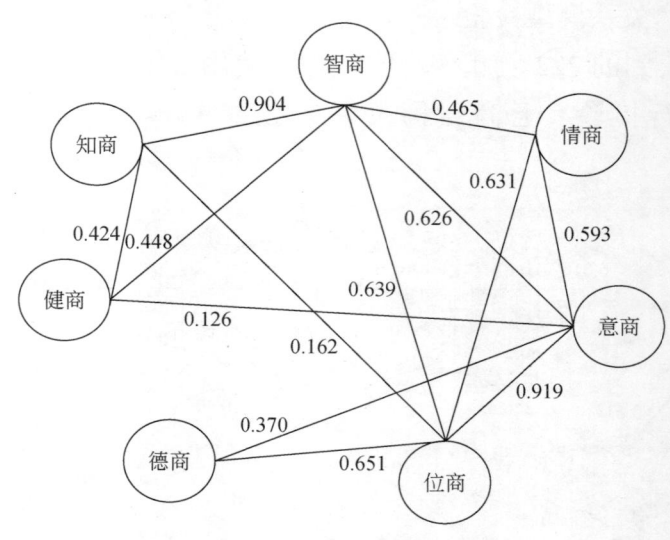

探究"钱学森之问"——科技创新人才智能分析

图 5-10 七商关联分析图

表 5-4 七商关联系数表

项目	关联系数	关联程度
健商<-->智商	0.448	中度
健商<-->意商	0.126	极弱
健商<-->知商	0.424	中度
智商<-->情商	0.465	中度
智商<-->知商	0.904	极强
智商<-->意商	0.626	强
智商<-->位商	0.639	强
知商<-->位商	0.162	极弱
情商<-->意商	0.593	中度
情商<-->位商	0.631	强
德商<-->意商	0.370	弱
德商<-->位商	0.651	强
位商<-->意商	0.919	极强

2）智商与知商、意商、位商有强或极强相关关系，与情商中等程度相关，尤其是知商与智商相关系数为 0.904，是因为知商与智商呈极强的线性关系，知商是智商的延伸，是智商的另一个层面的体现，在一定程度

上知商就能够完全代表智商的高低，高智商的人具有较强的逻辑思维能力和主观意识，对自身有较强的控制力、表现力，在与社会、他人接触时融入较快，不管是体现情绪表达和控制的情商，体现决策水平、组织工作水平的位商，还是体现个人独立程度、自信程度、抗压能力的意商都与智商的高低有相当高的关联度。

3）除智商外，知商与位商有一定的关联度，知商作为人脑加工处理的内在的信息材料，是提升智力水平必不可少的文化营养，只有当后天获取的知商被人脑认知功能灵活表达和自如运用的时候，知商才能转化为智力水平，进而提高智力；智商水平的不断提升，也会加大对各种外界信息的需求，从而不断促进知商、位商的逐级发展。

4）情商与位商有较强相关关系，与意商中等程度相关，高情商的人，人际关系处理得比较好，会在一定程度上使他能够得到别人的信任，在成功路上越走越远，对他的位商起很大的促进作用，而高位商的人，才能正确地认识自己的情绪、管理自己的情绪、克制自己的情绪、消除不良的情绪。

5）德商与位商有较强相关关系，与意商弱相关，"在其位，谋其政"，位商决定了一个人是否有准确的定位能力，正确决策、解决问题的能力，组织协调的能力。而只有有强烈的社会责任感、奉献精神、敬业精神的人，也就是高德商的人，才能得到人们的认同，德商与位商相辅相成，相互影响。

6）位商与意商存在极强的相关关系，位商决策的过程就是区别于一般动物的一种特殊思维活动，是需要在智商、知商、情商和意商的基础之上，有明确奋斗目标的高级分析活动。为了达到这一目标，要在充分掌握信息和对有关情况进行深刻分析的基础上，用系统思维方法拟定并评估各种方案，从中选出合理方案，从这个意义上讲，人的一切活动就是决策、执行、再决策、再执行，循环往复，以至无穷，这时就需要高的意商，具有较强的抗压能力、自身行为的把控能力及坚持、果断的决策执行力，位商与意商相互促进，密不可分。

5.3.2 七商皮尔逊关联分析

结构方程主要利用观测变量的相关数据进行分析计算，间接地通过观测变量数据分析潜在变量（七商）之间的关联关系。而本节基于静态评价模型的七商指标权重的计算方法，得到 32 个指标的权重，并分别对样本数据中的七商指标数据进行加权合成，得到可直接用于分析七商关联的七商数据。最后，将合成后的七商数据用皮尔逊相关系数的公式进行计算，进一步通过所得到的皮尔逊相关系数矩阵分析七商之间的关联关系。

七商指标数据具体合成过程如下。

假设七商中第 i 个商的指标权重向量为 $W_i = (w_1, w_2, \cdots, w_m)$，$m$ 为各商中的指标个数；样本数据中的某个个体七商中第 i 个商的指标数据为 $X = (x_1, x_2, \cdots, x_m)$，则有七商中第 i 个商的合成数据为

$$y_i = X \cdot W_i^{\mathrm{T}} = (x_1, x_2, \cdots, x_m) \cdot (w_1, w_2, \cdots, w_m)^{\mathrm{T}}$$

分别利用七商指标权重的计算方法和数据合成公式对样本的七商数据进行处理，得到样本的七商合成数据，并利用 SPSS 分析软件，针对合成处理后的数据进行皮尔逊关联分析，具体分析结果见表 5-5。

表 5-5　七商皮尔逊相关系数

项目	健商	智商	知商	情商	德商	意商	位商
健商	1.0000	0.4007	0.2774	0.2490	0.2348	0.2121	0.3417
智商	0.4007	1.0000	0.6417	0.5624	0.2855	0.5835	0.6006
知商	0.2774	0.6417	1.0000	0.3223	0.2325	0.5811	0.5769
情商	0.2490	0.5624	0.3223	1.0000	0.2717	0.5869	0.5835
德商	0.2348	0.2855	0.2325	0.2717	1.0000	0.3642	0.6079
意商	0.2121	0.5835	0.5811	0.5869	0.3642	1.0000	0.6387
位商	0.3417	0.6006	0.5769	0.5835	0.6079	0.6387	1.0000

由表 5-5 中的皮尔逊相关系数可以得出以下结论。

1）健商与情商、德商、意商、知商的关联关系都较弱，而与智商、位商有中等程度的关联性，该关联分析结果与 AMOS 分析结果大体一致。

关联分析结果说明，个体的健康水平将会影响个体的脑机能发育，进而对个体的智商产生影响。

2）智商除与健商、德商的关联关系稍弱外，与其他商的关联程度都在 0.56 以上，这再次验证了智商在七商系统中的重要作用。

3）除智商外，知商与位商有一定的关联度，知商是人脑长期知识积累和知识加工构成的内在信息材料，是智力水平提升不可或缺的后天因素，后天形成的知商只有通过先天智力，被人脑认知功能灵活表达和自如运用的时候，才能转化为智力水平，进而促进智商水平的发展和提升，同时会增加大脑对各种外界信息的需求，从而不断促进位商的逐级发展。

4）情商与位商、意商关联度较强，情商高，会对自己和他人都有较为准确的认识，人际关系就会处理得较妥当，会在一定程度上更容易得到别人的信任，对位商的提高起到重要的促进作用；而反过来高位商的人，知己知彼，更容易快速有效地正确认识并适度管理自己的情绪，在一定程度上对情商的提高起到重要作用。

5）位商与意商存在较强的相关关系，位商常与决策过程密切相关，决策的实现过程需要以其他各类商作为基础，为了达到某一既定的目标，根据已有的知识和信息储备，用系统思维方法拟定并评估各种方案，综合考虑各种因素做出决策，很大程度上，人的一切活动就是从决策到执行再到决策的闭环循环过程，这时就需要高的意商，具体表现为具有较强的抗压能力、自身行为的把控能力及坚持、果断的决策执行力，位商与意商相互促进，密不可分。

5.3.3 七商关联综合分析结果

虽然 AMOS 结构方程的分析方法与皮尔逊关联分析都是基于样本数据对七商之间的关系进行研究，但是由于两种方法的研究角度不同，最终的关联分析结果也有一定的区别。所以，在分析七商之间的关联关系时需要综合考虑两种分析方法的关联结果。

综合分析结果体现在以下几点。

（1）AMOS 分析结果与皮尔逊关联分析的相同点

1）健商是个体智商的基础，并间接影响其他商的变化，所以，健商与智商有较强的关联性，而与其他商的关联性较弱。

2）智商、情商、意商是七商系统的重要组成部分，它们之间都有较强的关联性，与其他商之间的关联程度也都在中等以上。

3）德商的关联结果显示它受到其他商的影响较弱，但德商与位商之间有较强的关联性，说明德商是科技创新人才培养不可或缺的部分。

4）位商是在其他商的基础上的个人能力的体现，它综合了其他商的相关影响，展现了个体的科技创新水平，所以位商与除健商外的其他商之间都有较强的关联性。

（2）AMOS 分析结果与皮尔逊关联分析的差异

AMOS 分析过程中基于前文的定性分析结果，认为健商并不会直接对个体的位商产生影响，所以并未对健商与位商之间的关系进行验证。而皮尔逊关联分析则是利用合成后的数据直接分析二者之间的关联程度，皮尔逊相关系数为 0.3417，关联程度接近中等程度。这种情况可能是由于健商与智商之间的关联性较强，而智商与位商之间存在强关联，所以健商对位商的间接影响使二者之间的皮尔逊相关系数达到了 0.3417。

6 科技创新人才关键要素复杂网络建模

6.1 复杂网络基本理论

复杂网络理论是研究复杂性系统的重要理论之一,它主要通过网络的形式模拟复杂性系统,将抽象网络中的对象作为节点,将对象间的某种关系作为网络的边,进而通过分析网络的整体或部分的统计特性得到复杂系统的性质。

对于复杂网络的定义,钱学森从自组织、小世界、吸引子、自相似、无标度等性质角度,对其进行了定义。复杂网络,简而言之,即呈现高度复杂性的网络,具有结构复杂、网络可进化(表现在节点或连接的产生与消失)、连接多样性(复杂网络的节点之间的连接权重存在差异,且有可能存在方向性)、节点多样性(复杂网络中的节点可以代表任何事物)、多重复杂性(即以上复杂网络的多个特性相互影响,使结果变得难以预料)的特点。而科技创新人才关键要素的研究也是一个复杂巨系统,研究过程中涉及多种影响要素,其关键要素之系统研究具有小世界复杂网络的显著特征。因而,将复杂系统中的复杂网络相关理论应用于科技创新人才关键要素的研究,能够利用复杂网络相关特征详尽地分析科技创新人才关键要素之间复杂的结构关联关系和要素间的动态影响,为挖掘影响科技创新人才的关键要素,探索关键要素缺失状态下的科技创新人才培养提供理论支撑。

6.1.1　复杂网络研究历程

复杂网络理论作为近年来研究复杂性系统的新兴理论，实际上是对复杂系统进行网络上的抽象。而描述这种抽象系统的统一工具叫作图。对于图的研究最早可以追溯到18世纪伟大的数学家欧拉对著名的"柯尼斯堡七桥问题"的研究。柯尼斯堡是东普鲁士（现俄罗斯加里宁格勒）的一个城镇，城中有一条横贯城区的河流，河中有两个岛，两岸和两岛之间共架有七座桥。有这样一个问题：一个人能否在一次散步中走过所有的七座桥，而且每座桥只经过一次，最后返回原地。1736年，欧拉仔细地研究了这个问题。他利用数学抽象法，将被河流分隔开的四块陆地抽象为四个点，而将连接这四块陆地之间的七座桥抽象为连接四个点的七条线。这样就得到了由四个点和七条线构成的一个图。于是七桥问题就转化为如下的数学问题：从该图中任一点出发，经过每条边一次后返回原点的回路是否存在？欧拉给出了存在这样一条回路的充分必要条件，并由此推断上述七桥问题是没有解的。欧拉对七桥问题的抽象和论证思想，开创了数学中的一个分支，即图论（graph theory）。

6.1.2　复杂网络的拓扑模型

复杂网络理论出现以来，研究者针对不同领域的真实网络进行了大量实验性研究，随着研究的不断深入，先后提出了多种用来描述不同问题的系统网络拓扑图模型，具有代表性的有规则网络、随机网络、小世界网络和无标度网络四种。

1）规则网络是指网络中的所有节点都具有相同连线规则。经典规则网络又可以分为三类（图6-1）。

2）随机网络是指节点之间是否连接和连接规则均具有随机性的网络。典型的模型是Erodos和Renyi于20世纪50年代提出的ER随机模型。图6-2显示了10个节点的随机演化过程。

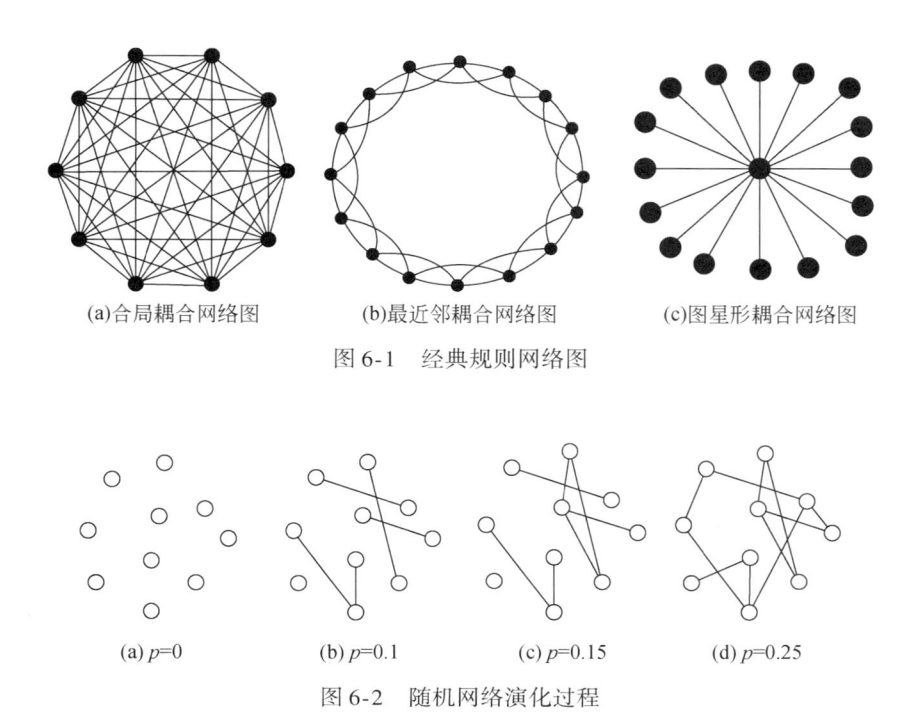

6 科技创新人才关键要素复杂网络建模

(a)合局耦合网络图　　(b)最近邻耦合网络图　　(c)图星形耦合网络图

图 6-1　经典规则网络图

(a) $p=0$　　(b) $p=0.1$　　(c) $p=0.15$　　(d) $p=0.25$

图 6-2　随机网络演化过程

3）小世界网络是在规则网络和随机网络的基础上定义的，具有两个特性：随机网络的较小平均路径长度、规则网络的高聚类。小世界网络的拓扑结构是从规则网络的底层网络出发，在底层网络的任意两个选定的节点之间添加连接，当节点增加到一定程度时，即产生了小世界网络[153]。小世界网络演化过程如图 6-3 所示。

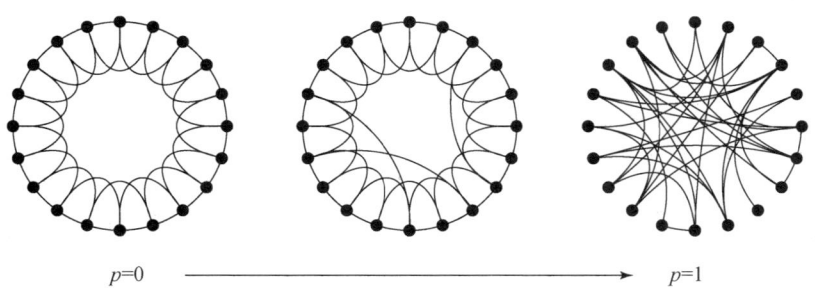

$p=0$　→　$p=1$

图 6-3　小世界网络演化过程

4）无标度网络。科学家发现万维网不具备随机网络均匀分布的特性，但少部分节点的连接度却很高，又有多数的节点连接度很低，即这类型网络的节点度分布符合幂律分布，Barbasi 和 Albert 于 1999 年提出了无标度网络模型（BA 模型），如图 6-4 所示。

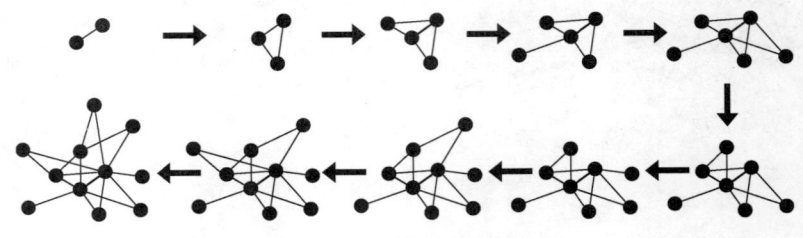

图 6-4　BA 模型演化过程

6.1.3　复杂网络的表示方法

复杂网络可抽象为一个图（gragh），由顶点集 V 和边集 E 组成，记为 $G=(V, E)$。把复杂系统抽象为图后，较容易抓住节点之间的连接关系。根据边是否有权和是否有向，将图分为以下四种：无权无向图、无权有向图、加权无向图和加权有向图。边有向是指边所连接的节点有起点和终点之分，边有权是指网络中的每条边被赋予相应的权值，以表示两两节点之间的联系强度。四种图之间的关系如图 6-5 所示。

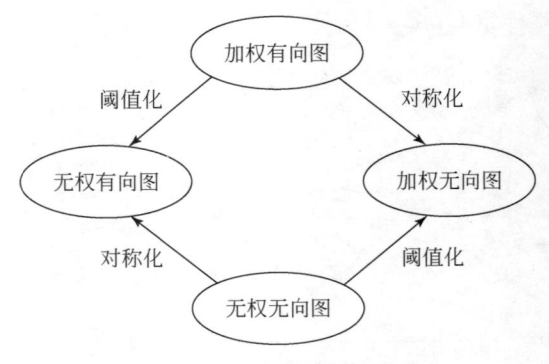

图 6-5　四种图之间的关系

复杂网络的另外一种表示方法是邻接矩阵[154]。一个拥有 N 个节点的加权有向网络 G 可用 $N·N$ 的邻接矩阵表示，定义如下：

$$A(v_i, v_j) = \begin{cases} w_{ij} & \text{如果有从节点 } v_i \text{ 到节点 } v_j \text{ 权值为 } w_{ij} \text{ 的边} \\ 0 & \text{如果节点 } v_i \text{ 和节点 } v_j \text{ 不相连} \end{cases}$$

邻接矩阵中的值代表了该值所处行、列数对应的节点连成的边的权重,如图 6-6 所示的网络可以用图 6-7 所示邻接矩阵表示。在图 6-6 中,节点 1 到节点 2 存在一条权重为 7 的有向边,那么邻接矩阵的第 1 行第 2 列上的值就为 7。相应地,邻接矩阵中第 2 行第 3 列上的值为 8,对应图 6-6,则为网络中第 2 个节点到第 3 个节点之间有一条权重为 8 的有向边。由此看来,邻接矩阵第 i 行第 j 列的元素 w 表示对应网络中的第 i 个节点到第 j 个节点的边的权重是 w。

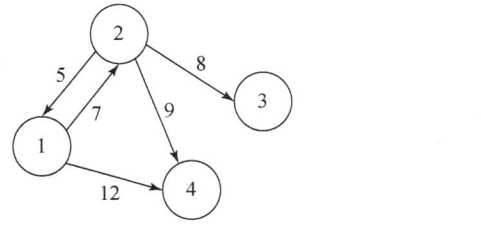

图 6-6 网络图表示　　　　图 6-7 对应网络邻接矩阵

我们可以利用邻接矩阵来研究网络图的许多性质,无向图对应的矩阵是对称阵。简单图不存在自环,因此简单图对应的邻接矩阵对角线元素一定都为 0。

6.1.4 复杂网络的统计特征

实际网络既有确定性又有随机性,在统计学中往往用数据体现确定性的规则和特点,因此对于复杂网络的统计指标特征数据的获取必须十分细致和全面。在复杂网络结构统计指标特征的数据获取方式上有许多的选择性,其中主要包括节点的度及度分布、平均路径长度、聚类系数及介数等[155]。

6.1.4.1 节点的度及度分布

任意一个节点 i 的度 $k(i)$ 是指与该节点相连的其他节点的数目，即以节点 i 为端点的边数。公式为

$$k(i) = \sum_{j \in N} a_{ij} \tag{6-1}$$

式中，a_{ij} 为邻接矩阵的矩阵元素，当节点 i 与节点 j 相连时，a_{ij} 取值为 1，否则为 0。

在一定程度上，节点的度就是复杂网络中节点影响力和重要性的主要体现，节点的度与其呈正相关关系，即复杂网络中所有节点 i 的度 $k(i)$ 的平均值称为网络的平均度，记为 $\langle k \rangle$，即

$$\langle k \rangle = \frac{1}{N} \sum_{i=1}^{N} k(i) \tag{6-2}$$

复杂网络中节点的分布函数 $p(k)$ 表示节点的度为 k 时在网络中的比例及概率，描述了节点在复杂网络中的分布情况。

$$p(k) = \frac{n(k)}{\sum_{j=1}^{\infty} n(j)} \tag{6-3}$$

式中，$n(k)$ 表示度为 k 的节点数。

由于规则网络的所有节点都具有相同的度，其度分布集中在单一尖峰上，呈现出 Delta 分布[156]。完全随机网络的形状在远离峰值 $\langle k \rangle$ 处呈指数下降，其度分布近似为 Poisson 分布（图6-8），即

$$p(k) = \frac{\lambda^k}{k!} e^{-\lambda} \tag{6-4}$$

一般，无标度网络的度分布近似服从幂律分布（图6-9），即

$$p(k) = ak^{-\gamma} \tag{6-5}$$

6.1.4.2 平均路径长度

复杂网络中节点 i 与节点 j 之间的距离 d_{ij} 定义为连接这两个节点的最

6 科技创新人才关键要素复杂网络建模

图 6-8 Poisson 分布

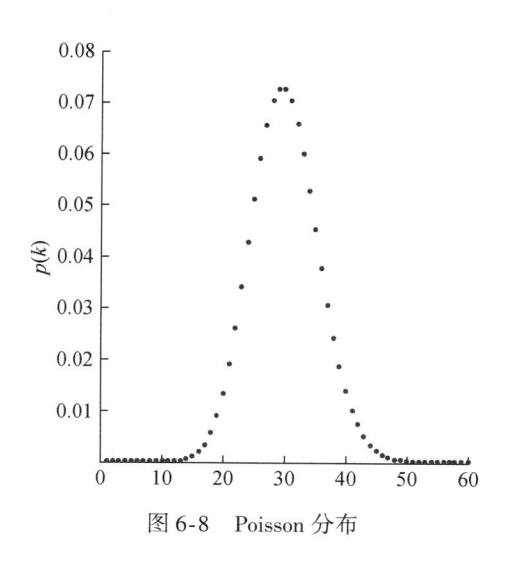

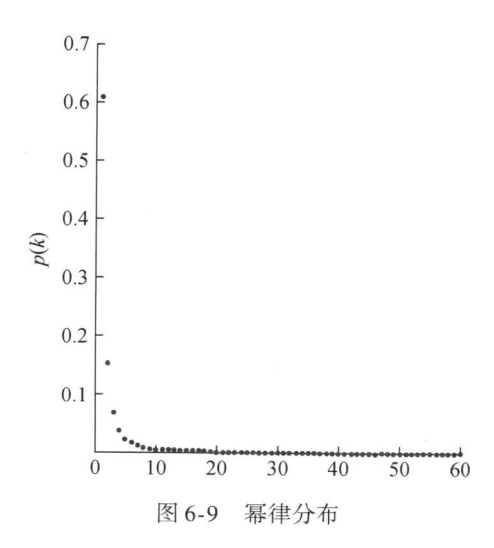

图 6-9 幂律分布

短路径上的边数，它的倒数 $1/d_{ij}$ 称为节点 i 和节点 j 之间的效率，用来度量节点之间信息传递的速度。

复杂网络所有节点中，任意两个节点之间距离的最大值即为网络的直径。网络的直径用符号 D 表示，其公式如下：

$$D = \max_{1 \leq i < j \leq N} d_{ij} \tag{6-6}$$

式中，N 为网络节点数；d_{ij} 为节点 i 和节点 j 之间的最短距离。

复杂网络中的平均路径长度 L 即为连接任意两个节点链路长度（节点间的距离）的平均值，即

$$L = \frac{1}{\frac{1}{2}N(N+1)} \sum_{1 \leq i < j \leq N} d_{ij} \tag{6-7}$$

式中，N 为网络节点数；d_{ij} 为节点 i 和节点 j 之间的最短距离。

6.1.4.3 聚类系数

若复杂网络中的节点 i 有 k_i 条边将该节点和其他节点相连，这 k_i 个节点就称为节点 i 的邻居节点[157]。

节点 i 的 k_i 个邻居节点之间实际存在的边数 E_i 和总的可能的边数 $C_{k_i}^2$

之比就定义为节点 i 的聚类系数 C_i，即

$$C_i = \frac{E_i}{C_{k_i}^2} \tag{6-8}$$

式（6-8）的几何定义为

$$C_i = \frac{\text{与节点}\,i\,\text{相连的三角形的数量}}{\text{与节点}\,i\,\text{相连的三元组的数量}} = \frac{n_1}{n_2} \tag{6-9}$$

式中，与节点 i 相连的三元组是指包括节点 i 的三个节点，并且至少存在从节点 i 到其他两个节点的两条边（图6-10）。

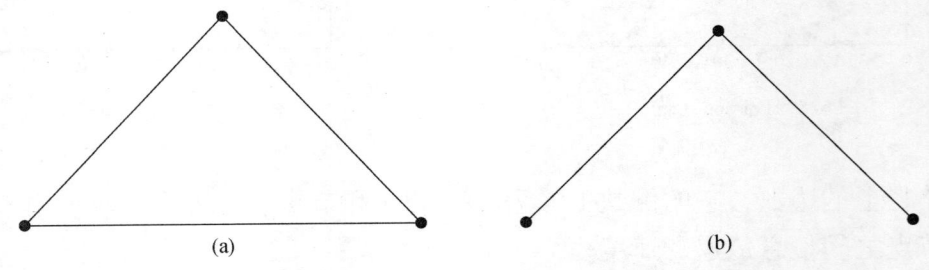

图6-10 以节点 i 为顶点之一的三元组的两种可能形式

整个网络的聚类系数 C 就是所有节点 i 的聚类系数 C_i 的平均值，即

$$C = \frac{1}{N}\sum_{i=1}^{N} C_i \tag{6-10}$$

式中，$0 \leq C \leq 1$，聚类系数反映了网络中节点的聚集程度。

6.1.4.4 介数

在复杂网络中，有些节点的度虽然小，但是它却可能是两个重要节点的中间连接点，所以该节点同样重要，这时候就需要另一种衡量指标——介数。介数可分为节点介数和边介数两种，介数是全局特征量，反映了节点或边在整个复杂网络中的作用和影响力[158]。

节点的介数 B_i 是指复杂网络中所有最短路径中经过该节点的数量比例，即

$$B_i = \sum_{\substack{1 \le j < l \le N \\ j \ne i \ne l}} \frac{n_{jl}(i)}{n_{jl}} \tag{6-11}$$

式中，n_{jl} 为节点 j 和节点 l 之间的最短路径条数；$n_{jl}(i)$ 为节点 j 和节点 l 之间的最短路径经过节点 i 的条数；N 为复杂网络中的节点总数。

边的介数 $\tilde{B}_{ij}$ 定义为复杂网络中所有最短路径中经过边 e_{ij} 的数量比例，即

$$\tilde{B}_{ij} = \sum_{\substack{1 \le l < m \le N \\ (l,m) \ne (i,j)}} \frac{N_{lm}(e_{ij})}{N_{lm}} \tag{6-12}$$

式中，N_{lm} 为节点 l 和节点 m 之间的最短路径条数；$N_{lm}(e_{ij})$ 为节点 l 和节点 m 之间的最短路径经过边 e_{ij} 的条数。

6.1.5 复杂网络节点重要性评价指标

复杂网络节点重要性可以是节点影响力、决定性或者其他因素的综合。对复杂网络中节点重要性进行定性、定量研究与分析，是认识复杂网络属性的基础，是至关重要的工作。为了准确地衡量节点的重要性，产生了许多量化重要性的指标[159]。本小节从复杂网络的局部属性、全局属性、综合属性三个角度出发，论述复杂网络节点重要性排序的不同指标。

6.1.5.1 基于复杂网络局部属性的评价指标

有些复杂网络属性只考虑到自身或附近邻居节点的信息，如度、互信息等，这类属性属于复杂网络局部属性，这些指标具有计算简单的特点，适用于复杂网络节点较多、连接较复杂的网络。

（1）基于度的评价指标

度指标反映复杂网络中一个节点对其他节点的直接影响力。节点的度定义为该节点的邻居数目。具体表示为

$$k(i) = \sum_{j \in G} a_{ij} \tag{6-13}$$

在复杂网络中，拥有较多邻居节点的节点，相较其他节点可能有更大的影响力，起更大的决定作用。判断复杂网络中一个节点的重要性，不仅要考虑其自身的影响因素，还应该考虑其邻居节点的重要程度，即该节点邻居节点的度越大，其重要性也会相应提高。

此外，复杂网络中节点重要性的评价还应在邻居节点的基础上，考虑节点次近邻居节点的度信息。多级邻居信息指标（local centrality）充分考虑到各级邻居节点对节点重要性的影响来对节点进行重要性排序。节点 i 的多级邻居信息指标 $L_G(i)$ 具体定义如下：

$$L_G(i) = \sum_{j \in \Gamma(i)} \sum_{\mu \in \Gamma(j)} N(\mu) \tag{6-14}$$

式中，$\Gamma(i)$ 为节点 i 最近邻居集合；$\Gamma(j)$ 为节点 j 最近邻居集合；$N(\mu)$ 为节点 μ 最近邻居数和次近邻居数之和。

(2) 基于互信息的评价指标

复杂网络中节点重要性排序还可以以各节点的信息量作为依据。各节点的信息量可以通过对节点与相连节点的互信息量求和得到。节点 i 到节点 j 的互信息 $I(i, j)$ 定义如下：

$$I(i, j) = \begin{cases} \ln(1/p_{ji}) - \ln(1/p_{ij}), & \text{节点 } i \text{ 与节点 } j \text{ 直接相连} \\ 0, & \text{其他} \end{cases} \tag{6-15}$$

式中，p_{ij} 为对于节点 i 的所有连边而言，边 (i, j) 所占的概率；p_{ji} 为对于节点 j 的所有连边而言，边 (j, i) 所占的概率。

对于无向无权网络，同一节点每条边的概率相等，即 $p_{ij} = 1/k_i$，$p_{ji} = 1/k_j$，k_i 为节点 i 的度。所以，

$$I(i, j) = \begin{cases} \ln k_i - \ln k_j, & \text{节点 } i \text{ 与节点 } j \text{ 直接相连} \\ 0, & \text{其他} \end{cases} \tag{6-16}$$

节点 i 的信息量是节点 i 与其他节点的互信息之和，记为 $I(i)$，定义为

$$I(i) = \sum_{j=1}^{N} I(i, j) \tag{6-17}$$

由以上定义可知，$I(i,j) + I(j,i) = 0$，整个复杂网络的信息量之和 $\sum_{i=1}^{N} I(i)$ 为零。对所有节点的信息量进行从大到小排序，信息量越大的节点重要性越强。

6.1.5.2 基于复杂网络全局属性的评价指标

基于复杂网络局部属性的度、互信息等指标将邻居节点视为同等重要，但事实上这些邻居节点的重要程度是不同的，如果邻居节点的重要程度很高，则该节点的重要程度也会相应提高。如果一个节点拥有很多邻居节点，但这些邻居节点的重要程度不高，那么该节点的重要程度不一定高。考虑到具有不同重要性的邻居节点对节点的影响，节点的排序还应该按全局属性进行。

基于网络全局属性的节点重要性评价指标考虑了网络全局信息的影响，这些指标准确度相对较高，时间复杂度及算法复杂度较高，不适用于节点太多或较复杂的网络。

特征向量（eigenvector）是度量复杂网络节点重要性的一个全局性指标。特征向量指标 $C_e(i)$ 是复杂网络邻接矩阵对应的最大特征值的特征向量。具体定义如下：

$$C_e(i) = \lambda^{-1} \sum_{j=1}^{N} a_{ij} e_j \tag{6-18}$$

式中，λ 为节点的邻接矩阵 $\boldsymbol{A}$ 的最大特征值；N 为该节点最近邻居数和次近邻居数之和；$e = (e_1, e_2, \cdots, e_n)^T$ 为邻接矩阵 $\boldsymbol{A} = [a_{ij}]$ 所对应最大特征值 λ 的特征向量。

紧密度（closeness）可以用来度量复杂网络中节点通过复杂网络对其他节点的影响能力。节点的紧密度越大，表明该节点离复杂网络中心位置越近，在复杂网络中就越重要。紧密度 $C_c(i)$ 具体定义如下：

$$C_c(i) = \frac{N-1}{\sum_{j=1}^{N} d_{ij}} \tag{6-19}$$

式中，N 为该节点最近邻居数和次近邻居数之和；d_{ij} 表示节点 i 到节点 j 的最短距离。

介数指标（betweenness）定义为复杂网络中所有最短路径中经过该节点路径的数目占最短路径总数的比例。节点 i 的介数 $C_b(i)$ 具体定义如下：

$$C_b(i) = \sum_{s<t} \frac{n_{st}^i}{g_{st}} \tag{6-20}$$

式中，g_{st} 为节点 s 到节点 t 之间的最短路径数；n_{st}^i 表示节点 s 和节点 t 之间经过节点 i 的最短路径数。节点的介数值越高，这个节点就越有影响力，即这个节点也就越重要。

6.1.5.3 基于复杂网络综合属性的评价指标

基于局部属性的节点重要性评价指标从复杂网络的节点的度、互信息等单一属性对复杂网络中的节点重要性进行评价，评价指标只针对单一节点和邻近节点的度信息进行评价，评价手段较为单一，评价结果不能充分体现网络节点的全部信息。基于全局属性的节点重要性评价指标，如特征向量、紧密度、介数等分别从节点最短路径、节点紧密程度等方面对复杂网络节点的重要性进行评价，虽然考虑了节点在复杂网络中的整体影响，但是并未体现节点自身的信息。所以，为全面系统地评价复杂网络中节点的重要性，还应综合考虑以上两个方面指标对复杂网络的节点重要性的影响。

综合考虑节点的邻居节点个数，以及其邻居节点之间连接的紧密程度，提出了一种基于邻居信息与集聚系数的节点重要性评价方法 $P(i)$，具体表示为

$$P(i) = \frac{f_i}{\sqrt{\sum_{j=1}^{N} f_j^2}} + \frac{g_i}{\sqrt{\sum_{j=1}^{N} g_j^2}} \tag{6-21}$$

式中，f_i 为节点 i 自身度与其邻居度之和，即 $f_i = k(i) + \sum_{\mu \in \Gamma(i)} k(\mu)$，其中，$k(\mu)$ 为节点 μ 的度，$\mu \in \Gamma(i)$ 表示节点 i 的邻居节点集合。g_i 表示为

$$g_i = \frac{\max\limits_{j \in G}\left\{\dfrac{c_j}{f_j}\right\} - \dfrac{c_i}{f_i}}{\max\limits_{j \in G}\left\{\dfrac{c_j}{f_j}\right\} - \min\limits_{j \in G}\left\{\dfrac{c_j}{f_j}\right\}} \tag{6-22}$$

式中，c_i 为节点 i 的集聚系数。

综合考虑复杂网络中节点的度数中心度、中间中心度、接近中心度及特征向量中心度对节点重要性的影响，提出了一个复杂网络结构关系的综合测度指标 CMI（comprehensive measurement indicator），通过全面评价节点的属性，实现复杂网络中节点重要性排序。定义综合测度指标 CMI 为

$$\text{CMI} = C_D \cdot C_B \cdot (1/C_C) + C_E \tag{6-23}$$

式中，C_D 为度数中心度；C_B 为中间中心度；C_C 为接近中心度；C_E 为特征向量中心度。一个节点的度数中心度值越大，说明行动者局部中心性越好；中间中心度的值越大，说明节点的控制能力越好；接近中心度值越大，说明该节点越不受其他节点的控制；特征向量中心度越大，说明该节点与其所关联的其他节点的依赖程度越大。

可以发现，对于度数等于 1 的节点，中间中心度取值为 0，$C_D \cdot C_B \cdot (1/C_C)$ 测度功能失效，特征向量中心度可以弥补损失，完成度数为 1 的节点属性的测度构造。

6.1.6 复杂网络抗毁性研究理论

目前，在社会领域、信息领域、技术领域及生物领域等，都存在大量的实际复杂网络，复杂网络的稳定性与安全性问题应该得到重视。因此，我们需要对复杂网络的抗毁性有更加深入的研究，从而保证复杂网络的稳定运行。本节给出复杂网络抗毁性的定义、目前复杂网络抗毁性的度量指标及攻击策略。

6.1.6.1 复杂网络抗毁性的定义

复杂网络的抗毁性也指复杂网络拓扑结构的稳定性，即当复杂网络系

统的关键节点或边在遭到随机攻击或蓄意攻击时，仍能维持其功能的能力，用来衡量破坏一个系统的难度，更简单地说，复杂网络抗毁性就是复杂网络在发生故障或遭受部分破坏后仍能继续工作的能力。

6.1.6.2 复杂网络抗毁性的度量指标

(1) 平均最短路径

复杂网络中的平均最短路径长度 $L(G)$ 的定义为任意两个节点之间最短距离的平均值，即

$$L(G) = \langle d_{ij} \rangle = \frac{1}{N(N-1)} \sum_{i,j \in V, i \neq j} d_{ij} \tag{6-24}$$

式中，N 为节点数；d_{ij} 为节点 i 和节点 j 之间的最短距离。

复杂网络抗毁性可以由平均最短路径的增加量来衡量，当平均最短路径增加得越大，复杂网络的性能就下降得越快，复杂网络抗毁性也就越差。

(2) 网络风险效率

在复杂网络中，节点与节点之间最短路径平均值的倒数 $1/d_{ij}$ 之和称为网络风险效率 $E(G)$，即

$$E(G) = \langle \frac{1}{d_{ij}} \rangle = \frac{1}{N(N-1)} \sum_{i,j \in V, i \neq j} \frac{1}{d_{ij}} \tag{6-25}$$

式中，N 为节点数；d_{ij} 为节点 i 和节点 j 之间的最短距离。

由式 (6-25) 可以看出，网络风险效率越大，网络拓扑结构的抗毁性越好，当网络中选择的攻击点为孤立节点时，$1/d_{ij}=0$；而当节点 i 和节点 j 之间没有路径连通时，$d_{ij} = \infty$。

(3) 最大连通度

一个图中至少存在任意两个节点之间有一条道路相连，则称此图为连通图。任何一个不连通图都可以分为若干个连通子图，每一个子图称为原图的一个分图。在复杂网络拓扑结构中，将所有的节点用最少的边连接起来的子图称为最大连通子图。

最大连通度 $C(G)$ 是指最大连通子图中的节点数目与网络中所有节点

的数目的比值，即

$$C(G) = \frac{n}{N} \tag{6-26}$$

式中，n 为复杂网络中最大连通子图中的节点数；N 为节点数。

当最大连通度越大时，说明复杂网络拓扑结构的连通性越好，复杂网络抗毁性也就越好。

6.1.6.3 复杂网络攻击策略

在复杂网络的抗毁性研究中，弄清复杂网络攻击策略及方法是提高复杂网络抗毁性的关键。只有充分了解复杂网络攻击策略及方法，才能更有针对性地提升复杂网络抗毁性。

（1）攻击策略

复杂网络攻击策略一般分为两种，随机性攻击（random attack）和选择性攻击（selective attack）。随机性攻击也被称为"错误"（failure），是以某种概率随机破坏复杂网络的节点（边）。选择性攻击也被称为"蓄意攻击"（intentional attack），是指按一定的策略有选择地破坏复杂网络的节点（边），一般按照节点的重要性依次进行攻击。

（2）攻击方式

在明确复杂网络攻击策略后，还应该考虑如何对复杂网络发起攻击，即复杂网络攻击的方式。从复杂网络静态拓扑结构来看，复杂网络攻击方式可分为节点攻击和边攻击。

在科技创新人才七商指标网络结构拓扑图（简称七商拓扑图）中，某个重要节点遭到攻击损毁后，与该节点相邻的边也失去对七商拓扑图中其他要素节点的影响。因此，对于节点攻击方式，可对该节点采取节点及相邻边的删除处理，如图 6-11（a）所示；当复杂网络中某两个节点之间失去了相互联系，即七商拓扑图中的边受到攻击，该类型攻击不会影响到复杂网络中其他节点或边。因此，对于边攻击方式，可采取仅删除该边处理，如图 6-11（b）所示。

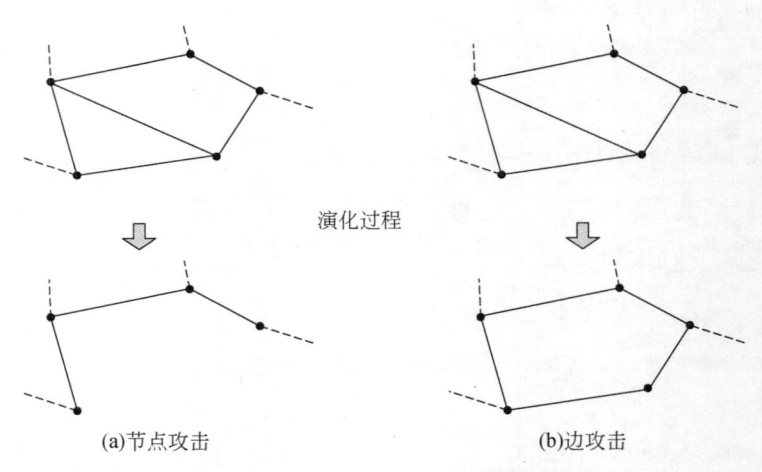

探究"钱学森之问"——科技创新人才智能分析

(a)节点攻击　　　　　　　　　(b)边攻击

图 6-11　复杂网络攻击方式演化过程

而两种攻击方式又分别包括以下四种不同的攻击方法。

1）ID（initial degree）攻击方法。该种攻击方法按照初始节点（边）的度大小顺序来移除节点（边）。

2）IB（initial betweenness）攻击方法。该种攻击方法按照初始节点（边）的介数大小顺序来移除节点（边）。

3）RD（recalculated degree）攻击方法。该种攻击方法按照当前节点（边）的度大小顺序来移除节点（边）。

4）RB（recalculated betweenness）攻击方法。该种攻击方法按照当前节点（边）的介数大小顺序来移除节点（边）。

6.2　科技创新人才关键要素复杂网络拓扑结构

若将个体的七商系统看成一个由七商指标构成的复杂网络，七商的32个指标看成复杂网络中的节点，如果两个指标间存在关联关系，则将这两个指标所代表的节点进行连接，那么，七商系统即可转化为由七商32个指标节点构成的，表示七商指标关联情况的复杂网络系统。

6.2.1 确定七商指标关联系数矩阵

将收集到的样本数据进行汇总,并利用皮尔逊相关系数公式计算指标两两之间的皮尔逊相关系数,具体计算过程如下。

假设样本数据有 m 组数据,每组数据由七商的 32 个指标数据构成,样本数据矩阵为

$$X = \begin{bmatrix} x_{11} & x_{12} & \cdots & x_{132} \\ x_{21} & x_{22} & \cdots & x_{232} \\ \vdots & \vdots & \ddots & \vdots \\ x_{m1} & x_{m2} & \cdots & x_{m32} \end{bmatrix}$$

对于七商的 32 个指标而言,每个指标数据都是由 m 个数据构成,即第 i 个指标的数据为 $X_i = (x_{1i}, x_{2i}, \cdots, x_{mi})^T$。所以指标 i 与指标 j 之间的皮尔逊相关系数可以通过公式计算:

$$r(X_i, X_j) = \frac{\sum X_i X_j - \dfrac{\sum X_i \sum X_j}{m}}{\sqrt{\left(\sum X_i^2 - \dfrac{(\sum X_i)^2}{m}\right)\left(\sum X_i^2 - \dfrac{(\sum X_i)^2}{m}\right)}} \quad (6\text{-}27)$$

通过计算指标两两之间的皮尔逊相关系数,并将皮尔逊相关系数的绝对值作为指标间的相关系数,即 $r_{ij} = |r(X_i, X_j)|$。最终确定七商的 32 个指标间的关联系数矩阵:

$$R = \begin{bmatrix} r_{11} & r_{12} & \cdots & r_{132} \\ r_{21} & r_{22} & \cdots & r_{232} \\ \vdots & \vdots & \ddots & \vdots \\ r_{321} & r_{322} & \cdots & r_{3232} \end{bmatrix}$$

6.2.2 确定七商复杂网络拓扑结构

由于七商复杂网络中的节点只有 32 个,并且复杂网络特点介于随机

网络与规则网络之间,具有较显著的小世界网络特征,所以本节将基于七商指标 32 个节点,利用计算所得的七商指标关联矩阵加入一定的随机性规则构建科技创新人才七商指标复杂网络结构的拓扑模型。具体复杂网络生成步骤如下。

步骤1:将七商的 32 个指标分别标记为节点1,节点2,…,节点32,并作为复杂网络构建的节点。

步骤2:随机生成一个对称的 32×32 的取值范围在(0,1)的随机数矩阵

$$\boldsymbol{P} = \begin{bmatrix} p_{11} & p_{12} & \cdots & p_{132} \\ p_{21} & p_{22} & \cdots & p_{232} \\ \vdots & \vdots & \ddots & \vdots \\ p_{321} & p_{322} & \cdots & p_{3232} \end{bmatrix}$$

式中,$p_{ij} = p_{ji}$,$i, j = 1, 2, \cdots, 32$。

步骤3:构建复杂网络邻接矩阵。

假设复杂网络的邻接矩阵为

$$\boldsymbol{A} = \begin{bmatrix} a_{11} & a_{12} & \cdots & a_{1n} \\ a_{21} & a_{22} & \cdots & a_{2n} \\ \vdots & \vdots & \ddots & \vdots \\ a_{n1} & a_{n2} & \cdots & a_{nn} \end{bmatrix}$$

式中,$a_{ij}=0$ 或 1(0 代表节点 i 与节点 j 不存在连接,1 代表节点 i 与节点 j 直接连接);n 为网络节点个数。a_{ij} 的值根据以下规则确定:

$$a_{ij} = \begin{cases} 1 & p_{ij} \leqslant r_{ij} \\ 0 & p_{ij} > r_{ij} \end{cases}$$

邻接矩阵,即复杂网络拓扑结构的矩阵表示,可以根据 **A** 矩阵中的数据构建无向无权小世界网络的具体拓扑结构图。

步骤4:复杂网络路径加权。

指标间的关联系数不同,所以节点之间连接路径的长度也应有所区别。节点 i 与节点 j 的连接路径长度 $d_{ij} = \dfrac{1}{r_{ij}}$,$r_{ij}$ 为节点 i 与节点 j 的相关系数。

基于节点连接路径的数据，无向加权小世界网络的邻接矩阵为

$$A' = \begin{bmatrix} a_{11}d_{11} & a_{12}d_{12} & \cdots & a_{1n}d_{1n} \\ a_{21}d_{21} & a_{22}d_{22} & \cdots & a_{2n}d_{2n} \\ \vdots & \vdots & \ddots & \vdots \\ a_{n1}d_{n1} & a_{n2}d_{n2} & \cdots & a_{nn}d_{nn} \end{bmatrix}$$

A' 即为所构建的无向加权小世界网络的矩阵表示。

6.3 科技创新人才七商要素复杂网络节点重要性评价

6.3.1 基于复杂网络局部属性的节点重要性评价建模

在复杂网络局部属性的节点重要性评价指标的相关总结基础上，本节将针对复杂网络节点度的相关数据，基于复杂网络的局部属性对复杂网络节点重要性评价进行建模。

6.3.1.1 基于节点度信息的节点重要性评价

复杂网络中节点度信息表示与该节点直接相连的节点个数，与该节点直接连接的节点越多，则该节点的度值越大，节点的重要性也就越高。

（1）基于节点自身度信息的复杂网络节点重要性评价排序

节点 i 自身度值的计算公式为

$$\text{ND}_i = \sum_{j=1}^{n} a_{ij} \tag{6-28}$$

则有节点 i 的重要度公式为

$$\text{NID}_i = \frac{\text{ND}_i}{\sum_{j=1}^{n} \text{ND}_j} \tag{6-29}$$

NID_i 的取值区间为 [0, 1)，NID_i 的值越大，节点 i 在复杂网络中重要性

越高。

（2）基于"节点+邻居节点"度信息的复杂网络节点重要性评价排序

设该指标为 ND1，则节点 i 的 ND1 值计算公式为

$$\text{ND1}_i = \text{ND}_i + \sum_{j \in B} \text{ND}_j \tag{6-30}$$

式中，B 为节点 i 的邻居节点的集合，即节点 j 与节点 i 直接相连。

则有节点 i 的重要度公式为

$$\text{NID}_i = \frac{\text{ND1}_i}{\sum_{j=1}^{n} \text{ND1}_j} \tag{6-31}$$

NID_i 的取值区间为 $[0, 1)$，NID_i 的值越大，节点 i 在复杂网络中重要性越高。

（3）基于"节点+邻居节点+次邻节点"度信息的复杂网络节点重要性评价排序

设该指标为 ND2，则节点 i 的 ND2 值计算公式为

$$\text{ND2}_i = \text{ND}_i + \sum_{j \in B} \text{ND}_j + \sum_{k \in C} \text{ND}_k \tag{6-32}$$

式中，B 为节点 i 的邻居节点的集合，即节点 j 与节点 i 直接相连；C 为节点 i 的次邻节点的集合，即除节点 i 外与节点 j 直接相连的节点集合。

则有节点 i 的重要度公式为

$$\text{NID}_i = \frac{\text{ND2}_i}{\sum_{j=1}^{n} \text{ND2}_j} \tag{6-33}$$

NID_i 的取值区间为 $[0, 1)$，NID_i 的值越大，节点 i 在复杂网络中重要性越高。

6.3.1.2 基于互信息的节点重要性评价

基于互信息的节点重要性评价从复杂网络拓扑结构出发，考虑到节点之间连接数的多少及连接的强弱来评价节点的重要性，相较其他方法，这

种基于互信息的评价方法具有较低的算法复杂度。

节点信息量的计算首先计算节点与节点之间的互信息量，然后对互信息求和即为该节点包括的信息总量。节点 i 到节点 j 的互信息 $I(i,j)$ 的计算公式如下：

$$I(i,j) = \begin{cases} \ln(1/p_{ji}) - \ln(1/p_{ij}), & \text{节点 } i \text{ 与节点 } j \text{ 直接相连} \\ 0, & \text{其他} \end{cases}$$

式中，$p_{ij} = \dfrac{r_{ij}}{\sum\limits_{k \in B} r_{ik}}$，$B$ 为与节点 i 直接相连的节点的集合。

则有，节点 i 与其他节点的互信息之和 $I(i) = \sum\limits_{j=1}^{n} I(i,j)$。

由定义可知，$I(i,j) + I(j,i) = 0$，整个复杂网络的信息量之和 $\sum\limits_{i=1}^{N} I(i)$ 为零。

对所有节点按信息量大小进行排序，信息量越大的节点重要性越高。所以，节点互信息指标最小值小于 0，将节点 i 的重要度公式定义如下：

$$\text{NID}_i = \frac{I(i) - \min\limits_{k=1}^{n}[I(k)]}{\sum\limits_{j=1}^{n}\left\{I(j) - \min\limits_{k=1}^{n}[I(k)]\right\}} \tag{6-34}$$

NID_i 的取值区间为 $[0,1)$，NID_i 的值越大，节点 i 在网络中重要性越高。

6.3.2 基于复杂网络全局属性的节点重要性评价建模

基于复杂网络全局属性的节点重要性评价指标考虑到该节点在整个复杂网络系统中的作用，将节点靠近的紧密度、节点作为最短路径的次数等信息作为评价该节点重要性的参考依据。

6.3.2.1 基于节点紧密度的复杂网络节点重要性评价建模

节点紧密度就是节点与复杂网络中其他节点之间的距离，紧密度越小，说明该节点距离其他节点的平均距离越大，该节点的位置处于复杂网络的边缘；紧密度越大，说明该节点与其他节点的平均距离越小，该节点处于复杂网络的中心位置，重要性较高。节点紧密度公式如下：

$$C_c(i) = \frac{1}{\sum_{j=1}^{n} d_{ij}} \tag{6-35}$$

式中，n 为网络的节点数；d_{ij} 为节点 i 到节点 j 的最短距离，节点间的最短距离 d_{ij} 可以通过 Floyd 算法求出。则归一化后的基于节点紧密度的复杂网络的节点重要性计算公式为

$$\mathrm{NID}(i) = \frac{C_c(i)}{\sum C_c} = \frac{\sum_{k=1}^{n}\sum_{j=1}^{n} d_{kj}}{\sum_{j=1}^{n} d_{ij}} \tag{6-36}$$

NID_i 的取值区间为 [0, 1)，NID_i 的值越大，节点 i 在复杂网络中重要性越高。

紧密度刻画了复杂网络中节点通过链路到其他节点的难易程度，反映了节点对复杂网络中其他节点的影响程度。从消息传递机制来说，若节点处于复杂网络的中心，该节点产生的消息较容易传播至整个复杂网络，在传播过程中花费的时间较少，信息损耗较低。紧密度越大，消息的传递更有效率，节点就越重要；紧密度越小，消息的传递需要花费较多时间，则节点的重要性较低。相较度排序算法，紧密度不仅考虑到节点度值的大小，而且考虑到节点在整个复杂网络中的位置信息，紧密度排序更加能反映节点的重要程度。

6.3.2.2 基于特征向量指标的复杂网络节点重要性评价建模

邻居节点的重要性对复杂网络中节点的重要性有一定的影响。如果邻居节点在复杂网络中重要性很高，则这个节点的重要性可能会很高；如果邻居节点的重要性较低，即使该节点的邻居节点很多，该节点不一定很重要。通常称这种情况为邻居节点的重要性反馈。

特征向量指标是从复杂网络中节点的地位或声望角度考虑，将单个节点的声望看成是所有其他节点声望的线性组合，从而得到一个线性方程组。该方程组的最大特征值所对应的特征向量就是各个节点的重要性。具体计算方法如下。

首先利用线性方程组求解的相关理论，通过 MATLAB 软件求解复杂网络邻接矩阵 $\boldsymbol{A}$ 的最大特征值 λ，并求出最大特征值 λ 所对应的特征向量 $e = (e_1, e_2, \cdots, e_n)$。则有节点 i 的特征向量重要度为

$$C_e(i) = \lambda^{-1} \sum_{j=1}^{n} a_{ij} e_{ij} \tag{6-37}$$

归一化处理后即可得到节点 i 的重要性为

$$\mathrm{NID}(i) = \frac{C_e(i)}{\sum_{j=1}^{n} C_e(j)} \tag{6-38}$$

NID_i 的取值区间为 $[0, 1)$，NID_i 的值越大，节点 i 在复杂网络中重要性越高。

6.3.2.3 基于介数指标的复杂网络节点重要性评价建模

节点 i 的介数表示复杂网络中所有的最短路径之中经过节点 i 的比例，介数值越高，该节点影响力越大，也越重要。

介数的计算公式为

$$C_b(i) = \sum_{s < t} \frac{n_{st}^i}{g_{st}} \tag{6-39}$$

式中，g_{st} 为节点 s 与节点 t 之间最短路径的数目；n_{st}^i 为节点 s 与 t 之间并且经过节点 i 的最短路径的数目。

归一化处理后得到节点 i 的重要性计算公式为

$$\mathrm{NID}(i) = \frac{C_b(i)}{\sum_{j=1}^{n} C_b(j)} \tag{6-40}$$

NID_i 的取值区间为 $[0, 1)$，NID_i 的值越大，节点 i 在复杂网络中重

要性越高。

6.3.3 基于复杂网络综合属性的节点重要性评价建模

基于局部属性的节点重要性评价通过节点度、互信息等单一属性，对复杂网络中的节点重要性进行评价，评价指标只针对单一节点和邻近节点的度信息进行评价，评价手段较为单一，评价结果不能充分体现节点的全部信息。而基于全局属性的节点重要性评价利用节点在复杂网络中对其他节点的影响判断该节点的重要性，并未考虑节点自身的属性信息。因此，在评价某节点的重要程度时，应综合考虑该节点的局部属性和全局属性，最终给出客观的节点重要性评价方法。

6.3.3.1 基于邻居信息与集聚系数的节点重要性评价

基于邻居信息与集聚系数的节点重要性评价同时考虑与某节点有相邻关系的节点的数量，和这些相邻节点之间连接的紧密程度，提出一种新的节点重要性评价指标，该指标邻居信息的集聚系数 NDC 表示为

$$\mathrm{NDC}(i) = \frac{f_i}{\sqrt{\sum_{j=1}^{N} f_j^2}} + \frac{g_i}{\sqrt{\sum_{j=1}^{N} g_j^2}} \tag{6-41}$$

式中，f_i 为节点 i 自身度与其邻居度之和，即 $f_i = \mathrm{ND}(i) + \sum_{\mu \in \Gamma(i)} \mathrm{ND}(\mu)$，其中 $\mathrm{ND}(\mu)$ 表示节点 μ 的度，$\mu \in \Gamma(i)$ 表示节点 i 的邻居节点集合。g_i 为

$$g_i = \frac{\max\limits_{j \in G}\left\{\dfrac{c_j}{f_j}\right\} - \dfrac{c_i}{f_i}}{\max\limits_{j \in G}\left\{\dfrac{c_j}{f_j}\right\} - \min\limits_{j \in G}\left\{\dfrac{c_j}{f_j}\right\}} \tag{6-42}$$

其中，c_i 为节点 i 的集聚系数。

$\mathrm{NDC}(i)$ 的值越大则节点 i 越重要。将指标 NDC 的结果进一步归一化，得到节点 i 的重要性为

$$\mathrm{NID}_i = \frac{\mathrm{NDC}(i)}{\sum_{j=1}^{n} \mathrm{NDC}(j)} \tag{6-43}$$

NID_i 的取值区间为 [0, 1)，NID_i 的值越大，节点 i 在复杂网络中重要性越高。

6.3.3.2 基于综合测度指标的节点重要性评价

综合考虑复杂网络中节点的度、介数、紧密度及特征向量指标对节点重要性的影响，提出了一个复杂网络结构关系的综合测度指标 CMI（comprehensive measurement indicator），通过全面评价节点的属性，实现复杂网络中节点重要性的综合评价。定义综合测度指标 CMI 的计算公式为

$$\mathrm{CMI} = \mathrm{ND} \cdot C_\mathrm{B} \cdot (1/C_\mathrm{C}) + C_\mathrm{E} \tag{6-44}$$

式中，ND 为节点的度值；C_B 为节点的介数；C_C 为节点紧密度；C_E 为特征向量指标节点重要度。

一个节点的度值越大，说明与之有关联的节点也就越多；介数的值越大，说明节点的控制能力越好；紧密度值越大，说明该节点越不受其他节点的控制；特征向量指标值越大，说明该节点与其所关联的其他节点的依赖程度越大。所以，综合考虑四个包含全局属性和局部属性的节点重要性评价指标，结果将全面地体现该节点在复杂网络中重要性的综合排序，指标 CMI 的值越大，则该节点在复杂网络中越重要。

同样，将 CMI 指标进行归一化，得到节点 i 的重要性为

$$\mathrm{NID}(i) = \frac{\mathrm{CMI}(i)}{\sum_{j=1}^{n} \mathrm{CMI}(j)} \tag{6-45}$$

NID_i 的取值区间为 [0, 1)，NID_i 的值越大，节点 i 在网络中重要性越高。

6.3.4　七商系统复杂网络节点重要性评价指标表征

笔者分别从复杂网络节点的局部和全局特征出发，考虑复杂网络节点

的不同属性特征，分别利用节点的度、互信息、特征向量指标、介数、紧密度等指标构建了科技创新人才系统复杂网络节点的重要性评价模型，并综合考虑节点局部属性和全局属性构建了基于邻居信息与集聚系数 NDC 和综合测度指标 CMI 的节点重要性评价模型。

科技创新人才系统复杂网络节点重要性评价指标总结见表 6-1。

表 6-1 节点重要性评价指标总结

节点重要性评价指标	指标属性类型	指标注解
度（ND）	局部属性	与该节点处于相邻关系的节点数量
节点度+邻居节点度（ND1）	局部属性	节点的度和其相邻节点的度之和
节点度+邻居节点度+次邻节点度（ND2）	局部属性	节点、邻居节点和次邻节点的度之和
互信息（I）	局部属性	基于网络连接边的连接概率计算节点的信息量
节点紧密度（C_c）	全局属性	节点在复杂网络中的中心程度
特征向量指标（C_e）	全局属性	基于线性方程相关理论通过邻接矩阵最大特征值所对应的特征向量得到节点的重要性指标向量
介数（C_b）	全局属性	节点是所有节点两两之间最短路径上的节点的次数
邻居信息与集聚系数（NDC）	综合属性	综合考虑节点邻居信息和节点在复杂网络中的集聚特征作为节点重要性的评价指标
综合测度指标（CMI）	综合属性	综合考虑节点的度、介数、紧密度、特征向量指标构成新的节点重要性评价指标

本节通过研究七商指标间的关联关系，并利用复杂网络的相关理论，将七商的 32 个指标作为复杂网络节点，构建科技创新人才系统的复杂网络模型。通过对复杂网络局部属性、全局属性和综合属性的研究，利用复杂网络节点的度、介数、特征向量指标及综合测度指标等节点重要性的评价指标分别构建科技创新人才系统复杂网络的节点重要性评价模型。最后，通过综合对比复杂网络节点重要性评价模型所得结果，得到合理、准确的复杂网络节点重要性的排序，即得到各七商指标对科技创新人才系统的重要性排序。

6.4 科技创新人才七商要素复杂网络抗毁性研究

在一个复杂网络中，有多种随机因素会导致网络部件的失效，这些因素包括故意攻击、操作不当或者部件老化等。那么如何能够更全面地评估这些因素造成的影响？是否存在最优的复杂网络攻击策略？只有在充分考虑各种攻击策略和引起故障的原因的情况下，才能深刻认识复杂网络抗毁性，进而通过可能的措施提高复杂网络抗毁性。

对于科技创新人才系统复杂网络抗毁性研究而言，个体的七商水平不尽相同，个体七商指标的缺失或不足也会对个体的整个七商系统产生影响，进而影响个体的科技创新水平。七商指标的缺失会导致科技创新人才系统复杂网络产生怎样的变化，针对这些变化应该采取哪些对策以促进科技创新人才的成长，这是本节研究的重点问题。

6.4.1 复杂网络攻击策略

一般的复杂网络攻击对象主要有两种，一种是针对复杂网络节点的攻击，另一种是针对复杂网络节点的连接边进行攻击。科技创新人才系统复杂网络模型中的每个节点都表示个体七商的某个指标，而实际生活中个体的七商指标的缺失或不足是一种比较常见的情况。所以，本节科技创新人才系统复杂网络模型的抗毁性主要采用节点攻击的方法进行研究。

针对复杂网络节点的抗毁性攻击策略有随机攻击和蓄意攻击两种：随机攻击是在复杂网络拓扑模型中随机攻击某个节点，使该攻击节点从复杂网络拓扑结构中删除；蓄意攻击是一种有针对性的攻击策略，攻击者对复杂网络节点的重要性信息完全了解，并针对节点的重要性依次攻击复杂网络中最重要的节点，使该节点从复杂网络拓扑结构中删除。具体攻击策略如下。

6.4.1.1 随机攻击网络节点

步骤1：在 n 个复杂网络节点中随机抽取一个节点 i，通过攻击该节点使节点 i 失效并从复杂网络的拓扑结构中剔除。

步骤2：计算攻击后的复杂网络的矩阵表示，即计算去除节点 i 后的复杂网络邻接矩阵。

假设攻击前复杂网络的邻接矩阵为

$$A = \begin{bmatrix} a_{11} & a_{12} & \cdots & a_{1n} \\ a_{21} & a_{22} & \cdots & a_{2n} \\ \vdots & \vdots & \ddots & \vdots \\ a_{n1} & a_{n2} & \cdots & a_{nn} \end{bmatrix}_{n \times n}$$

攻击节点 i 后的复杂网络邻接矩阵为

$$A' = \begin{bmatrix} a_{1,1} & \cdots & a_{1,i-1} & a_{1,i+1} & \cdots & a_{1,n} \\ \vdots & \ddots & \vdots & \vdots & \ddots & \vdots \\ a_{i-1,1} & \cdots & a_{i-1,i-1} & a_{i-1,i+1} & \cdots & a_{i-1,n} \\ a_{i+1,1} & \cdots & a_{i+1,i-1} & a_{i+1,i+1} & \cdots & a_{i+1,n} \\ \vdots & \ddots & \vdots & \vdots & \ddots & \vdots \\ a_{n,1} & \cdots & a_{n,i-1} & a_{n,i+1} & \cdots & a_{n,n} \end{bmatrix}_{(n-1) \times (n-1)}$$

步骤3：若复杂网络中节点数不为 0，则令 $A = A'$，返回步骤1。

6.4.1.2 蓄意攻击复杂网络节点

步骤1：确定复杂网络中节点的重要性排序。

已知科技创新人才系统复杂网络中节点重要性的排序向量为 $S = (s_1, s_2, \cdots, s_n)$，其中 n 为复杂网络节点数，s_i 为节点重要性排在第 i 位的节点的序号。

步骤2：依次删除节点 s_i，$i = 1, 2, \cdots, n$，并计算攻击后复杂网络的邻接矩阵，直至复杂网络中节点全部删除。

假设攻击前复杂网络的邻接矩阵为

$$A = \begin{bmatrix} a_{11} & a_{12} & \cdots & a_{1n} \\ a_{21} & a_{22} & \cdots & a_{2n} \\ \vdots & \vdots & \ddots & \vdots \\ a_{n1} & a_{n2} & \cdots & a_{nn} \end{bmatrix}_{n \times n}$$

攻击节点 s_i 后的复杂网络邻接矩阵为

$$A' = \begin{bmatrix} a_{1,1} & \cdots & a_{1,s_i-1} & a_{1,s_i+1} & \cdots & a_{1,n} \\ \vdots & \ddots & \vdots & \vdots & \ddots & \vdots \\ a_{s_i-1,1} & \cdots & a_{s_i-1,s_i-1} & a_{s_i-1,s_i+1} & \cdots & a_{s_i-1,n} \\ a_{s_i+1,1} & \cdots & a_{s_i+1,s_i-1} & a_{s_i+1,s_i+1} & \cdots & a_{s_i+1,n} \\ \vdots & \ddots & \vdots & \vdots & \ddots & \vdots \\ a_{n,1} & \cdots & a_{n,s_i-1} & a_{n,s_i+1} & \cdots & a_{n,n} \end{bmatrix}_{(n-1) \times (n-1)}$$

6.4.2 科技创新人才系统复杂网络抗毁性测度指标

常用的复杂网络抗毁性测度指标包括平均最短路径、网络风险效率、最大连通度等，详见6.1.6.2小节。

6.4.2.1 加权平均最短路径

科技创新人才系统复杂网络不同于一般理论意义上的复杂网络，该网络中的节点及节点之间的连接边都有具体的现实含义，以常用的复杂网络抗毁性测度指标为基础，结合科技创新人才系统，提出加权平均最短路径的测度指标，具体含义如下。

科技创新人才系统复杂网络中节点 i 与节点 j 相连表示七商指标 i 与七商指标 j 间存在直接关联关系。由于不同指标之间的关联关系有强弱之分，单独使用平均最短路径长度并不能体现复杂网络中关联关系产生的变化。所以，在求节点之间最短路径长度的过程中，将连接路径的距离替换

为距离与路径权值的乘积，即

$$d_{ij} = 1 \cdot w_{ij} = \frac{1}{r_{ij}} \tag{6-46}$$

式中，r_{ij} 为指标 i 与指标 j 之间的关联系数。

利用加权后的节点间距离计算复杂网络加权平均最短路径的值，通过该指标值的变化情况研究复杂网络的抗毁性。

6.4.2.2 自然连通度

相关文献中提出的作为复杂网络抗毁性研究指标的自然连通度在科技创新人才系统复杂网络中也有着重要的作用。研究表明，节点之间连接的抗毁性来源于节点之间替代途径的冗余性，即当某个节点受到攻击时，节点之间是否可以通过替代节点继续产生相互影响。对于科技创新人才系统复杂网络而言，复杂网络的抗毁性强弱来源于系统中某一指标缺失或存在缺陷时，系统中是否存在其他指标能够替代该指标的一些作用，使其他指标之间的影响关系不产生明显的变化。

自然连通度的定义为

$$\bar{\lambda} = \ln\left(\frac{1}{N}\sum_{i=1}^{N} e^{\lambda_i}\right) \tag{6-47}$$

式中，N 为复杂网络中的节点个数；λ_i 为复杂网络邻接矩阵 $\boldsymbol{A}$ 的特征根。

针对自然连通度这一抗毁性观测指标，复杂网络的抗毁性与其自然连通度成正比。相关文献中表明，自然连通度关于增、减边是线性单调的，因此自然连通度能够反映出复杂网络抗毁性的细微差别。

7 脑认知基本概念与理论

本章从大脑的生理结构出发研究神经系统和科技创新人才关键要素的关系，是为了研究神经系统发育的特点以便有目的地辅助人们培养七商等有关科技创新的关键要素。科技创新人才做出科技创新的过程归根结底可分为认识世界和改造世界两大部分。本章从大脑的基本认知模型的角度描述科技创新人才在科技创新活动中如何认识世界，在认知过程中七商要素如何起作用。其中，脑认知模型可以分为三类——基于自上向下概念加工的科技创新人才关键要素系统研究、基于自下而上数据加工的科技创新人才关键要素系统研究、基于双向协同的科技创新人才关键要素系统研究。本章采用自上向下概念加工科技创新人才分类方法——贝叶斯方法挖掘不同层次科技创新人才的差别。依据自下而上的层次聚类的仿真方法进行要素分析、关联分析和类别分析，定量地研究不同要素在科技创新人才成长中的作用，并对科技创新人才的关键要素进行量化表示及对科技创新人才的成长模式进行深入研究。然后使用自下而上的数据加工动态时间建模，利用时间序列模型进行典型发展曲线推导。为研究杰出科技创新人才及一般人员的数据双向加工中的七商各个要素的作用，我们对收集的案例数据通过基于谱系聚类的先验决策模型，分析科技创新人才成长所需的关键指标。

7.1 人脑认知现状

步入21世纪，推动人类历史进程极大发展的是人类蛋白质组计划和人类脑计划（human brain project，HBP）。关于脑和心智的研究是当代科学中多学科研究的交叉点和前沿，同时也是当代科学最大的挑战之一。

人脑的复杂性远远超出了我们当前的认识能力，当前及未来很长一段时间内，脑科学研究是政府、科学界、产业界共同关注的前沿热点领域。

许多国家和地区都将脑研究作为重点资助领域。1989年，美国政府率先以立法形式出台了全国性的"脑的十年"（decade of the brain，1990-1999）计划，投入140亿美元。该计划立即得到国际脑研究组织（International Brain Research Organization，IBRO）和许多国家相应学术组织的响应。1991年，欧洲推出了"欧洲脑十年"计划。1996年，日本也制定了为期20年的"脑科学时代"计划[160]，预计每年投资1000亿日元，总投资达到2万亿日元；1998年，韩国制定了为期10年的"21世纪脑技术计划"。

21世纪，多个国家和地区启动实施"脑计划"项目，最受关注的还是美国"通过推动创新型神经技术开展大脑研究计划"（brain research through advancing innovative neurotechnologies，BRAIN）[161]及欧洲联盟（简称欧盟）"人脑工程"（EU human brain project，EU HBP）（图7-1）。

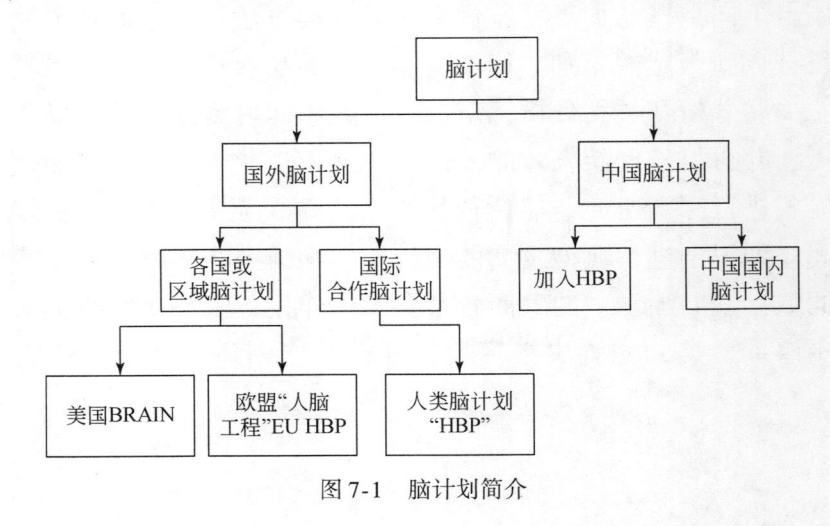

图7-1 脑计划简介

脑计划及其研究背景、研究目标、目前的研究进展或研究特色见表7-1。

7 脑认知基本概念与理论

表7-1 脑计划及其研究背景、研究目标、目前的研究进展或研究特色

脑计划	研究背景及研究目标	目前的进展或研究特色
美国BRAIN	探秘大脑工作机制、绘制大脑回路图、为目前无法治愈的大脑神经系统疾病开发新的治疗方法	2014年6月，美国国立卫生研究院发布《BRAIN计划2025》报告，提出未来将重点研究的七大领域：大脑细胞类型多样性及作用、脑神经回路多尺度绘图、大脑活动动态监测、大脑活动和行为关联、心理活动生物学机制、人类神经科学发展及心理功能机制
欧盟"人脑工程"（EU HBP）	对各种大脑疾病提出防治措施，侧重于信息通信技术的研发，最终构建融合神经计算形态装置与超级计算技术的新型类脑技术	虽然得到了欧盟的巨额资助，但质疑主要有三个方面：第一，缺乏基本的理论支撑；第二，10年之内还难以在计算机上建立完整的人类大脑模型；第三，建立"神经信息学"有明显的困难
HBP	将脑的结构和功能研究结果联系起来，绘制出脑功能、结构和神经网络图谱，达到"认识脑、保护脑和创造脑"的目标	进入第二阶段，目标是使用先进的信息学工具，科学家开展国际大合作，使用通用数据库绘制出健康、疾病状态下脑内功能、结构、神经网络、细胞和分子生物学的"图谱"
中国加入HBP	2001年10月4~5日，中国正式成为参与人类脑计划与神经信息学研究的第20个国家。承担针刺信息、汉语认知、脑功能成像图谱、感知觉的脑功能成像、基因数据库和蛋白质数据库等六项研究[162]	目前，国内已经成立了"神经信息学联络组"，中国人民解放军总医院和浙江大学已分别成立了神经信息中心，推动我国脑科学的发展，参与全球HBP
中国国内脑计划	1992年，国家就将"脑功能机器细胞分子基础"项目列进"攀登计划"；2012年11月，中国科学院实施启动了"脑功能联结图谱与类脑智能研究"战略性先导科技专项；国家重点基础研究发展计划（973计划）项目先后启动了"脑结构与功能的可塑性研究""人类智力的神经基础"等课题	中国脑计划在关注神经元层面之外，更注重在微观和宏观之间建立桥梁，侧重于连接和功能的关系

脑科学计划是21世纪最前沿的科学，谁能更早地掌握更多的脑科学奥秘，谁就能在21世纪掌握更多的科技主动权，从而抢占未来世界科技、

经济发展的制高点。因此各国或区域纷纷制定了脑计划，谋求在 21 世纪发展中占领一席之地。古往今来的科技创新实践都表明，加快科技创新的步伐是提升我国竞争优势、强国富民的前提，走创新型国家发展道路已成为我国的战略选择。

科技创新人才是科技新突破、发展新途径的引领者和开拓者，是经济发展和社会进步的关键。因此，科技创新人才的基本要素分析和培养模式研究可为国家战略性人才储备提供理论依据，为经济社会的发展提供宝贵的战略资源。本书提出科技创新人才七商要素的概念，并从人类的大脑认知过程着手，通过研究得出重大科技创新过程中有哪些七商要素参与，它们如何参与，如何起作用，如何影响一个科技创新人才的科技创新能力，从而对计算机时代科技创新人才的培养和发展做出指导。

7.2 人脑认知的基本模型

结合人生科学发展理念，科技创新人才的要素可以划分为良好的知识修养、健康的体魄、健全的心理和高尚的人格品质四个层次。这四个层次是人的大脑结构的外显表示，而大脑结构作为人类基因表达的一部分很有可能具有巨大的遗传因素，而这些基因表达的遗传物质会多大程度上决定人的什么层次呢？对大量文献和传记的阅读与梳理发现，大脑结构遗传很有可能是衡量人才内在脑力要素的优良性的知识修养层次[163]。因此本书从生理学角度出发对科技创新人才七商进行研究，探究杰出科技创新人才的内在脑力要素的优势所在是否具有明显的遗传因素，同时也可以利用神经系统的发育特点，在实践活动上指导我们通过有针对性的学习、训练改造大脑，培养相应的要素，推动科技创新人才七商合一的优化。为此首先要了解科技创新人才认识世界、获取信息的基本过程——认知。

认知是人获得知识、应用知识或信息加工（information processing）的过程，是人最基本的心理过程。它包括感觉、知觉、记忆、思维和语言等[164]。人类接受外界输入的信息，并将这些信息经过神经系统的加工处理，转化成内在的心理活动，进而支配人的行为，这个信息加工的过程，就是通常所说的认知过程。

神经元（neuron）是神经系统的基本组成单位和功能单位，神经元之间相互联系构成了复杂的神经网络或神经回路，人的所有行为和心理活动都是构架在神经回路之上的。神经回路是脑内信息处理的基本单元。神经系统包括周围神经系统和中枢神经系统。大脑是进化历史上最后出现的组织，是各种心理活动最重要的物质载体。

智力是具有复杂结构的各种心理品质的总和，能够体现人脑高级功能所表征出来的多种能力，是人在学习及解决问题的过程中所体现出来的各种能力。例如，加德纳的多元智力理论。通过对脑损伤病人的研究及对智力特殊群体的分析，加德纳提出了多元智力理论，认为人类的神经系统经过100多万年的演变，已经形成了互不相关的多种能力。多元智力理论的内涵是，智力的内涵是多元的，它由八种相对独立的智力成分构成——言语智力、逻辑-数学智力、空间智力、音乐智力、运动智力、人际智力、自知智力、自然智力。

从七商系统的角度，本书提出七商与加德纳的多元智力理论的定性对比分析。其中，言语智力对应着智商系统中的"语言理解及表达能力"；逻辑-数学智力对应着智商系统中的"逻辑思维能力"；空间智力对应着智商系统中的"注意力、观察力水平"与"想象力水平"；音乐智力没有直接对应七商系统中的某一要素，但经过阅读名人传记发现许多科技创新人才都通过音乐来放松、舒缓心情，都有较高的鉴赏能力，因此，音乐智力间接对应着智商系统中的"注意力、观察力水平"与情商系统中的"情绪控制与调节能力"；运动智力对应着健商系统中的"运动协调能力"；人际智力对应着情商系统中的"情绪认知能力""情绪表达能力""情绪运用能力"，位商系统中的"组织工作水平"；自知智力对应着位商系统中的"处位能力""决策水平"，意商系统中的"个人独立程度""对待事物主动性""自信程度"；自然智力对应着智商系统中的"语言理解及表达能力""想象力水平"。笔者在此进行加德纳的多元智力理论和七商系统要素之间的对比不是要寻找出严丝合缝的包含关系或是严格的一

探究"钱学森之问"——科技创新人才智能分析

对一、一对多的对应关系,而是大致做一个匹配、对比,说明七商系统中的各要素有相应的心理学理论支持,并且这些要素都是基于大脑的神经生理学基础的(图7-2)。

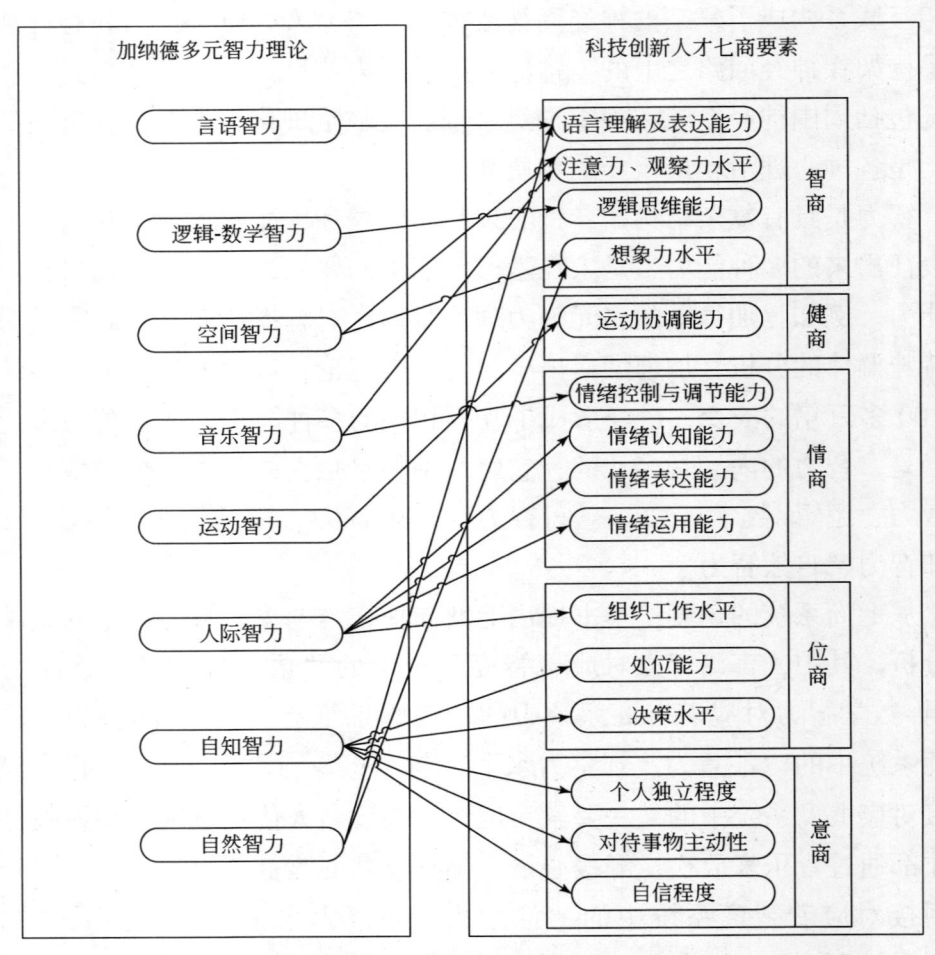

图7-2　多元智力理论与七商系统的支撑关系

正是在大脑的神经生理学基础之上,人类的各种能力得以存在并形成一个相互作用协同发展的完整系统。由于本书研究的是科技创新人才的各种能力,笔者提出了基于七商的科技创新人才发展观,因此在接下来的篇幅中笔者着重将七商及构成七商的要素与其内在的大脑神经生理学基础结合起来进行研究。首先,按照大脑生理结构最基本的组成单位——神经元到宏观层面的神经系统的角度,分别从生理物质基础与七商结合的角度进行研究分析;其次,分析生理物质基础——脑,分别从生理物质基础与七商结合的角度进行研究分析;最后,回到神经细胞,提出善用神经系统的发育和脑的可塑性对个体的七商做有目的地改造。

7.2.1 脑的物质基础——神经元

7.2.1.1 大脑内部构造——神经回路

人脑是世界上最复杂的一种物质,它由100亿个以上的神经细胞和1000亿个以上的神经胶质细胞组成,每个神经细胞又可能与其他神经细胞存在1万个以上的联系,因此形成了复杂的神经网络。

哈佛大学科学家范韦丁恩团队已经研发出一种高科技的核磁共振扫描新技术,来探索人体大脑内部的构造细节。如图7-3所示,这种彩虹般的扫描第一次为人们提供了探究人脑1000亿个细胞到底是怎么工作的机会。

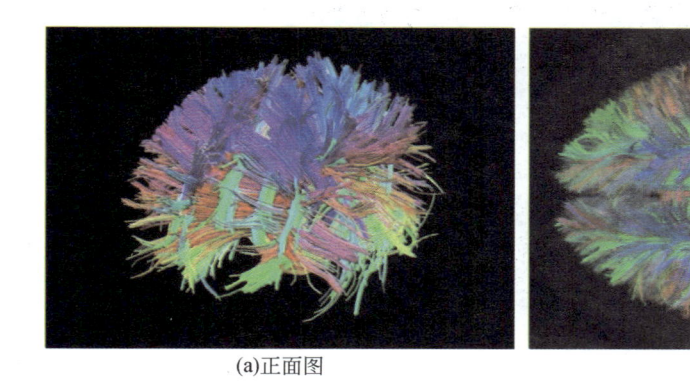

(a)正面图 　　　　　(b)俯视图

图7-3　大脑内部神经纤维束彩色图

通过扫描,科学家将利用这些通道绘出大脑三维地图。长期以来,大脑被认为由一团缠绕的线路组成,但近来研究者发现大脑纤维实际上像国际象棋的棋盘形状,以直角交叉形式出现[165],如图7-4所示。

图 7-4　大脑神经纤维以直角交叉形式出现

7.2.1.2　神经元和神经胶质细胞

神经元就是俗称的神经细胞，是神经系统最基本的结构单位和功能单位，它用于接收和传递信息（图7-5）。

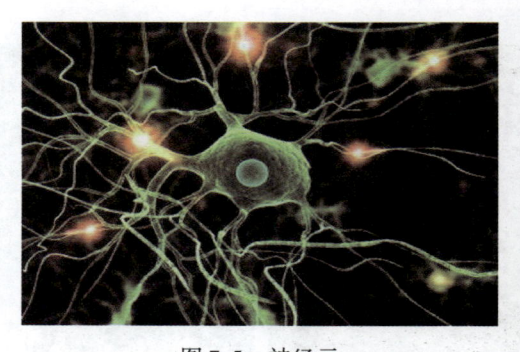

图 7-5　神经元

（1）神经元

如图7-6所示，神经细胞具有细长的突起，由细胞体、树突、轴突三部分组成。人脑神经元的数量大概为100亿个。神经元与神经元之间存在着大量神经胶质细胞，总数超过1000亿个，是神经元数量的10倍。

7 脑认知基本概念与理论

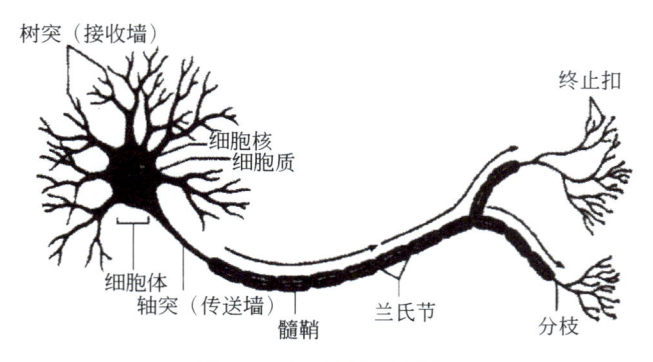

图 7-6 神经元基本结构

（2）神经冲动

神经元之间通过接收和传递神经冲动实现信息的传递。神经冲动有神经元细胞内的电传导和神经元细胞间的化学传导两种方式（图 7-7 和图 7-8）。

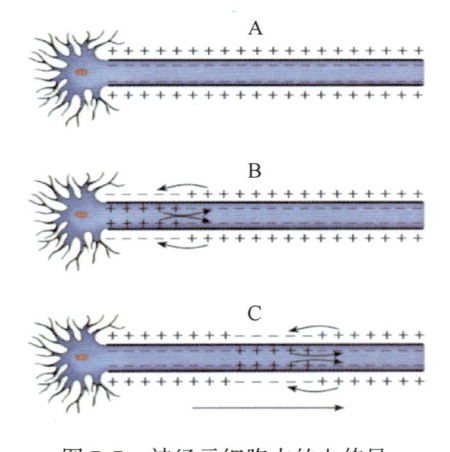

图 7-7 神经元细胞内的电传导

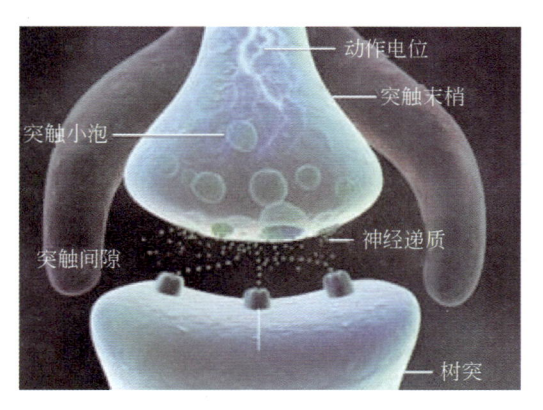

图 7-8 神经元细胞间的化学传导

（3）神经冲动的化学传导

神经系统的机能依赖于神经元之间的相互联系。如图 7-9 所示，神经元之间通过突触彼此接触。神经冲动通过神经递质完成在突触间的传递。突触传递以化学物质为媒介，分为兴奋性突触与抑制性突触，是脑内神经元信号传递的主要方式。

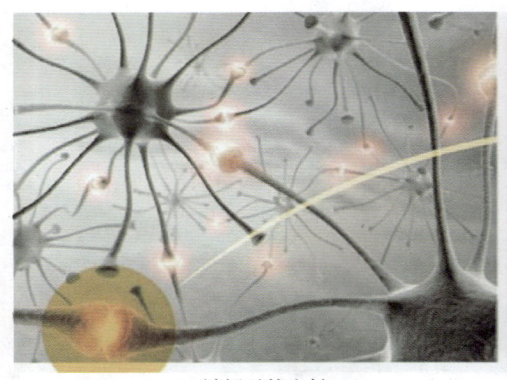

探究"钱学森之问"——科技创新人才智能分析

(a)神经元的突触　　　　　　　　　(b)神经元的突触的放大图

图 7-9　神经元的突触

7.2.2　神经生理基础对七商的影响

神经元与神经元通过突触建立的联系，构成了极端复杂的信息传递与加工的神经回路。单个神经元只有在极少数的情况下才单独地执行某种功能，神经回路才是脑内信息处理的基本单位。

7.2.2.1　大脑中枢——智商的六项先天形成要素

神经系统和智商有直接关系，科学家已经发现影响智力因素的大脑结构（图7-10，橘黄色区域）。但是智力水平高低取决于两个半球共同组成的神经网络，而不是独立的区域。

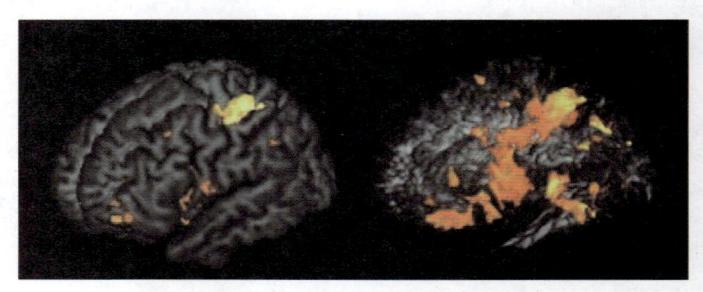

图 7-10　影响智力因素的大脑结构

7　脑认知基本概念与理论

智力的物质中枢是人脑中枢，研究发现，从出生到 3 岁左右，大脑皮层单位体积内的突触数目（突触密度）迅速增加，直到达到顶峰，约为成人的 150%。脑的质量达 900 克。此阶段中智力的脑中枢生理基础已经发育成熟，并能够充分地体现出智力活动的各项认知功能，尤其是智力的六项先天形成要素——注意力、观察力水平，记忆力水平，应变能力，想象力水平，语言理解及表达能力，逻辑思维能力，人脑各个中枢示意图如图 7-11 所示。这六项先天形成要素都是建立在感觉知觉的基础之上的，在感觉知觉基础之上，神经元形成的神经系统进行复杂的信息传递和信息加工，才有了人类的智商系统中的各项认知功能，而其余的七商中的任何要素也都是建立在最底层的神经元信息传递之上的。脑中枢影响智商六项先天形成要素如图 7-12 所示。

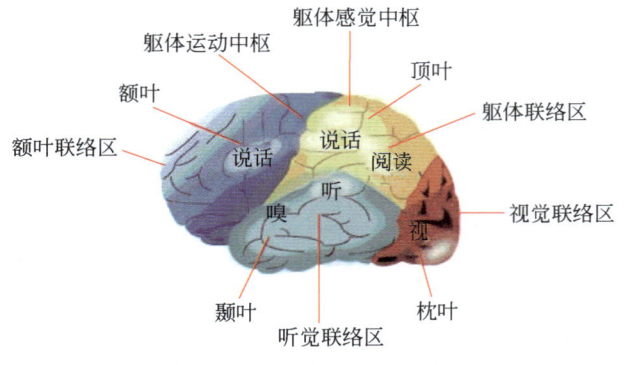

图 7-11　人脑各个中枢示意图

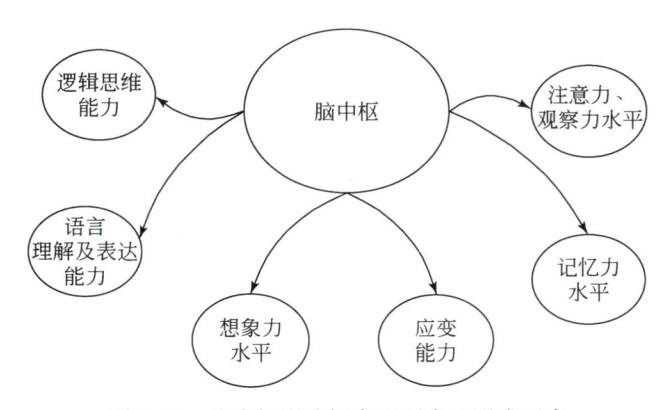

图 7-12　脑中枢影响智商六项先天形成要素

7.2.2.2 神经系统——健商、智商、情商的生理基础

神经系统由数十亿个高度特化的神经元组成，正是神经元构成了脑和分布于全身的神经纤维。从结构和功能的角度，神经系统分为两个主要部分：中枢神经系统（central nervous system，CNS）和周围神经系统（peripheral nervous system，PNS）。CNS 由脑和脊髓内的全部神经元组成；PNS 由脊神经、脑神经、植物性神经组成（图 7-13）。CNS 的工作在于整合和协调全身的功能，加工全部传入的神经信息，向身体不同部分发出命令。

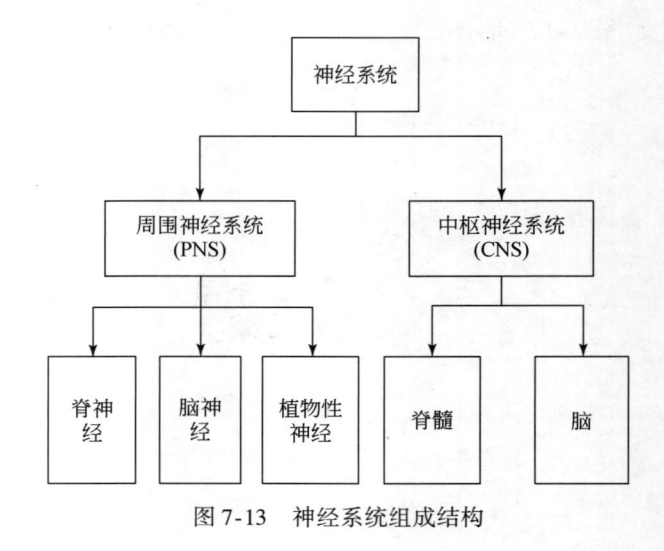

图 7-13 神经系统组成结构

（1）周围神经系统

周围神经系统可分为三个部分，脊神经、脑神经和植物性神经（图 7-14）。

1）脊神经作为健商的生理基础。脊神经发自脊髓，共 31 对，由脊髓前根和后根的神经纤维混合组成，有四种不同的机能成分，分别是一般躯体感觉纤维、一般内脏感觉纤维、一般躯体运动纤维、一般内脏运动纤维（图 7-15）。它们都与健商系统中的身体素质、运动协调能力密切相关。

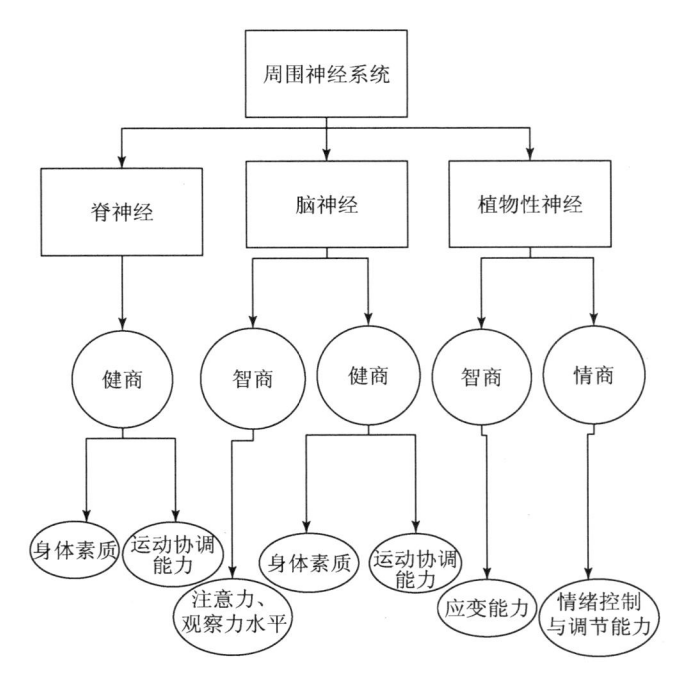

图 7-14　周围神经系统作为七商的生理基础

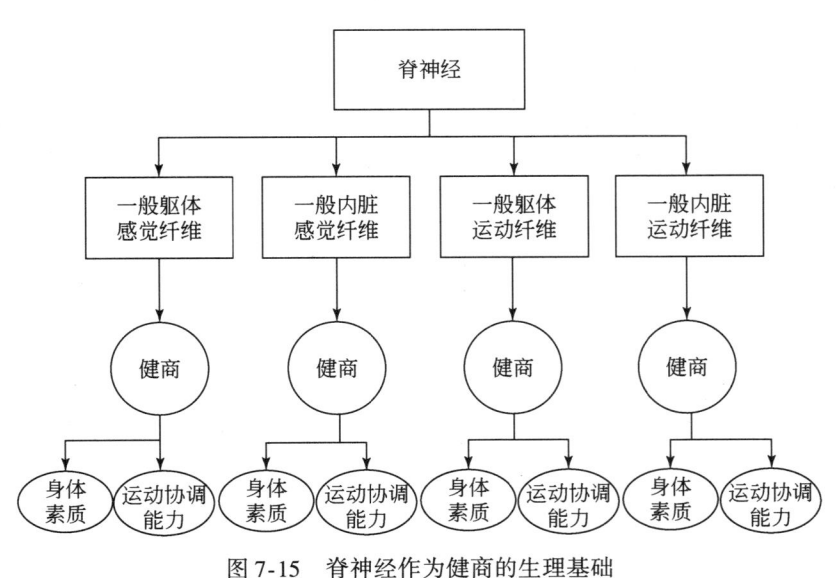

图 7-15　脊神经作为健商的生理基础

2）脑神经作为健商、智商的生理基础。脑神经由脑部发出，共 12 对，可分为三类：感觉神经、运动神经和混合神经、脑神经主要涉及人的

探究"钱学森之问"——科技创新人才智能分析

感觉与运动，分别与智商系统中的注意力、观察力水平，健商系统中的身体素质、运动协调能力相关（图7-16）。

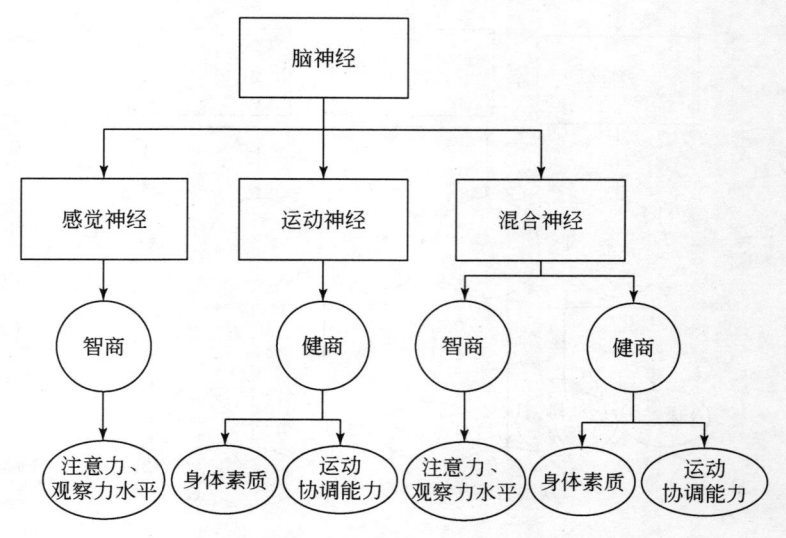

图7-16 脑神经作为健商、智商的生理基础

3）植物性神经作为智商、情商的生理基础。植物神经系统（vegetative nervous system，VNS）掌握着性命攸关的生理功能，主要控制"应激"及"应急"反应，与智商系统中的应变能力这一要素密切相关，也与情商系统中的情绪控制与调节能力密切相关（图7-17）。

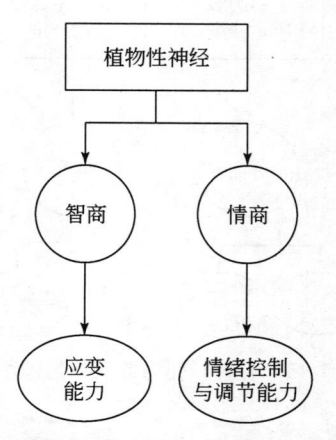

图7-17 植物性神经作为智商、情商的生理基础

（2）中枢神经系统

中枢神经系统包括脊髓和脑。脊髓是中枢神经系统的低级部位，连接脑和周围神经。作用于躯体和四肢的刺激经过脊髓才能传导至脑，由大脑做更高级的分析；而由脑发出的指令，也要通过脊髓才能支配效应器官的活动。

7.2.3 科技创新人才七商要素的生理基础——脑的各组成部分

脑是中枢神经系统的主要部分，包括脑干、间脑、小脑、边缘系统、大脑五部分，其中分布着很多由神经细胞集中而成的神经核或神经中枢，并有大量上、下行的神经纤维束通过并连接脑和脊髓，在形态上和机能上把中枢神经各部分联系为一个整体。

7.2.3.1 脑干——健商的生理基础

（1）脑干的神经生理结构

脑干由延脑、脑桥、中脑、网状系统四部分组成（图7-18）。

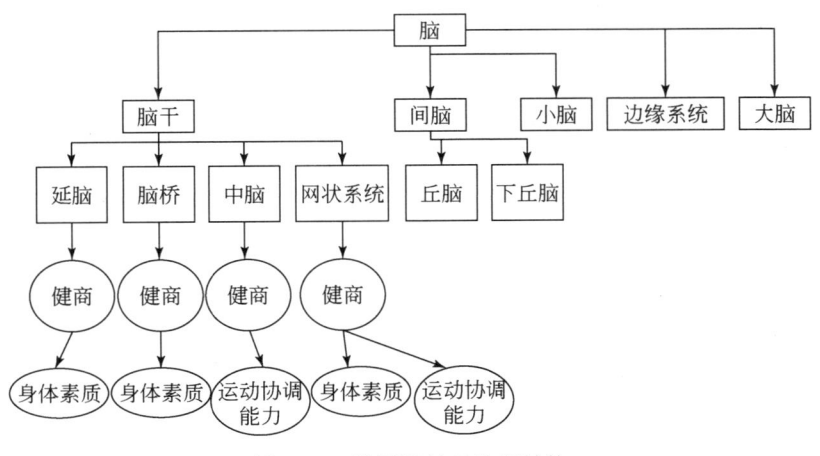

图 7-18 脑干的神经生理结构

延脑位于脊髓上方，背侧覆盖小脑，呈狭长结构，全长约4厘米。脑桥位于延脑和中脑之间,是中枢神经和周围神经传递信息不可或缺的重要组成部分。中脑位于丘脑底部,处于小脑和脑桥之间,体型较小,结构简单。

(2) 脑干与七商指标之间的关联

延脑被称为"生命中枢",和机体的基本生命活动密切相关,控制着机体的呼吸、吞咽、肠胃、排泄等活动。所以,延脑与健商系统中的身体素质密切相关,直接决定了身体素质。

脑桥对机体的睡眠具有调节作用,所以间接决定了健商系统中的身体素质。

中脑中有视觉反射中枢和听觉反射中枢,还负责支配眼球、面部肌肉的活动,还负责调节身体姿势和随意运动。所以,中脑与健商系统中的运动协调能力密切相关。

网状系统可加强或减弱肌肉活动的状态,因此与健商系统中的身体素质、运动协调能力有关。

7.2.3.2 间脑——智商、健商、情商的生理基础

(1) 间脑神经生理结构

间脑由丘脑和下丘脑两部分组成。在脑干上方、大脑两半球的下部,有两个鸡蛋形的神经核团,叫丘脑。它的正下方有一个更小的组织,叫下丘脑。

丘脑是个中继站。丘脑后部有内、外侧膝状体,分别接收听神经与视神经传入的信息。

下丘脑是调节交感神经和副交感神经的主要皮下中枢,对维持体内平衡、控制内分泌腺的活动有重要意义。

(2) 间脑与七商指标之间的关联

丘脑是信息传递交流的中转站,所以与感觉密切相关,也就是与智商系统中的注意力、观察力水平有关;也控制着睡眠和觉醒,所以与健商系统中的身体素质也直接相关。

下丘脑前部对体温的增高很敏感，它可以发动散热机制，使汗腺分泌、血管舒张。相反，下丘脑后部对体温降低很敏感，有保温、生热机制，使血管收缩、汗腺停止分泌。所以下丘脑与健商系统中的身体素质也直接相关。下丘脑在情绪产生中也有重要作用。用微弱电流刺激下丘脑的某些部位，可产生快感；而刺激相邻的另一区域，将产生痛苦和不愉快的情绪。下丘脑与情商系统中的情绪认知能力有关（图7-19）。

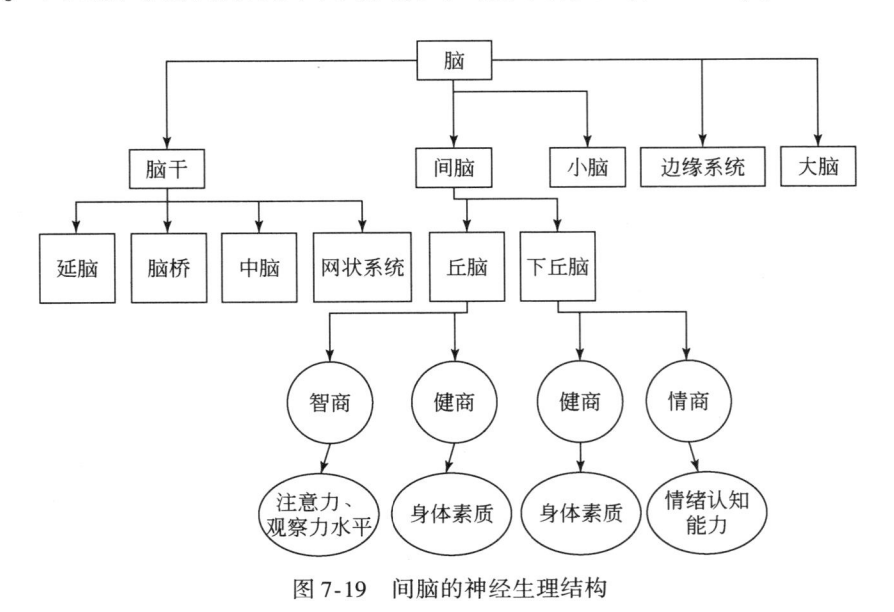

图 7-19　间脑的神经生理结构

7.2.3.3　小脑——健商、智商的生理基础

（1）小脑神经生理结构

小脑在脑干背面，分左右两半球。小脑与延脑、脑桥、中脑均有复杂的纤维联系。它的作用主要是协助大脑维持身体的平衡与协调动作。小脑在某些高级认知功能（如感觉分辨）中有重要作用，小脑功能缺陷还可能导致口吃、阅读困难等。

（2）小脑与七商指标之间的关联

小脑协助大脑维持身体的平衡与协调动作，与健商系统中的运动协调能力相关。小脑在某些高级认知功能中起到的作用也证明小脑与语言理解及表达能力、逻辑思维能力有关。小脑和边缘系统的神经生理结构如图 7-20 所示。

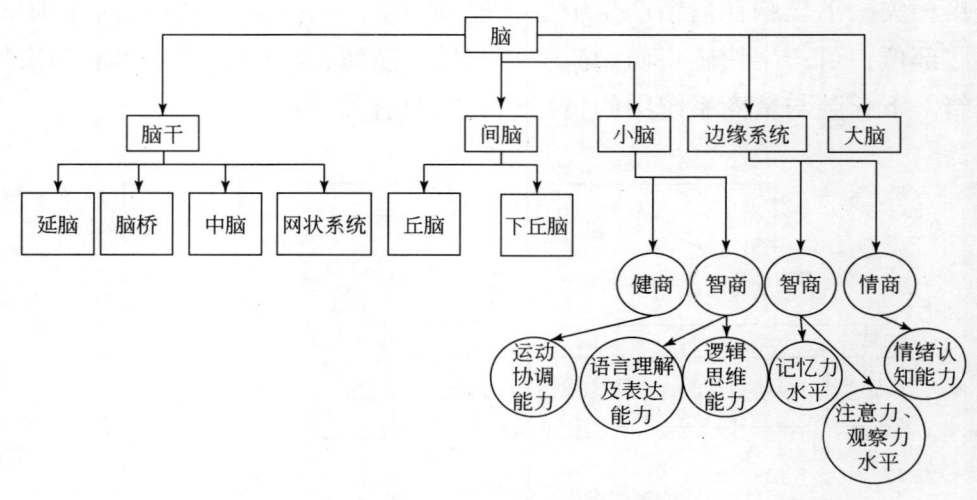

图 7-20 小脑和边缘系统的神经生理结构

7.2.3.4 边缘系统——智商、情商的生理基础

（1）边缘系统神经生理结构

在大脑内侧面最深处的边缘有一些结构，它们组成一个统一的功能系统，叫边缘系统。这些结构包括扣带回、海马回、海马沟、附近的大脑皮层（如额叶眶部、岛叶、颖根、海马及齿状回），以及丘脑、丘脑下部、中脑内侧被盖等。边缘系统与动物的本能活动、环境适应有关，脑边缘系统如图 7-21 所示。

（2）边缘系统与七商指标之间的关联

海马对记忆有着至关重要的作用，所以海马与智商系统中的记忆力水平密不可分；边缘系统中的杏仁体与情绪有着极为紧密的关联，主要是与情商系统中的情绪认知能力这一要素相关；扣带回与注意力有密切相关作用，体现在七商系统中就是智商系统的注意力、观察力水平。

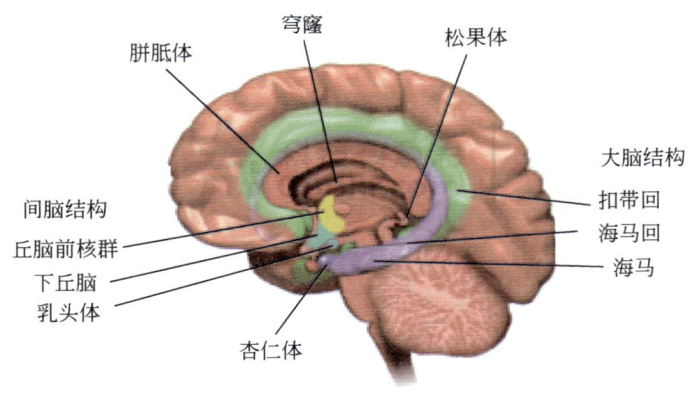

图 7-21 脑边缘系统

7.2.3.5 大脑

(1) 大脑的神经生理物质基础

大脑是各种心理活动的主要中枢，表面布满深浅不同的沟或裂。沟裂间隆起的部分称为脑回。大脑的表面是大脑皮层，由大量神经细胞、神经纤维网、神经胶质细胞和毛细血管覆盖着，总面积约为 2200 平方厘米。大脑半球内面由大量神经纤维的髓质组成，叫白质。它负责大脑回间、叶间、两半球间及皮层与皮下组织间的联系。其中特别重要的是胼胝体，它是一种横行联络纤维，位于大脑半球底部，对两半球的协同活动有重要的作用。

(2) 大脑的结构组成

大脑的结构组成如图 7-22 所示，人类的大脑超过脑的任何其他部分，占据总重量的 2/3，用来调节脑的高级认知功能和情绪功能。大脑的外表皮由数十亿细胞组成，形成 1/10 英寸①厚度的薄层组织，称为"大脑皮层"。如图 7-22 所示，大脑分成左右对称的两半，称为"大脑两半球"，由一较厚的横行神经纤维联系起来，这些纤维卷在一起称为胼胝体，它在

---

① 1 英寸 = 0.0254 米。

探究"钱学森之问"——科技创新人才智能分析

两半球之间发送和传递信息。

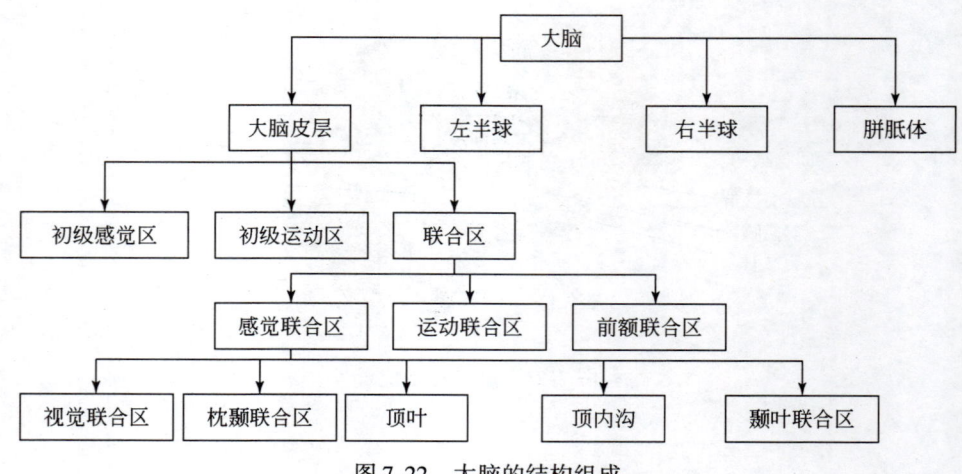

图 7-22 大脑的结构组成

1) 大脑皮层。大脑皮层是大脑半球表面的一层灰质(神经细胞的细胞体集中部分),其结构如图 7-23 所示。人的大脑皮层最为发达,是思维的器官,主导机体内一切活动过程,并调节机体与周围环境的平衡,所以大脑皮层是高级神经活动的物质基础。

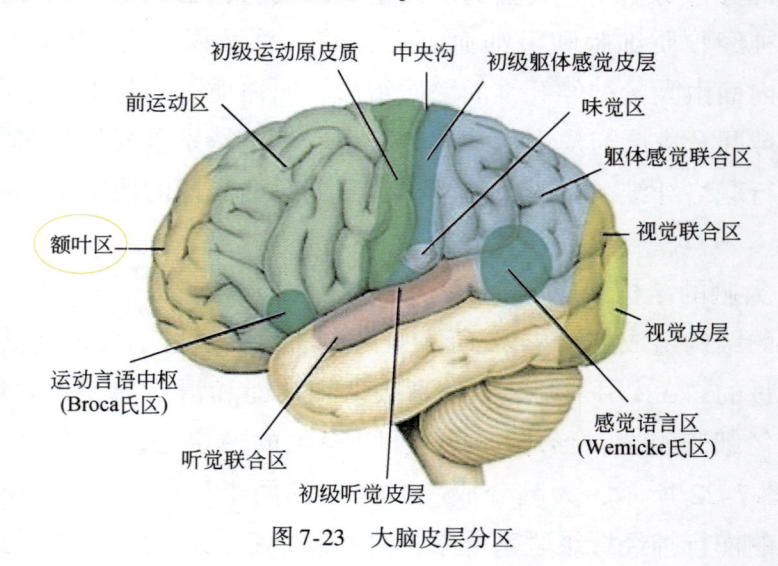

图 7-23 大脑皮层分区

大脑皮层分为初级感觉区、初级运动区、联合区。其中,初级感觉区与初级运动区都在感觉知觉的过程中起到信息传递的作用。联合区与七商及指标有更为直接的作用。

2）联合区——智商、健商、位商、意商的生理基础。人类的大脑皮层除上述有明显不同功能的区域外，还有范围很广、具有整合或联合功能的一些脑区，称联合区。依据联合区在皮层上的分布和功能，可分成感觉联合区、运动联合区和前额联合区，如图7-24所示。

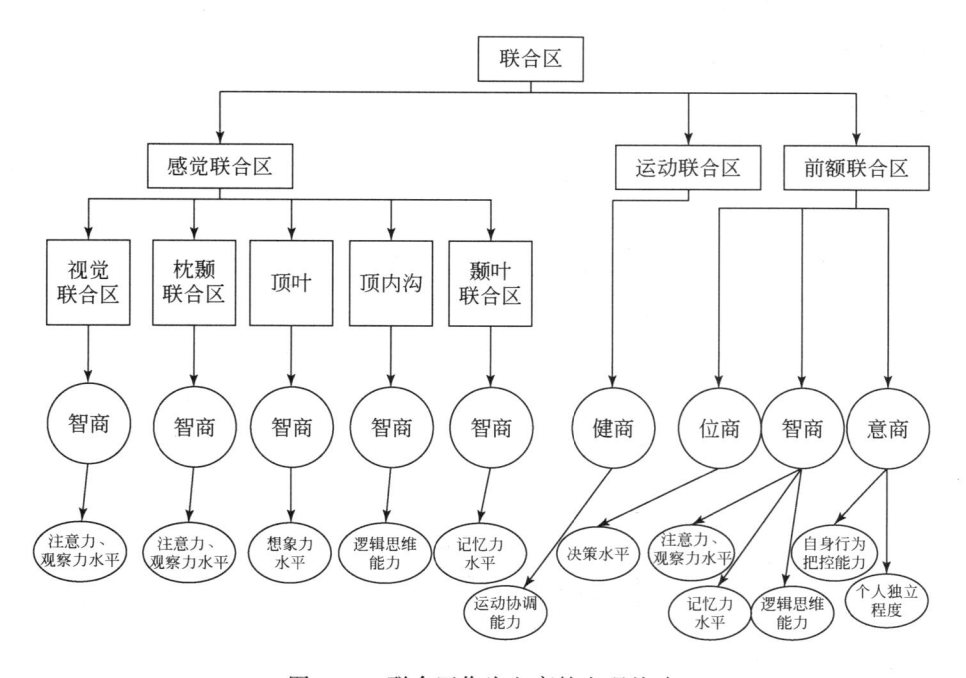

图7-24 联合区作为七商的生理基础

3）联合区与智商、健商、位商、意商。视觉联合区、枕颞联合区与视觉的感受有关，也就是与智商系统中的注意力、观察力水平有关；顶叶与空间想象力有关，也就是与智商系统中的想象力水平有关；顶内沟与智商系统中的逻辑思维能力有关；颞叶联合区与长时记忆有关，也就是与智商系统中的记忆力水平有关；运动联合区与健商系统中的运动协调能力有关；前额联合区与智商系统中的注意力、观察力水平，记忆力水平，逻辑思维能力，位商系统中的决策水平，意商系统中的自身行为把控能力、个人独立程度有关。

· 157 ·

4）大脑左右两半球的单侧化优势——智商、情商的生理基础。初看起来，脑的两半球非常相似，但实际上，两半球在结构和功能上都有明显的差异。从结构上看，人的右半球比左半球要略大一些、略重一些，但左半球灰质多于右半球。

从功能上说，在正常情况下，大脑两半球是协同活动的。进入大脑任何一侧的信息会迅速经过胼胝体传达到另一侧，做出统一的反应。近30年来，由于割裂脑的研究，提供了在切断胼胝体的情况下，分别对大脑两半球的功能进行研究的重要资料[166]。大脑左右半球与七商的关系如图7-25所示。

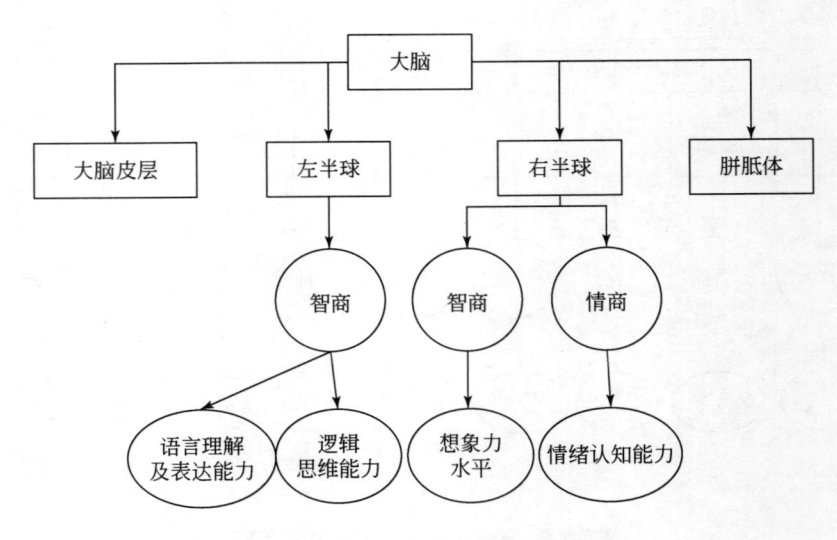

图7-25 大脑左右半球与七商的关系

一系列的割裂脑研究说明，两半球可能具有不同的功能。语言功能主要定位在左半球，该半球主要负责语言、阅读、书写、数学运算和逻辑、推理等。而知觉物体的空间关系、情绪、欣赏音乐和艺术等则定位于右半球，如图7-26所示。也就是，左半球与智商中的语言理解及表达能力、逻辑思维能力密切相关，而右半球与智商中的想象力水平，情商中的情绪认知能力关联性更大。

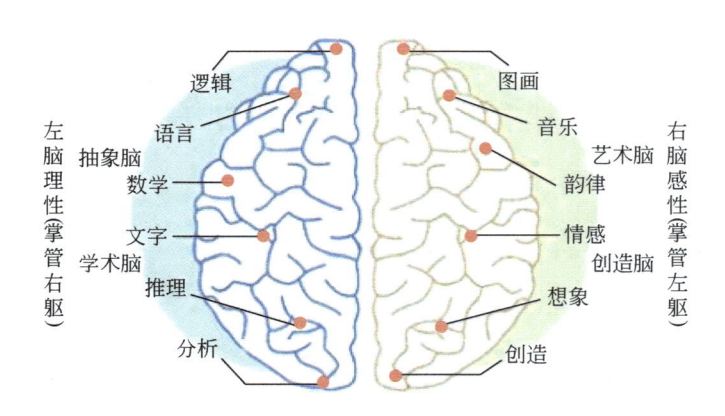

图 7-26 大脑两半球功能的单侧优势

尽管存在着大脑功能的单侧化优势，但正常人在完成几乎所有的任务时，都需要两半球的参与，大脑的许多部位都是协同起作用的。可见思维是大脑皮质的整体性活动，大脑皮质某一部位的损伤都会对解决问题的思维过程产生明显的障碍。

7.2.4 善用神经系统发育和脑的可塑性对个体的七商做有目的地改造

7.2.4.1 神经系统发育过程中的特点

神经系统最显著的一个特点是神经细胞连接的高度准确性。已有的研究发现，在发育过程中，神经元的轴突向它的靶位方向生长，并以高度精确的方式选择正确的靶位。

在神经系统的发育中另一个有趣的发现是细胞突触的消除。在人类的生长发育中，会发生突触精简现象，这就是成年人轴突密度低于婴幼儿轴突密度的原因。

身体发育和经验可以引起神经系统的改变，学习训练也可以引起神经细胞和脑的可塑性变化，这种改变可以发生在神经系统的多种水平上，包括分子、突触、皮层、神经网络水平等。知觉学习、动作学习、语言学习

探究"钱学森之问"——科技创新人才智能分析

等,都能引起大脑功能结构的改变。学习训练会刺激并引起脑神经细胞联系增多(图 7-27),并引起神经系统可塑性变化,如图 7-28 所示。因此,可以通过有目的的学习训练改变神经系统从而增强自己各方面的能力[167]。

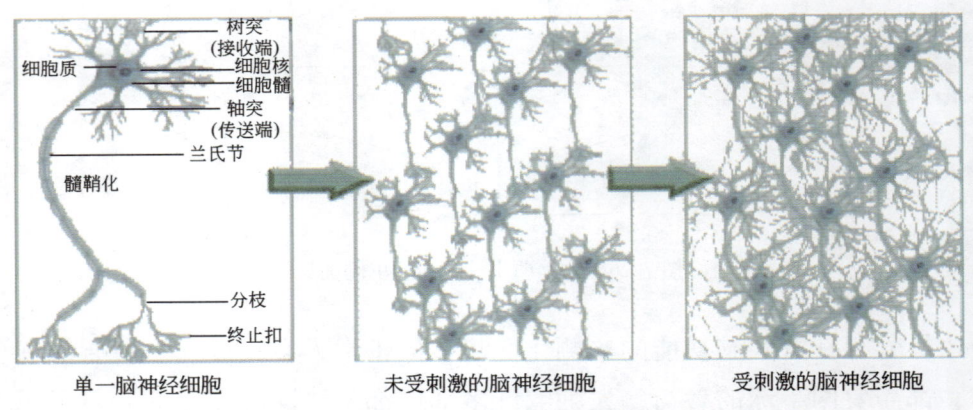

图 7-27 刺激引起脑神经细胞联系增多

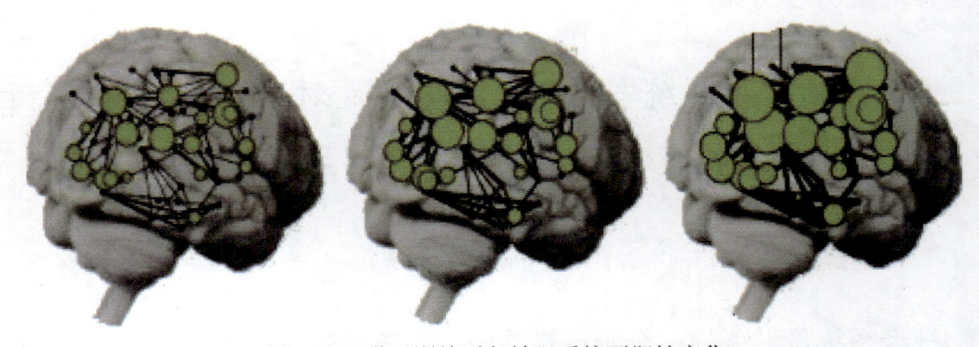

图 7-28 学习训练引起神经系统可塑性变化

7.2.4.2 善用神经系统的发育特点提升个体的七商

瑞士一项最新研究称,经常使用智能手机会在大脑处理触觉的部分留下强烈"印记"。智能手机使用越频繁,大脑体感皮层的活动越强烈,而这种频繁触摸的动作最终可能会重塑大脑指挥手指工作的方式,如图 7-29 所示。

· 160 ·

7　脑认知基本概念与理论

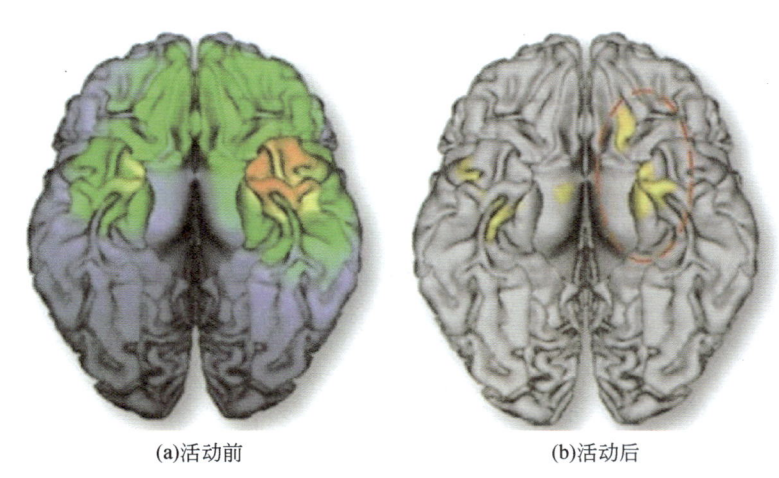

(a)活动前　　　　　　　　(b)活动后

图 7-29　智能手机用户处理手指触摸动作大脑区域的活动增强区域

这项研究结果表明，在某些方面与科技创新人才有一定差距的普通人通过后天的学习和有针对性的训练，大脑特定脑区将会发生可塑性的变化，神经系统突触密度增大，联系增强，大脑的生理结构将发生巨大的变化，对应的能力将会被培养出来，人的思维及认知水平也将得到提升，在感觉知觉能力、思维能力等方面有极大的提升，即智商系统中的注意力、观察力水平，记忆力水平，应变能力，想象力水平，语言理解及表达能力，逻辑思维能力，知商系统中的知识获取能力、知识存储量、知识表示与应用能力将有明显提升和改变，而智商和知商系统各项指标的重塑必然会带来认知水平的极大提升，由此，情商系统、德商系统、意商系统、位商系统都将在新的层次上被定位，从而更接近科技创新人才。

7.3　大脑的基本认知模型

在了解了神经系统作为人类进行思维、活动的物质基础及物质基础如何与我们选出的科技创新人才的量化指标——七商相关之后，本书接下来要从认知的角度阐述科技创新人才如何通过神经系统这个物质生理基础认识世界、进行科技创新的。

7.3.1 神经回路在知觉的四个过程中的作用

人通过感官得到了外部世界的信息，这些信息经过头脑的加工（综合与解释），产生了对事物整体的认识，并了解了它的意义，这就是知觉（perception）。换句话说，知觉是客观事物直接作用于感官而在头脑中产生的对事物整体的认识。知觉是在感觉的基础上发生的，并且总是和客体意义相联系。知觉按照一定方式来整合个别的感觉信息，形成一定的结构，并根据个体的经验来解释由感觉提供的信息。

知觉作为一种活动、过程，包含了相互联系的几种作用：觉察、分辨、匹配和确认。这四个过程都与科技创新人才的七商有直接联系。神经回路是脑内信息处理的基本单位，接下来以最简单的神经回路——反射弧（由感受器、传入神经、神经系统的中枢部分、传出神经和效应器五个基本部分组成）为例，试述知觉的四个过程。觉察是指当外界的刺激信号作用于主体的感受器，刺激信号强度超过主体的感觉阈限时，感受器官产生兴奋；分辨是指兴奋以神经冲动的方式通过传入神经传向中枢后，中枢对兴奋进行加工；匹配是指中枢系统将传入的兴奋与大脑中原有的模板、原型、特征进行匹配，以便最后能够识别传入的兴奋；确认是指人们利用已有的知识经验和当前获得的信息，确定知觉的对象是什么，给它命名，并把它纳入一定的范畴。这就是知觉的整个过程，兴奋被中枢识别后，主体将对外界刺激做出反应，此时作为回应的兴奋又会沿着传出神经到达效应器，并支配效应器的活动。

7.3.2 模式识别的关键因素及迭代过程

模式是指刺激的组合，指若干元素或者成分按照一定关系形成的某种刺激结构，如一个图形、一个字母、一段音乐。"模式识别"是指知觉出该模式是什么，并能将其与其他模式区分。模式识别是人的基本认知能力。在模式识别过程中，感觉信息首先与长时记忆中的信息进行比较，再

7 脑认知基本概念与理论

进行匹配,这是决定创新成功的重要因素。在对杰出科技创新人才进行研究的过程之中发现,由知商中的知识存储量这一指标决定的个体的知识框架会极大地影响模式识别,知识框架就相当于是一个模型库,模型库中的模型越多,模式识别的成功率就越高,呈正相关。此外,是否具有独立的思考能力和能进行多少次模式识别的迭代都对模式识别至关重要。模式识别的迭代过程如图 7-30 所示。因为知识框架可以在客观程度上决定能够进行多少次、多大程度上相关、多大程度上趋向于真理的匹配,独立思考则会直接影响匹配的正确程度,而从时间维度上讲,个体的知识框架和思考能力随着学习成长在不断地变大、变强,因此,突破性的认识过程和模式识别的迭代匹配有着直接的关系。杰出科技创新人才做出的发现、创造、成就也并非是一朝一夕完成的,而是在漫长岁月的学习积淀中通过不断思考、假设、求证、格物致知才形成的。

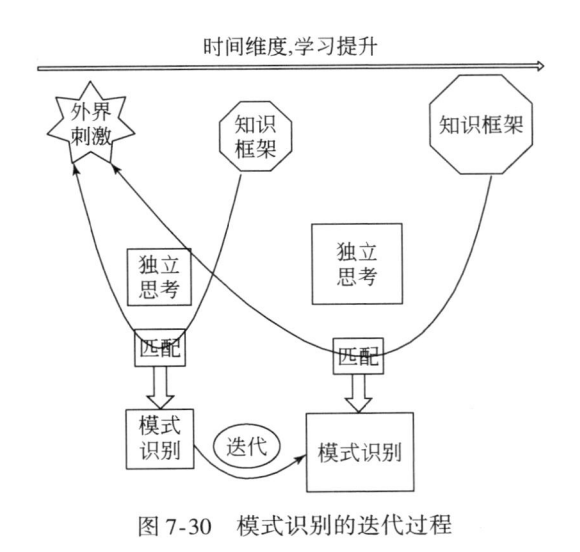

图 7-30 模式识别的迭代过程

7.3.3 模式识别的实现原理

关于匹配过程是如何实现的,如图 7-31 所示,有四种模式识别理论。

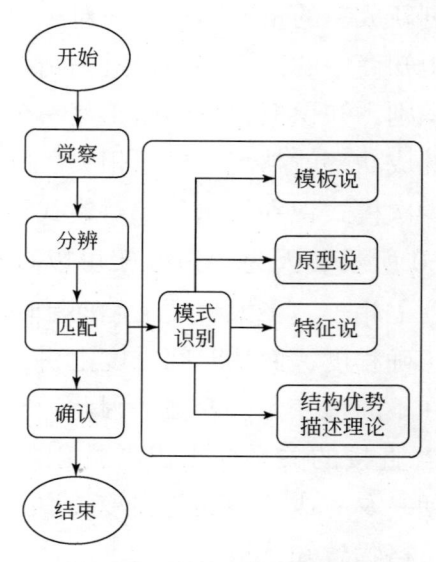

探究"钱学森之问"——科技创新人才智能分析

图 7-31 认知过程与模式识别

四种模式识别理论的对比见表 7-2。

表 7-2 四种模式识别理论

模式识别理论	长时记忆中存储的框架	与外部刺激的对应关系	匹配程度
模板说	在生活中形成的外部模式的袖珍副本，即模板	一一对应	一系列连续阶段的信息加工过程，将刺激与已存储的模板进行精确匹配，确定最佳匹配
原型说	原型，一个类别或者范畴的所有个体的概括表征	一对多	外部刺激只需要和原型进行比较，不需要严格匹配，只需近似匹配
特征说	各种刺激特征	多对多 抽取刺激的特征进行分析，然后加以合并，再与长时记忆中的各种刺激特征进行比较	近似匹配
结构优势描述理论	与刺激所处的环境信息密不可分，整体结构在模式识别过程中可以起到有利的作用	需和环境上下文结合	和环境结合做近似匹配

· 164 ·

在人类的知觉过程的匹配阶段中，模式识别的完成是四种模式识别理论共同作用的结果。

7.4　科技创新人才的七商在人脑知觉四个过程中的作用

知觉的四个过程——觉察、分辨、匹配、识别，会决定一个人的认知水平，认知水平越高，从外界获取的知识将会越多而且接近真理的程度越高，虽然外部世界是一种客观的物理存在，但对每一个人来说从外部世界接收到并用来匹配的信息却是并不相同的，即同样的外部世界每个人得到的外部刺激却并不相同。这有两方面的原因，第一取决于注意力、观察力水平，不可否认，有些人的注意力、观察力水平要强于别人，因为每个人的感觉阈限是不一样的；第二则是由于知识框架的不同，我们不自主地从外部世界提取、识别刺激的时候得到的刺激并不相同。

觉察过程和智商系统的注意力、观察力水平，想象力水平，知商系统的知识存储量、知识获取能力直接相关。分辨过程发生在中枢系统处理外部刺激时。分辨时人的思维在运行，与智商系统的逻辑思维能力、应变能力及知商系统的知识表示与应用能力密切相关。匹配过程将在9.2.1节中的模式识别部分重点讲解，它是归纳思维和演绎思维综合的一个过程，是决定人的认知水平的重要组成部分，和智商系统中的逻辑思维能力、应变能力及知商系统中的知识表示与应用能力密切相关；识别过程是对外部刺激最后的处理步骤，是一个确认的过程，和智商系统的记忆力水平、逻辑思维能力，知商系统的知识存储量直接相关。

通过阅读杰出科技创新人才的传记发现，杰出的科学家在一生中是不断进行觉察、分辨、匹配、识别四个过程的，随着时间的变迁，同一个问题的处理会有这四个过程的迭代，最终得到的处理结果将无限趋近于真理，在这一过程中情商系统、位商系统、意商系统、德商系统、健商系统等影响人的终身发展的商都将产生巨大的作用。

因此，科技创新人才之所以成才，能够有新的发现、发明、创造，首

探究"钱学森之问"——科技创新人才智能分析

先是因为这些人才在认知过程中体现的智商、知商具有极高的水平,也就是具有了能发现问题、解决问题的生理物质基础。知觉过程与七商的关系如图 7-32 所示。

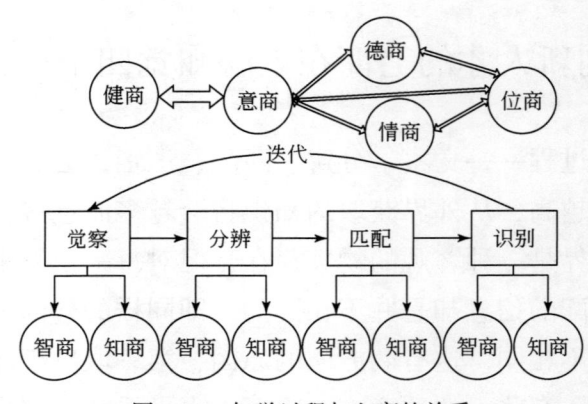

图 7-32 知觉过程与七商的关系

8 脑认知模型下基于机器学习的科技创新人才成长模式

在认知的过程中,个体根据已有知识经验对客观事物进行解释,并利用各种表达方式加以概括、推广,进而用以解决新的问题。一般认知和解决问题的过程有两种可能的方向,即"自下而上的加工"和"自上而下的加工"。在更为复杂的问题中,两种方向同时进行,即"双向驱动的加工",甚至反复、迭代地进行。

一般来说,在人的知觉活动中,非感觉信息越多,所需的感觉信息就越少,"自上而下的加工"占优势;相反,非感觉信息越少,就需要越多的感觉信息,"自下而上的加工"占优势。

8.1 概念加工模型下基于贝叶斯分类器的科技创新人才分类

8.1.1 自上而下的概念加工模型

8.1.1.1 概念加工的含义

知觉依赖于感知的主体,即具体的、活生生的人,而不是孤立的各种感觉器官。知觉者对事物的需要、兴趣和爱好,或对活动的预先准备状态和期待，他的一般知识经验，都在一定程度上影响到知觉的过程和结果。换句话说就是概念加工的过程受人的储存知识、背景文化、思维能力等所带来的主观性的影响。最典型的例子当属中国古典诗词中的意象。意象指的是客观事物经过创作主体独特的感情活动而创造出来的一种艺术形象，它是和创作者的主观情绪、知识经验密切联系在一起的。例如，丁香。学习过中国诗歌的人都知道丁香这个意象代表着愁怨。若你没有这样的知识储备，你就无法理解"丁香一样地结着愁怨的姑娘"这句诗。

8.1.1.2 概念加工的基本过程在科技创新中的作用

人的知觉系统同时将由外部输入的信息和在头脑中已经存储的信息进行加工的过程，称为"自上而下的加工"或概念加工。概念加工适用于较复杂的场景，并非是简单的物理刺激，通常是多种简单物理刺激的组合，一件较复杂、包含多项内容的事件，面对如此多的信息，人自身的需要、兴趣、爱好、期待等个性化信息会人为地使整件事物中的各部分刺激拥有不同的权重，所以同样的事件我们每个人觉察到的刺激是不一样的。

因此，新事物出现时概念加工使每个人接收到的刺激并不相同，再加上模式匹配阶段知识框架的不同，使人们对同样的事物有着迥然不同的认识和体验。而这种每个人都不相同的认识并没有绝对的正确和错误。生活中的大多数事物其实都会用到概念加工，概念加工使人们拥有多种多样地看待事物和世界的角度与方式，也就是说，概念加工会更多地与主体的人生观、价值观、世界观相关。

概念加工的基本过程如图 8-1 所示。

8.1.1.3 科技创新人才七商要素在概念加工过程中的作用

在概念加工过程中，觉察外部刺激和人的智商系统中的注意力、观察

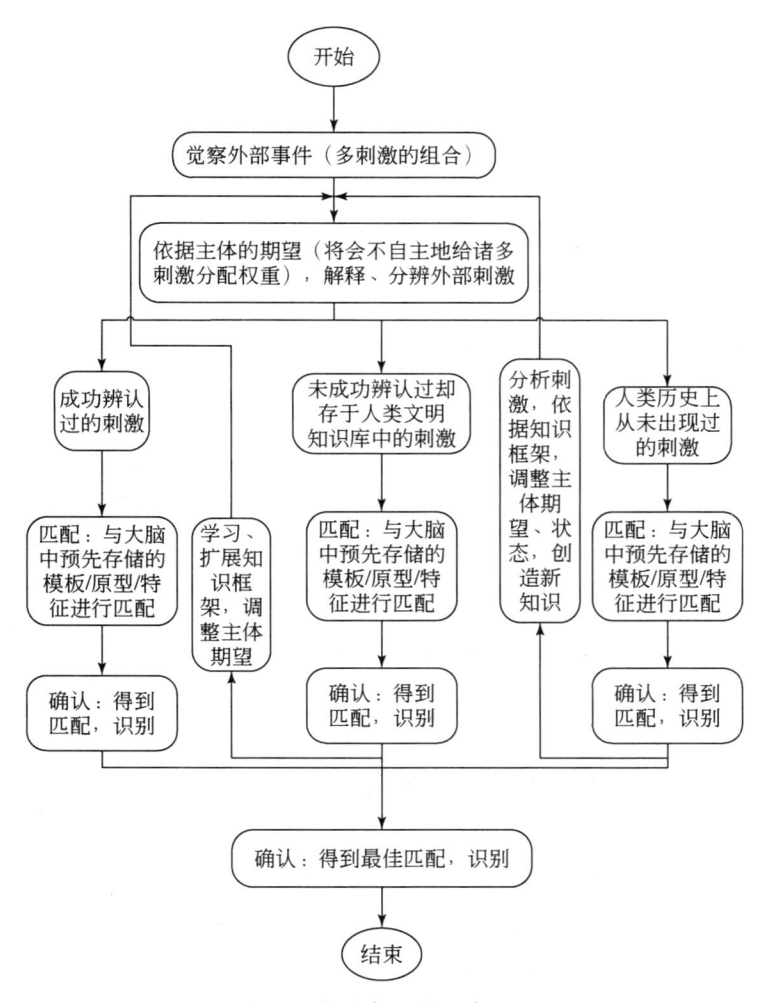

8 脑认知模型下基于机器学习的科技创新人才成长模式

图 8-1 概念加工的基本过程

力水平和想象力水平以及知商系统中的知识存储量要素直接相关；而依据主体的期望解释、分辨外部刺激则与智商系统中的逻辑思维能力、应变能力两要素，以及知商系统中的知识表示与应用能力要素紧密关联；匹配过程，与智商系统中的逻辑思维能力、应变能力两要素，以及知商系统中的知识表示与应用能力均相关。此外，人的识别能力也是随着学习过程不断增强的，主要与智商系统中的记忆力水平、逻辑思维能力两要素及知商系统中的知识存储量要素有关，如图 8-2 所示。

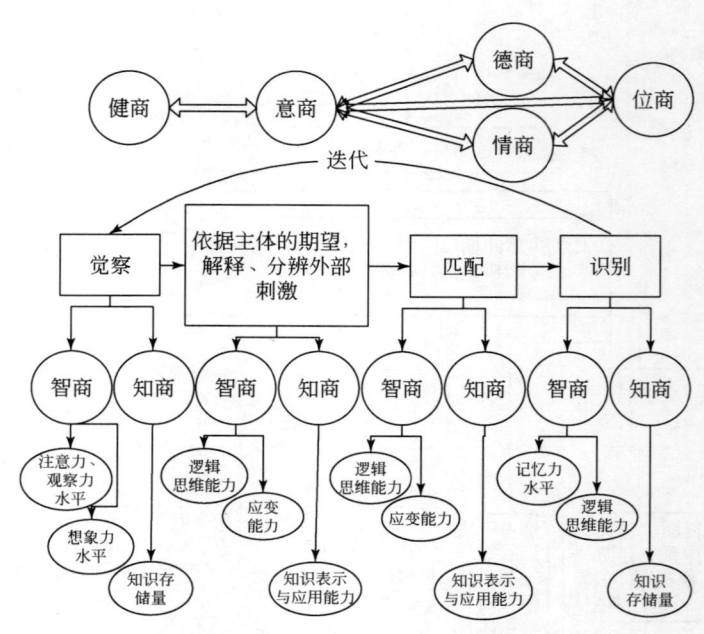

图 8-2 七商要素在概念加工过程中的作用

8.1.2 基于贝叶斯分类器的科技创新人才分类

概念加工是我们认识世界过程中的一种方式。在现实世界中，我们常常依据一些包含典型数据的样本进行分析，发现在人才成长的道路中，他们常常受到一些由储存知识、思维能力、处位能力等所带来的主观性的影响，这些主观性影响都是一些先决条件。另外，在不同的条件和环境下成长，他们得以发展为不同的人才。所以先验知识和条件，对于我们判别人才类别显得尤为重要。而贝叶斯分类器使用先验概率、条件概率来求出后验概率，它利用已知的模板，使我们很容易得到人才的分类结果。所以本书提到的贝叶斯分类器是一种利用概念加工认知方式的人才分类方法。

这一节中，我们对已有类别的样本进行分类，对于未知类别的样本，利用人才鉴别工具便可给出其类别。这一节用到的贝叶斯分类器，便是一种人才鉴别工具，利用计算机的算法来仿真概念加工的过程，可以为我们提供一种便捷的人才分类工具。

8　脑认知模型下基于机器学习的科技创新人才成长模式

8.1.2.1　贝叶斯分类器基本原理

（1）数学基础

1）条件概率。

定义：设 A,B 是两个事件，且 $P(A)>0$，称 $P(B|A)=\dfrac{P(AB)}{P(A)}$ 为在条件 A 下事件 B 发生的条件概率。

2）乘法公式。

设 $P(A)>0$，则有 $P(AB)=P(B|A)P(A)$。

3）全概率公式和贝叶斯公式。

定义：设 S 为实验 E 的样本空间，$B_1,B_2,\cdots,B_n$ 为 E 的一组事件，若 $B_iB_j=\Phi$，$i\neq j$，$i、j=1,2,\cdots,n$；$B_1\cup B_2\cdots\cup B_n=S$ 则称 $B_1,B_2,\cdots,B_n$ 为样本空间的一个划分。

定理：设实验 E 的样本空间为 Ω，A 为 E 的事件 $B_1,B_2,\cdots,B_n$ 的一个划分，且 $P(B_i)>0$（$i=1,2,\cdots,n$），$P(A)=P(A|B_1)P(B_1)+P(A|B_2)P(B_2)+\cdots+P(A|B_n)P(B_n)$ 则称为全概率公式。

定理：设实验 E 的样本空间为 S，A 为 E 的事件 $B_1,B_2,\cdots,B_n$ 的一个划分，则 $P(A|B_i)=\dfrac{P(A|B_i)P(B_i)}{\sum\limits_{j=1}^{n}P(B|A_j)P(A_j)}=\dfrac{P(B|A_i)P(A_i)}{P(B)}$ 称为贝叶斯公式。

（2）贝叶斯分类器原理

根据已知各类别在整个样本空间中出现的先验概率，以及某个类别空间中特征向量 X 出现的类条件概率密度，计算后验概率，也就是说，计算在特征向量 X 出现的条件下，样本属于各类的概率。最后把样本分类到后验概率大的一类中。

（3）贝叶斯分类器的具体工作步骤

1）学习过程。向贝叶斯分类器输入一系列的训练数据，这些数据包括它们所属的类别，针对训练数据计算：①各个特征在各个分类中出现的概率=分类中具有该特征的数据数目/该分类数据数目。②任选一个样本属于某分类的概率（如某分类文章数／文章总数），记该概率为 P（category）。在简单的贝叶斯分类器中，我们假设将要组合的各个概率相互独立。

2）分类计算过程。在向贝叶斯分类器提供大量学习数据后，我们便可用它对新来的样本进行分类。首先对样本进行分析，找出其具有的各种特征，利用这些特征，我们来计算各个分类中出现该样本的概率 P（sample | category）。为了完成这一计算，我们只要简单将该分类下在该文档中出现过的特征出现的条件概率相乘即可，即 π [P（feature | category）] 这里的 feature 是该样本拥有的所有特征。但是，我们实际要计算的是 P（category | sample），即给定样本属于某分类的条件概率。

接下来用到了贝叶斯定理：P（A | B）= P（B | A）P（A）/P（B）。这里就是 P（category | sample）= P（sample | category）P（category）/P（sample），其中，P（sample | category）、P（category）都已经在学习中计算得到，而 P（sample）是样本出现的概率，我们可以计算它，但是这是没有意义的，因为我们会计算出各个分类的条件概率，然后比较它们的大小确定样本所属的分类，而对各个条件概率而言 P（sample）是完全一样的。所以，我们就省去了对它的计算。这样，我们就可以确定一个样本的具体分类了。

8.1.2.2 基于贝叶斯分类器的科技创新人才分类步骤

贝叶斯分类器的分类原理是通过某对象的先验概率，利用贝叶斯公式计算出其后验概率，即该对象属于某一类的概率，选择具有最大后验概率的类作为该对象所属的类。也就是说，贝叶斯分类器是最小错误率意义上的优化。也就是说，贝叶斯分类器利用已知各类别在整个样本空间中出现的先验概率、某个类别空间中某样本出现的条件概率来表示前期概念加工的结果，再利用贝叶斯定理进行未知问题的识别和分类[168]。

8 脑认知模型下基于机器学习的科技创新人才成长模式

如图 8-3 所示,当给定一些未知类别的样本 S 时,利用贝叶斯分类器,得到后验概率,从而判断样本 S 属于的类别是 w_1 还是 w_2。如果 $P(w_2|S) > P(w_1|S)$,则样本 S 的分类结果为 w_2 类;反之,样本的分类结果为 w_1 类。利用贝叶斯分类器进行人才鉴别可以定量说明各商在不同类别人才中所起到的作用。挖掘不同层次的科技创新人才的差别,可为后期科技创新人才发展途径的探索做好准备。

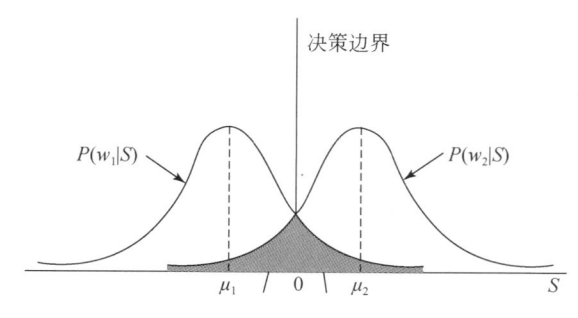

图 8-3 贝叶斯分类器基本模型

(1) 数据划分与处理

收集到的数据中包含正例样本(杰出科技创新人才)和其他样本(高校教师数据、一般科研人员数据、普通高校学生数据和普通人员数据)。将数据划分为四种类别的人才:杰出科技创新人才、一般科技创新人才(高校教师和一般科研人员)、潜在科技创新人才(普通高校学生)及普通人员(个体户和一般工作人员)。如图 8-4 所示。

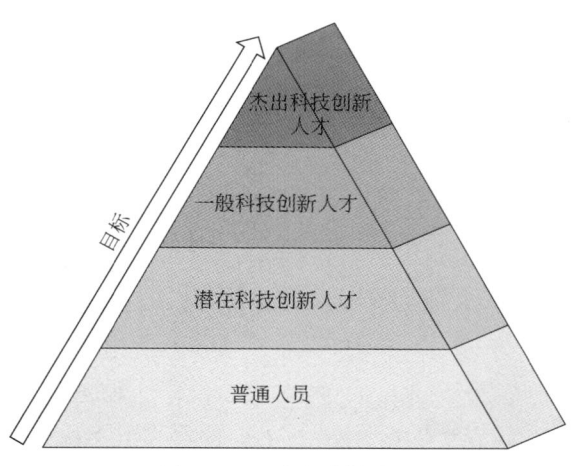

图 8-4 四种人才划分图

探究"钱学森之问"——科技创新人才智能分析

1) 杰出科技创新人才：ω_o（影响世界100人、历年诺贝尔奖获得者及中国两院院士等222例）。

2) 一般科技创新人才：ω_g（高校教师和一般科研人员，145例）。

3) 潜在科技创新人才：ω_p（普通高校学生，450例）。

4) 普通人员：ω_a（主要有个体户和从事低收入工作的一般工作人员，322例）。

(2) 基于贝叶斯分类器的科技创新人才分类步骤

设收集人才的样本集合可以表示为 $S = \{s_1, s_2, \cdots, s_N\}$，其中 N 为人才样本的总数量。

1) 先验概率。公式如下：

$$P(w_i) = \frac{\text{训练集中} w_i \text{类的总数}}{\text{训练集中类别总数}} \quad (i \in \{o, g, p, a\}) \qquad (8-1)$$

2) 条件概率。首先对人才样本进行分析，找出其具有的各种指标（共有32个指标），利用这些指标，计算各个分类中出现该人才样本的概率，即条件概率的计算公式为

$$P(s_j | w_i) = \frac{P(s_j \cdot w_i)}{P(w_i)} \quad (i \in \{o, g, p, a\}; j = 1, 2, \cdots, N) \qquad (8-2)$$

式中，$P(w_i) > 0$。

3) 后验概率。实际上我们需要计算的是 $P(w_i | s_j)$，即给定人才样本属于某类别的条件概率。下面用到了贝叶斯定理 $P(A|B) = \frac{P(B|A) \cdot P(A)}{P(B)}$，在科技创新人才的分类实验中就是

$$P(w_i | s_j) = \frac{P(s_j | w_i) \cdot P(w_i)}{P(s_j)} \quad (i \in \{o, g, p, a\}; j = 1, 2, \cdots, N) \qquad (8-3)$$

式中，$P(s_j | w_i)$、$P(w_i)$ 都已经在学习中计算得到；$P(s_j)$ 为人才样本出现的概率。在贝叶斯分类器的分类实验中，没有必要计算 $P(s_j)$，因为我们会计算出各个分类的条件概率，然后比较它们的大小确定人才样本所属的分类，而对各个条件概率而言 $P(s_j)$ 是完全一样的。所以，可以省去对它的计算。综上所述，通过比较各样本条件概率与先验概率的乘积 $[P(s_j | w_i) \cdot P(w_i)]$ 的大小，便可以确定一个人才样本的具体分类了。

8 脑认知模型下基于机器学习的科技创新人才成长模式

8.1.2.3 基于七商要素的科技创新人才分类

1）将人才样本集合 $S = \{s_1, s_2, \cdots, s_N\}$（其中 N 为人才样本的总数量）按照 3∶1 划分训练集和测试集。

2）根据类别划分不同，进行五次不同的实验仿真，如图 8-5 所示。

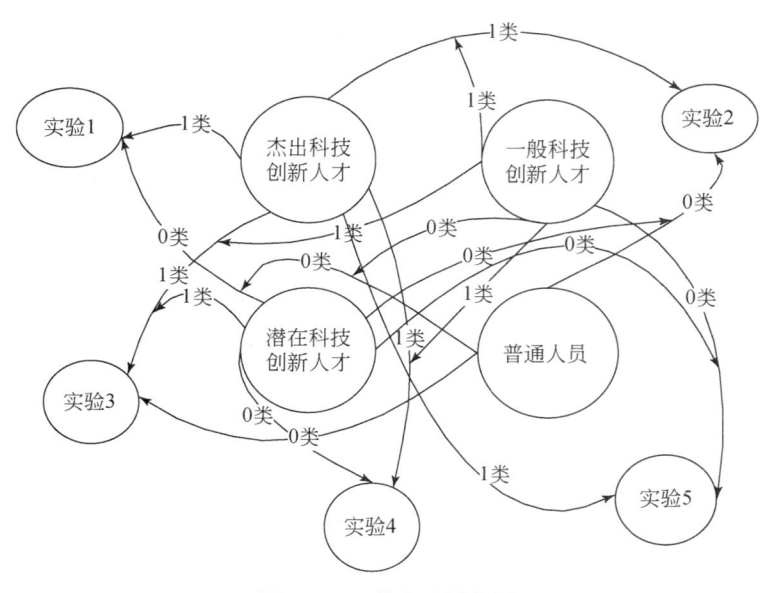

图 8-5 五种实验划分图

实验 1（杰出科技创新人才和其他人员的分类）：杰出科技创新人才为 1 类；一般科技创新人才、潜在科技创新人才、普通人员为 0 类。

实验 2（科技创新人才和非（准）科技创新人才的分类）：杰出科技创新人才、一般科技创新人才为 1 类；潜在科技创新人才、普通人员为 0 类。

实验 3（科技创新人才或准科技创新人才和普通人员分类）：杰出科技创新人才、一般科技创新人才、潜在科技创新人才为 1 类；普通人员为 0 类。

实验 4（杰出、一般科技创新人才和潜在科技创新人才的分类）：杰出科技创新人才、一般科技创新人才为 1 类；潜在科技创新人才为 0 类。

探究"钱学森之问"——科技创新人才智能分析

实验 5（杰出科技创新人才和其他科技创新人才的分类）：杰出科技创新人才为 1 类；一般科技创新人才、潜在科技创新人才为 0 类。

3）实验结果和分析。利用贝叶斯分类器依次用健商、智商、知商、情商、德商、意商及位商对实验 1～实验 5 进行二分类，得出分类的准确率按各商在人才分类中的权重从大到小排序。

利用贝叶斯分类器实现单个商的人才鉴别，见表 8-1。

表 8-1　实验 1～实验 5 二分类实验中各商所占比重

实验	工具	各商比重						
实验 1	贝叶斯分类器	德商	意商	智商	知商	位商	健商	情商
		0.75	0.6964	0.6429	0.6071	0.6071	0.2857	0.1429
实验 2	贝叶斯分类器	德商	位商	意商	智商	知商	情商	健商
		0.6154	0.5495	0.5165	0.4945	0.4835	0.2747	0.2527
实验 3	贝叶斯分类器	健商	位商	情商	德商	意商	智商	知商
		0.7961	0.6068	0.5922	0.5146	0.4806	0.4223	0.3689
实验 4	贝叶斯分类器	德商	位商	意商	情商	知商	智商	健商
		0.6374	0.6154	0.5604	0.5055	0.4945	0.4725	0.4066
实验 5	贝叶斯分类器	德商	意商	位商	智商	知商	健商	情商
		0.8036	0.7321	0.6429	0.625	0.6071	0.3571	0.2679

为了便于分析实验结果，我们将实验 1～实验 5 二分类的结果绘制成条形图的形式，如图 8-6 所示。

从表 8-1 和图 8-6 可以发现以下结论。

实验 1：杰出科技创新人才和其他人员的二分类实验，杰出科技创新人才在德商、意商、智商、知商及位商上优于其他人员。杰出科技创新人才的情商、健商和其他人员没有显著性差异。实验 2：科技创新人才和非（准）科技创新人才的二分类实验，科技创新人才在德商、位商、意商、智商和知商上优于非（准）科技创新人才，而在情商和健商上二者没有明显差别。实验 3：科技创新人才或准科技创新人才和普通人员的二分类实验，科技创新人才或准科技创新人才在健商、位商、情商、德商上优于

· 176 ·

普通人员。而在意商、智商、知商上二者差别不大。普通人员要想成为科技创新人员必须不断学习储备自己的知识库，锻炼自己的逻辑思维能力，要有恒心为自己的目标坚持下去，在发展的过程中要注意个性化培养。实验4：杰出、一般科技创新人才和潜在科技创新人才的二分类实验，杰出、一般科技创新人才在德商、位商和意商上优于潜在科技创新人才，而在情商、知商、智商和健商上没有明显差别。说明潜在科技创新人才需要着重培养德商、位商及意商才有可能走进创新的队伍中，并且在其他商上也不容忽视。实验5：杰出科技创新人才和其他科技创新人才的二分类实验，杰出科技创新人才在德商、意商、位商、智商和知商上优于其他科技创新人才，而在健商和情商上二者没有明显的差别。

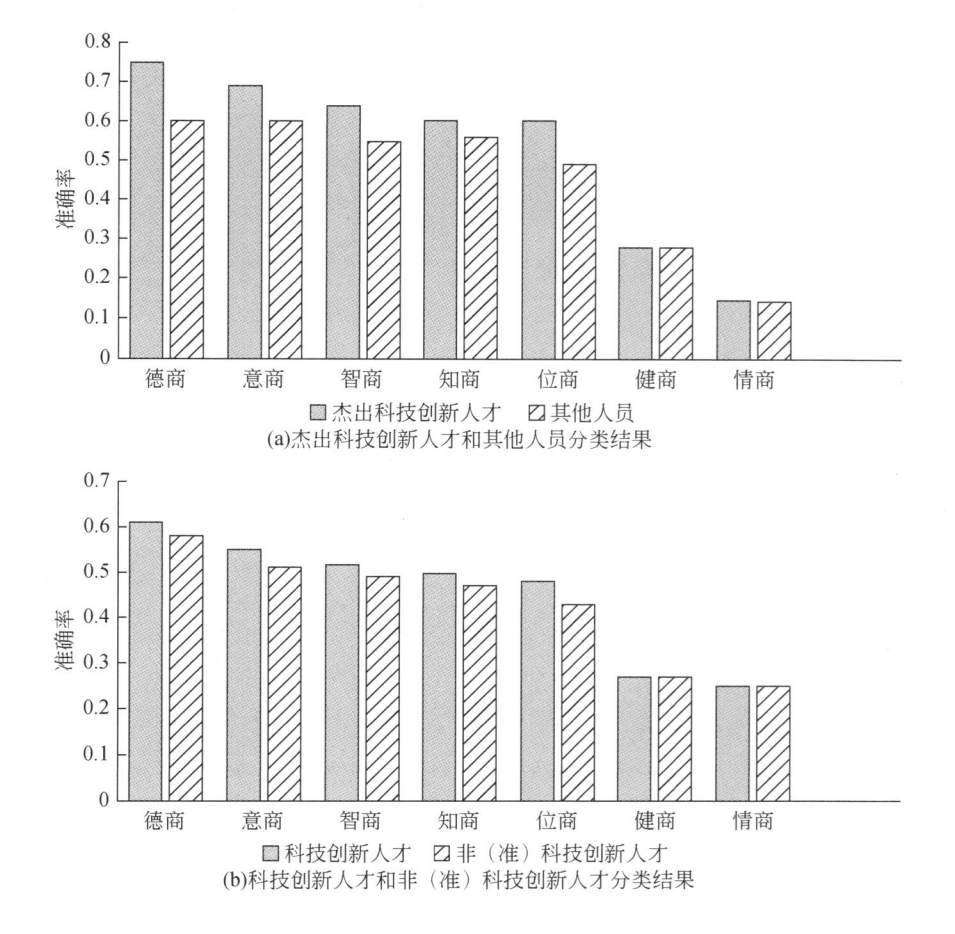

(a) 杰出科技创新人才和其他人员分类结果

(b) 科技创新人才和非（准）科技创新人才分类结果

探究"钱学森之问"——科技创新人才智能分析

(c) 科技创新人才或准科技创新人才和普通人员分类结果

(d) 杰出、一般科技创新人才和潜在科技创新人才分类结果

(e) 杰出科技创新人才和其他科技创新人才分类结果

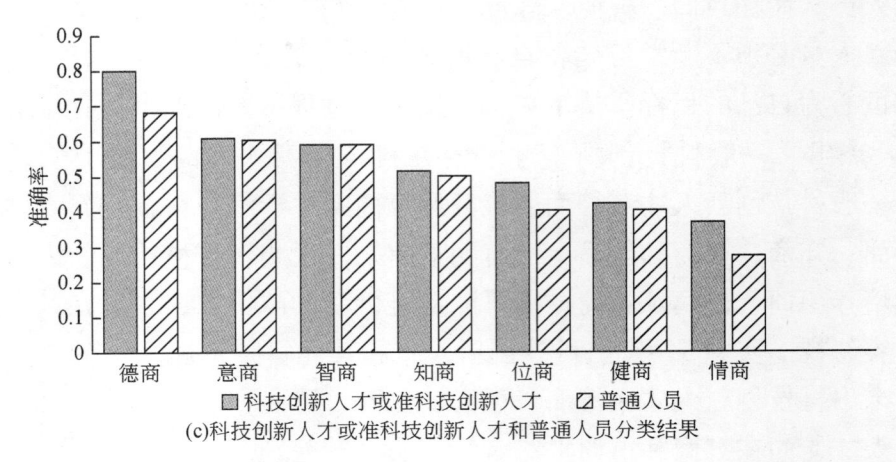

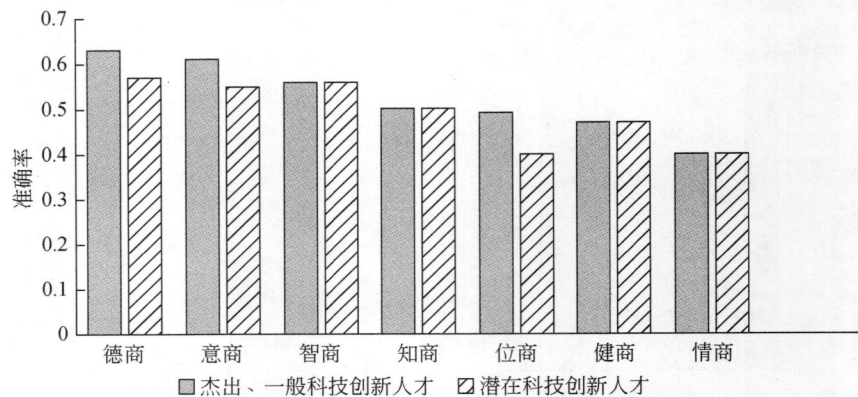

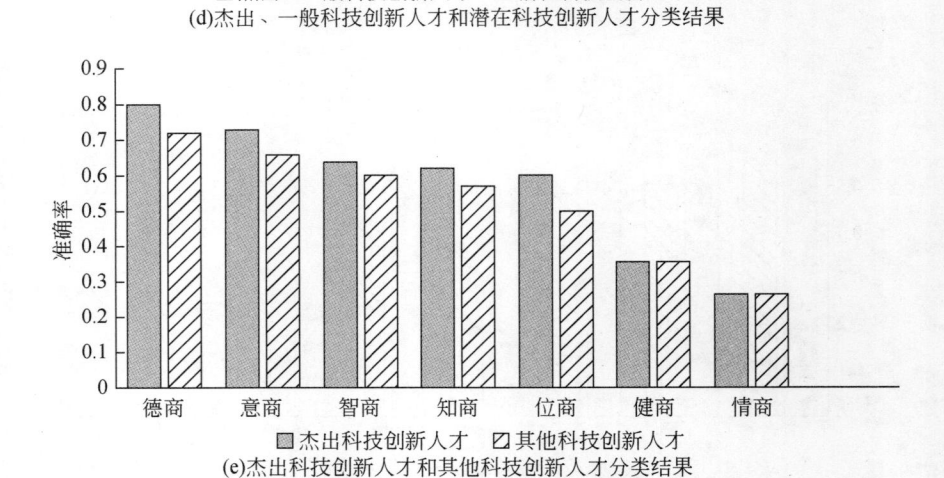

图 8-6　实验 1～实验 5 二分类实验结果

8 脑认知模型下基于机器学习的科技创新人才成长模式

为了更好地分析两两商之间是否存在紧密联系，是否对人才分类和人才发展具有明显的影响，本书依次采用两两商结合的数据样本，针对杰出科技创新人才和一般科技创新人才进行了贝叶斯分类器人才分类实验。

将只包含两种商的数据样本进行贝叶斯分类器人才分类实验，如图8-7所示，实验结果为两两商连线上的值，即分类为杰出科技创新人才的可靠性。杰出科技创新人才和一般科技创新人才两两商之间的实验结果及分析如下所述。

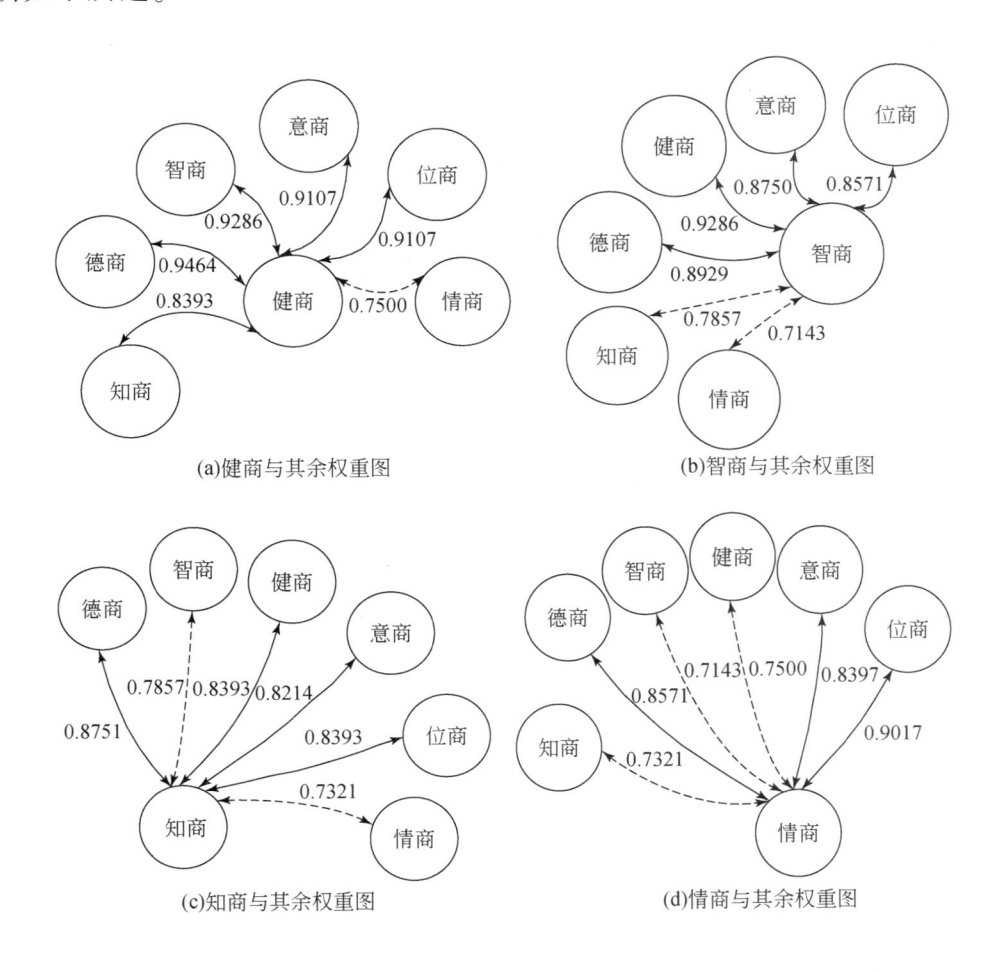

(a)健商与其余权重图

(b)智商与其余权重图

(c)知商与其余权重图

(d)情商与其余权重图

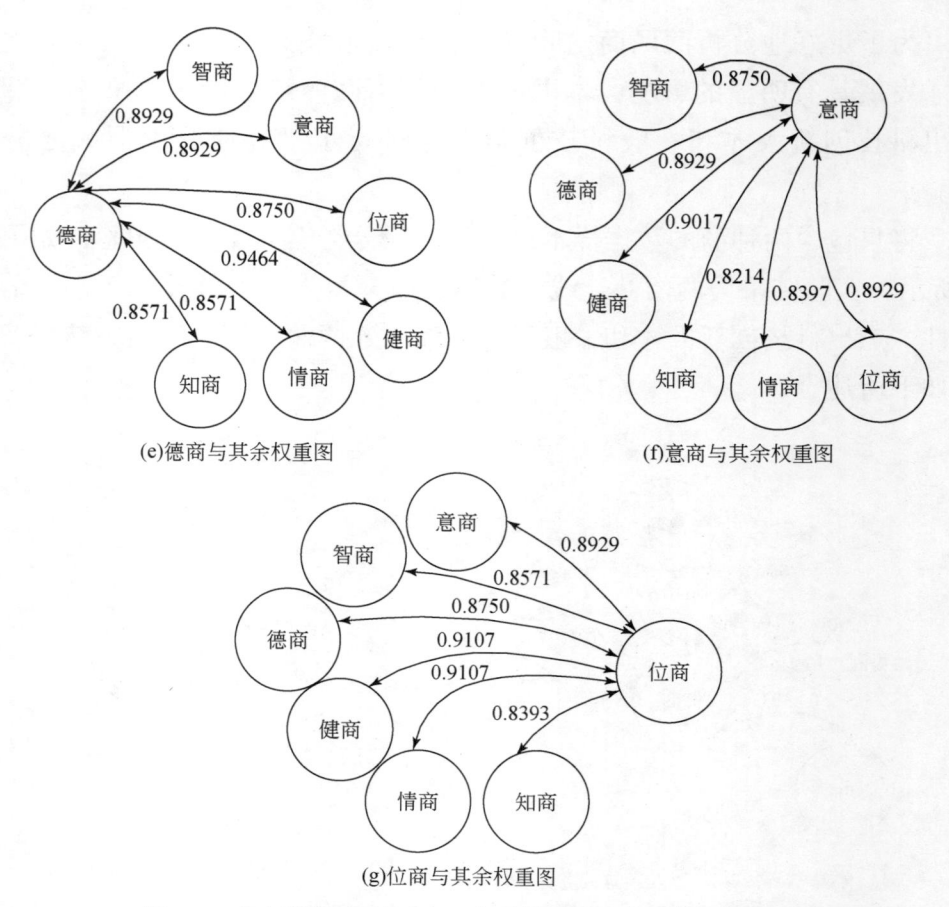

探究"钱学森之问"——科技创新人才智能分析

(e)德商与其余权重图

(f)意商与其余权重图

(g)位商与其余权重图

图8-7 杰出科技创新人才与一般科技创新人才各商之间权重图

设定阈值为0.8，当贝叶斯分类器人才分类的结果大于0.8时，我们就认为这两个商之间存在密切联系。如杰出科技创新人才与一般科技创新人才各商之间权重图（图8-7）所示，可以发现，健商与德商、智商、意商、位商、知商联系紧密；智商与健商、德商、意商、位商联系紧密；知商与德商、位商、健商、意商联系紧密；情商与位商、德商、意商联系紧密；德商与健商、智商、意商、知商、位商、情商联系紧密；意商与健商、德商、位商、智商、情商、知商联系紧密；位商与健商、情商、意商、德商、智商、知商联系紧密。

分析不同商之间的紧密性一方面可以帮助我们了解杰出科技创新人才在哪些商上优于一般科技创新人才，以及哪些商的组合有助于人才分类；

· 180 ·

8 脑认知模型下基于机器学习的科技创新人才成长模式

另一方面，可以发现一般科技创新人才在向杰出科技创新人才培养的过程中，应着重加强德商和意商的培养。杰出科技创新人才有社会责任感、乐于奉献、比较敬业，另外，他们具有良好的决策执行能力，有很强的主动性去探索未知事物，这是一般科技创新人才目前所欠缺和不足之处。总的来说，作为一个杰出科技创新人才，各商均不能忽视，即一个综合实力非常强的人，才可能成为杰出科技创新人才。并且在人才培养的过程中，要注意个性化的培养，对缺失的商进行重点培养。

8.1.2.4 贝叶斯分类器人才分类结果分析

贝叶斯分类器的分类方法是基于样本数据实现杰出科技创新人才的鉴别并对七商之间的关系进行研究，它是对所有的七商数据进行建模后，再看单个商在七商中产生的作用。在四种模式识别理论中，贝叶斯分类器是一个变化的模板，它是一种模板说的实践方法。

对比图8-8七商关联分析图和图8-9贝叶斯实验中各商之间权重图，可以发现（以实验1：杰出科技创新人才和其他人员的分类研究为例），七商AMOS结构关联分析主要是针对收集到的222例正例样本数据，对全部的正例数据分析各商之间的关联关系，横线上的值表示关联系数，利用关联系数来分析关联程度，如健商与智商和知商有中等程度相关关系，智商与知

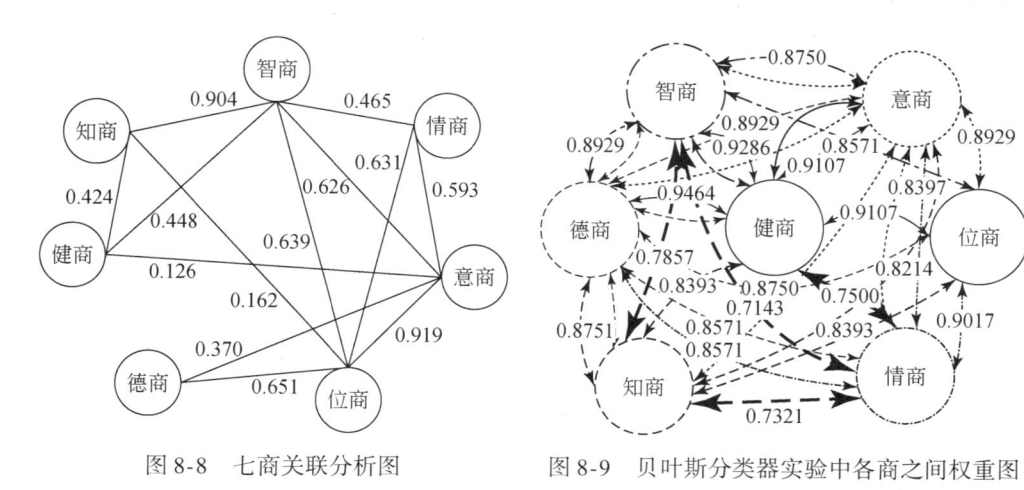

图 8-8 七商关联分析图

图 8-9 贝叶斯分类器实验中各商之间权重图

商、意商、位商有强（极强）相关关系，与情商中等程度相关。如图8-8所示，有些商之间不存在关联关系，如健商与位商、德商之间不存在关联关系，情商与德商、知商与德商之间都不存在关联关系。

　　贝叶斯分类器主要是针对在人才分类时，哪些商的组合可以有助于进行人才分类。各商之间连线上的值表示人才分类的可靠性，以健商和智商为例，如图8-9所示，可以看出健商和智商对于科技创新人才分类的可靠性比较高，另外，根据实验结果可以发现一般科技创新人才与杰出科技创新人才的差别体现在两两商之间。虽然贝叶斯分类器分析各商之间的紧密联系，但它只是为了分析两商组合是否有助于人才分类，以及不同层次人才在两两商上的差别，这与AMOS结构关联分析的目标显然不同。

　　总的来说，贝叶斯分类器是一种人才分类工具，它的目标是分析不同层次人才在两两商上的差别；而AMOS结构的关联分析是样本中所有杰出科技创新人才各商之间的关联程度，目的是分析杰出科技创新人才各商关联程度的紧密性。

8.2　数据加工模型下基于层次聚类算法的科技创新人才鉴别

8.2.1 自下而上的数据加工模型

8.2.1.1　数据加工的含义

　　数据加工是认知加工的一种基本方式，因此四阶段理论作为一般性的理论也完全适用于数据加工这种从一般延伸出的特殊理论。作为认知加工两种基本方式之一的数据加工，与概念加工不同的是在分辨阶段，数据加工依赖直接作用于感官的刺激物的特性，而与主体预先存储的知识经验、期望常识等个性化信息无关，更多是对一些在物理世界中客观存在的事物的知觉。例如，颜色和明度知觉依赖于光的波长与强度；音调和音响知觉

8 脑认知模型下基于机器学习的科技创新人才成长模式

依赖于声波的频率与声压水平；形状知觉依赖于物体的原始特征和线条朝向；运动知觉依赖于物体的位移；等等。

8.2.1.2 数据加工的基本过程在科技创新中的作用

数据加工的基本过程分为四个阶段——觉察、分辨、匹配、确认。觉察阶段是外部刺激由于超过主体的感受阈限而被主体发现、接受的过程；分辨阶段是最具特色的阶段，在这一阶段不同于概念加工的觉察阶段，不需要加工主体的知识框架、经验常识、预先期望等原来存储在大脑中的个体的个性化信息，只是对刺激物的物理特性做出加工；匹配阶段，需要与由学习得到的存储于大脑中的模板或原型和特征进行匹配；确认阶段，会从模式识别的结果中得出一个结论，而在这一阶段这个结果是可以得到反馈、纠正的，因为客观存在的事物是得到所有人共同肯定的存在，是人类社会约定俗成、统一认识的存在，是在漫长历史进程中人类所有知识经验的凝聚，所以，它的迭代过程是一个简单、快速的过程，我们得出结果然后与已有的客观知识做匹配，正确则数据加工过程结束，错误则根据客观知识习得新的事物，并将新事物加入自己的知识框架中，如果这个新事物已经被人类文明所认识的话。

如果被识别的事物是在人类历史的知识库中从未出现或者并未清楚认识的，那么将会是一个新事物新现象被纳入人类知识库的过程，这种认识不是一次识别就能做到的，可能需要通过学习，加上概念加工，进行迭代识别，更有甚者，需要几代人或是几百年几千年的时间来被人认识，能够对这些新鲜事物保持热情并且通过不断的学习始终进行迭代识别的人就是科学家，人类历史的进步、知识库的扩充都是这些科学家利用才智不断努力的结果。发现并清楚认识物理世界新现象的人们被称为自然科学家，发现并弄明白人类社会中出现的新现象的科学家被称为社会科学家。在人类历史进程中依旧有许多的未解之谜，而且未解之谜将会越来越多。而这些新事物的识别，计算机将束手无策，因为这是人类高级思维——创新思维大显身手的领域，未来将有更多的工作机会、人类发展依赖于创新思维，

探究"钱学森之问"——科技创新人才智能分析

机器可能会做更多的常规性事务、利用资源统筹做出决策等。数据加工的基本过程如图 8-10 所示。

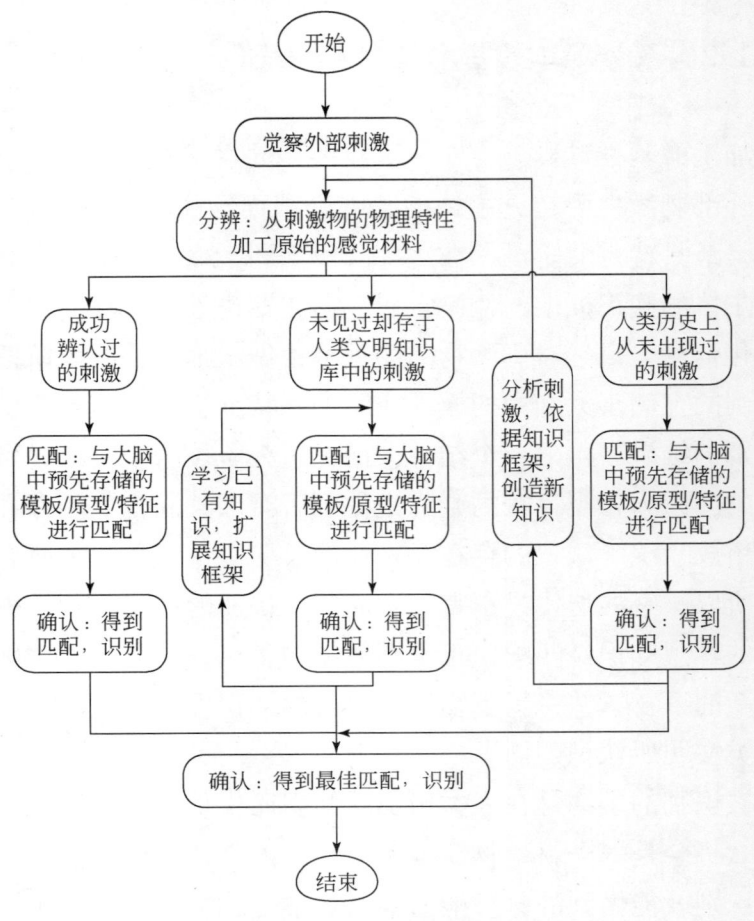

图 8-10 数据加工的基本过程

8.2.1.3 科技创新人才七商要素在数据加工中的作用

在数据加工过程中，觉察外部刺激和人的智商系统中的注意力、观察力水平、想象力水平以及知商系统中的知识存储量要素直接相关；而从刺激物的物理特性加工原始感觉材料则与智商系统中的逻辑思维能力、应变能力两要素以及知商系统中的知识表示与应用能力要素紧密关联；在匹配

8 脑认知模型下基于机器学习的科技创新人才成长模式

阶段，与智商系统中的逻辑思维能力、应变能力两要素以及知商系统中的知识表示与应用能力均相关。此外，人的识别能力也是随着学习过程不断增强的，主要与智商系统中的记忆力水平、逻辑思维能力两要素以及知识存储量要素均相关，如图 8-11 所示。

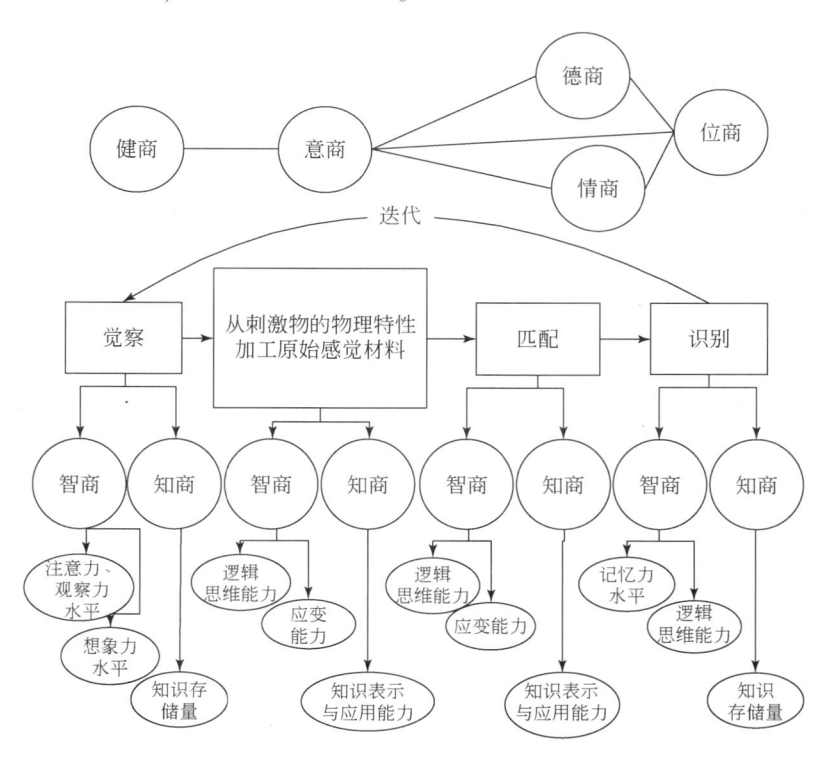

图 8-11 科技创新人才七商要素在数据加工中的作用

8.2.2 基于层次聚类的科技创新人才鉴别

自下而上的分析，是从具体到抽象的认知过程。以单个具体的人员案例为对象，通过归纳人员案例之间在七商的 32 个指标上的相似之处，以得到抽象的一般性的低层次科技创新人才向高层次科技创新人才发展的成长路径的结论。在凝聚的层次聚类算法中，以单个人员案例为初始簇，以最近簇相聚合的方法融合，直至得到期望的聚类数为止[169]。凝聚的层次聚类算法正是在自下而上的认知模型基础上对数据进行加工处理以得到知识的一种典型代表。为了研究不同层次的科技创新人才的成长模式，本节设计了总（类间）—分（类内）—总（类间）的系统仿真方案，详述如下。

采用自下而上的层次聚类法对科技创新人才进行 32 个指标的聚类分析，考察不同层次科技创新人才是否具有聚类特性及不同科技创新人才层次之间的类间距离度量。

采用要素分析和显著性检验方法，对不同层次科技创新人才的类内关键指标进行提取，确定不同类别人才的突出要素。

采用线性感知器的集成方法，得出从底层指标到高层语义特征"商"的映射，分析科技创新人才向上一个层次成长所需的关键要素，分析成长模式和途径。

8.2.2.1 聚类算法概述

聚类分析可以作为一个获得数据分布情况、观察每个类的特征和对特定类进一步分析的独立工具。层次聚类方法是根据给定的簇间距离度量准则，构造和维护一棵由簇和子簇形成的聚类树，直至满足某个终结条件为止。根据层次分解其是自下而上还是自上而下所形成，层次聚类方法可以分为凝聚（agglomerative）的和分裂（divisive）的方法。

自下而上的分析，是从具体到抽象的认知过程。首先以单个具体的数据为对象，通过归纳数据对象之间的相似之处，以得到抽象的一般性结论。在凝聚的层次聚类算法中，以单个数据对象为初始簇，以最近簇相聚合的方法融合，直至得到期望的聚类数为止。凝聚的层次聚类算法正是在自下而上的认知模型的基础上对数据进行加工处理以得到知识的一种方法。

（1）凝聚的层次聚类和分裂的层次聚类

一般来说，有两种类型的层次聚类方法。

1）凝聚的层次聚类：这种自下而上的策略首先将每个对象作为一个簇，然后合并这些原子簇为越来越大的簇，直到所有的对象都在一个簇中，或者某个终结条件被满足。

2）分裂的层次聚类：这种自上而下的策略与凝聚的层次聚类相反，它首先将所有对象置于一个簇中，然后逐步细分为越来越小的簇，直到每个对象自成一簇，或者达到了某个终结条件。

（2）基于最小距离的层次聚类算法的基本思想

在层次聚类算法中，以单个数据对象为初始簇，以最近簇相聚合的方法融合，直至得到期望的聚类数为止。

假定有 N 个对象要被聚类，其距离矩阵大小为 $N×N$，凝聚的层次聚类方法的最小距离方法的基本过程如下。

1）将每一个数据对象视为一簇，每簇仅一个对象，计算它们之间距离 $d(i,j)$ 得到初始化距离矩阵。

2）将距离最近的 [$d(i,j)$ 最小的] 两个簇合并成一个新的簇。

3）重新计算新的簇与所有其他簇之间的距离 $d(i,j)$，即将新合并的簇与原有簇的距离中距离最小的值作为两个簇间的相似度。

4）重复第二步和第三步，直到所有簇最后合并成一个簇为止或者达到某个终止条件，如希望得到的簇的个数或者两个相近的簇超过了某一个阈值。

8.2.2.2 基于层次聚类的科技创新人才鉴别步骤

（1）数据准备

本书收集人才的样本集合可以表示为 $S=\{s_1, s_2, \cdots, s_N\}$，每一个 s 是一个二元组 (t_d^n, ω)，表示一个人才的样本，t 表示指标分值，ω 表示人才的类别；t_d^n 表示第 n ($n=1 \sim N$) 个样本的第 d ($d=1 \sim D$) 个指标，N 为人才样本的总数量，D 为指标的总数量。经过去噪、去除不合理样本等预处理，最终共收集杰出科技创新人才 ω_o 类的有效样本 220 例，一般科技创新人才 ω_g 类样本 200 例，潜在科技创新人才 ω_p 类样本 200 例及普通人员 ω_a 类样本 200 例，共计仿真样本 820 例，获得 $N \cdot (D+1)$ 维样本数据，其中 $N=820$，$D=32$，如下矩阵所示。

$$\begin{bmatrix} \omega^1 & t_1^1 & \cdots & t_D^1 \\ \omega^2 & t_1^2 & \cdots & t_D^2 \\ \vdots & \vdots & \ddots & \vdots \\ \omega^N & t_1^N & \cdots & t_D^N \end{bmatrix} \qquad (8\text{-}4)$$

（2）模型建立

1）首先，将每个人才样本 $[t_1^n \quad t_2^n \quad \cdots \quad t_D^n]$ 作为一个簇 c_n（$n=1 \sim N$）。

2）计算所有簇和簇之间的距离，这里采用欧式距离，获得 $N \times N$ 的距离矩阵。

$$d(c_n, c_m) = \sqrt{\sum_{d=1}^{D}(t_d^n - t_d^m)^2} \qquad (8\text{-}5)$$

3）将距离最近的两个簇 c_n 和 c_m 合并成一个新的簇 c'_{mn}。

4）重新计算 c'_{mn} 与所有其他簇之间的距离矩阵 N'（$N'<N$），重复2）和3），直到簇合并为四个聚集类 ω_i。

5）继续合并聚集类 ω_i，计算聚集类的质心 $\mathrm{cent}_\omega = \dfrac{1}{n_\omega}\sum_{n=1}^{n<n_\omega} t^n (t \in \omega)$，其中，$\mathrm{cent}_\omega$ 为 D 维质心向量，进而两个聚集类的质心距离可定义为 $\mathrm{discent}(\omega_i, \omega_j) = |\mathrm{cent}_{\omega_i} - \mathrm{cent}_{\omega_j}|$，直到所有聚集类合并为一类。

8.2.2.3 仿真结果分析

通过凝聚的层次聚类分析，将所用样本聚为四簇，将聚类结果抽象为四种人群类型，包括杰出科技创新人才型 ω_o，一般科技创新人才型 ω_g，潜在科技创新人才型 ω_p 和普通人员型 ω_a。聚类的结果如图8-12所示。

ω_o 聚为一类，ω_g 聚为一类，这两类的类间距离是9.2908，ω_o 与 ω_g 的类间距离较小，表明这两者在32个指标上差异较小。ω_o 和 ω_g 聚为一类，ω_p 聚为一类，这两类的类间距离是29.8612，高层次科技创新人才型（包括 ω_o 和 ω_g）与 ω_p 的类间距离大于高层次科技创新人才之间的类间距离，表明这两者在32个指标上存在的差异略大，而且大于高层次科技创

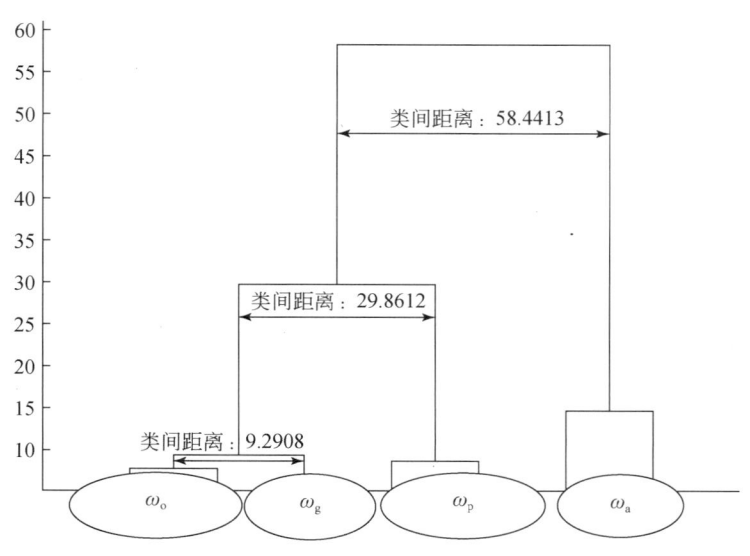

8　脑认知模型下基于机器学习的科技创新人才成长模式

图 8-12　科技创新人才层次聚类结果图

新人才之间在 32 个指标上存在的差异。ω_o、ω_g、ω_p 聚为一类，ω_a 聚为一类，这两类的类间距离是 58.4413，科技创新人才与 ω_a 型的类间距离较大，表明这两者在 32 个指标上差异较大。

对得出聚类结果 ω_i，采用显著性检验，分析各个指标在不同类别人才中的显著性（每次进行两个层次的交叉检验）。对每种指标的样本序列进行正态性和方差齐性及未知假定，进行均值参数的近似 t 检验，显著性水平设为 $\alpha = 0.05$。

H_0：ω_o、ω_g、ω_p 类别科技创新人才的某指标 t_d 的均值不存在显著性差异。

H_1：不同层次科技创新人才的某指标 t_d 的均值存在显著性差异。

图 8-13 显示了杰出科技创新人才接受 H_1（均值和其他类别的人员显著不同）的相关指标和相关商。可以看出 ω_o 的智商、知商、情商、德商、意商和位商的相关指标表现都非常优秀，尤其在知商、意商的相关指标方面表现十分突出。这类人员的受教育程度、应变能力、逻辑思维能力、知识获取能力、情绪认知能力、情绪控制与调节能力、自身行为把控能力、自信程度、对待事物主动性、决策执行能力和决策水平等指标方面表现十

探究"钱学森之问"——科技创新人才智能分析

分优秀，而且这类人员的社会责任感、奉献精神和敬业程度方面表现也优于其他层次人员的平均水平。

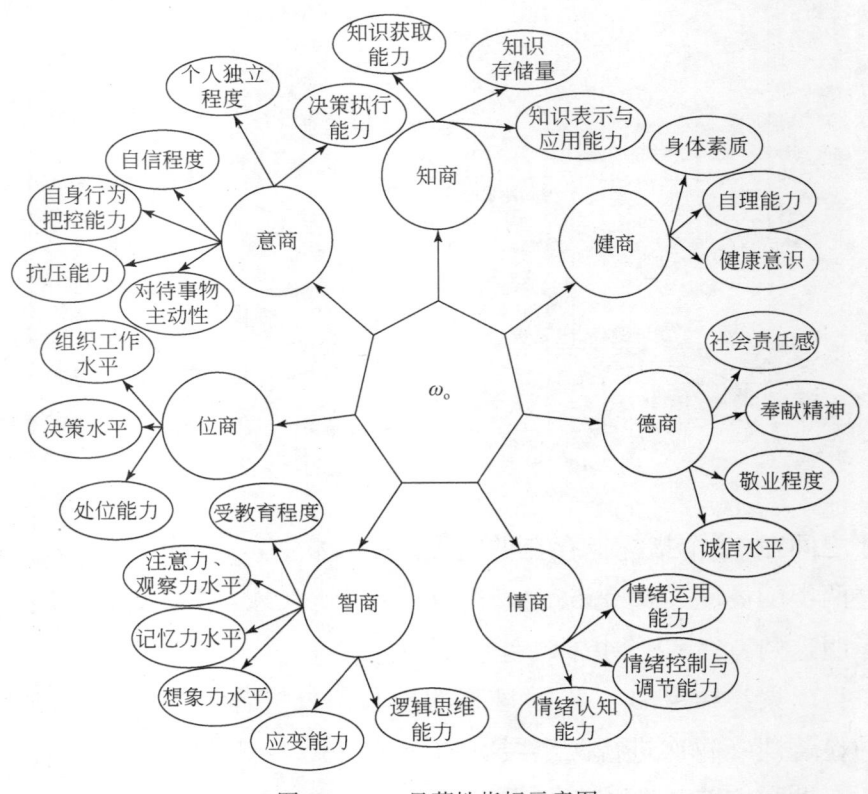

图 8-13　ω_o 显著性指标示意图

图 8-14 显示了 ω_g 的显著性指标，这类人员主要由高校教师和科研院所的一般学术人员组成。ω_g 的智商、知商和意商的相关指标表现良好，但在应变能力、知识获取能力、知识表示与应用能力、情绪控制与调节能力、自身行为把控能力、自信程度、决策执行能力、抗压能力、处位能力和决策水平等指标方面表现略逊于 ω_o，却优于社会平均水平。德商相关指标也不及 ω_o。

图 8-15 显示了 ω_p 的显著性指标，主要指的是高校学生（本科及硕士）人群。从图 8-15 来看 ω_p 的智商、知商、情商、意商和位商等相关指标表现一般。这类人员的注意力、观察力水平，应变能力，想象力水

8 脑认知模型下基于机器学习的科技创新人才成长模式

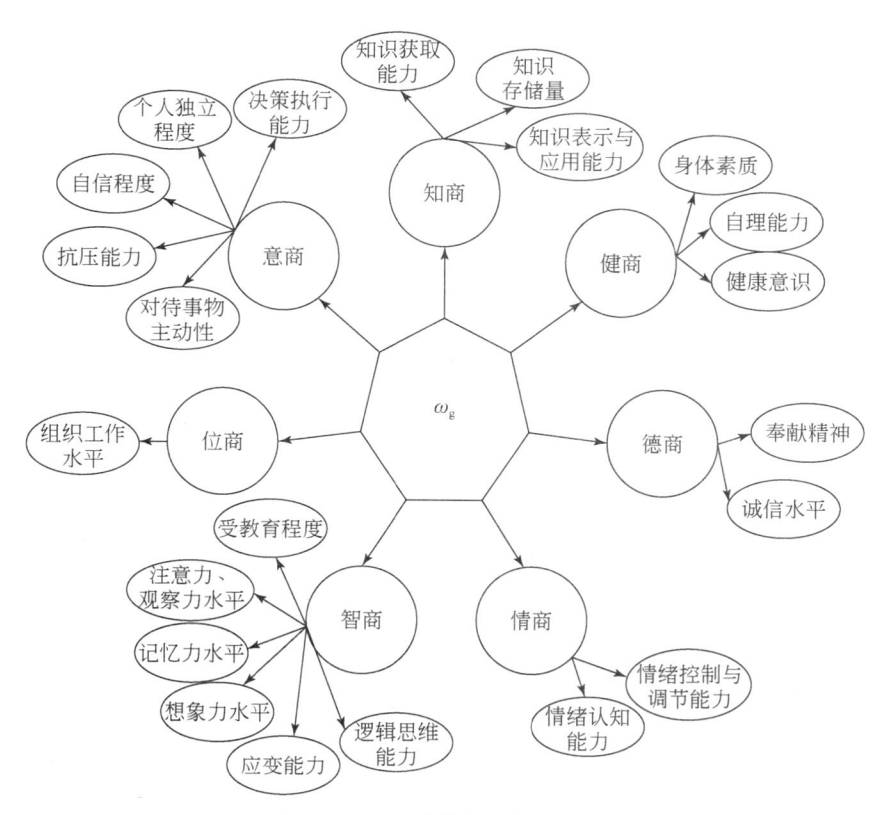

图 8-14 ω_g 显著性指标示意图

平,逻辑思维能力,情绪认知能力,情绪控制与调节能力,个人独立程度,自信程度,决策执行能力,组织工作水平等指标方面表现略优于 ω_a 平均水平,但是相比于 ω_g 则有一定的差距,其德商的相关指标也远不及 ω_o。

图 8-16 显示了 ω_a 的显著性指标。从图 8-16 来看 ω_a 的情商的相关指标表现差强人意,在智商、知商、德商、意商和位商的相关要素方面表现较差。受教育程度、语言理解及表达能力、逻辑思维能力、知识获取能力、情绪认知能力、对待事物主动性、自身行为把控能力、自信程度、处位能力、决策执行能力和决策水平等指标方面表现相对较差。

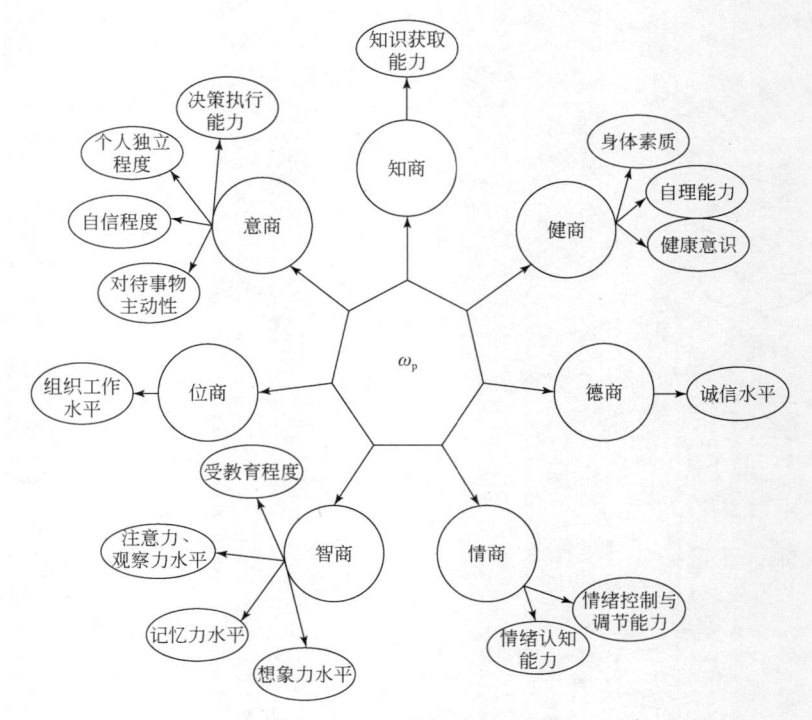

探究"钱学森之问"——科技创新人才智能分析

图 8-15 ω_p 显著性指标示意图

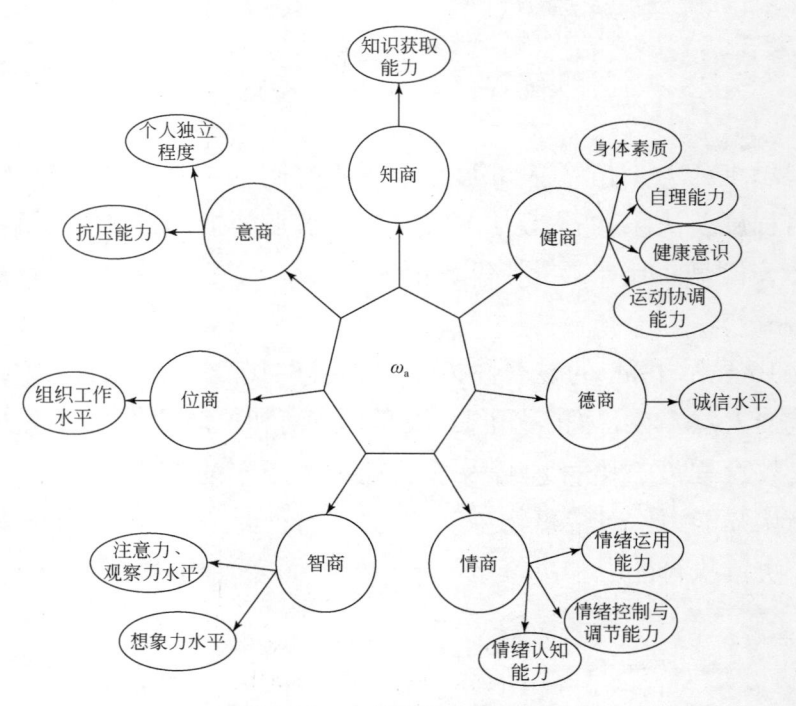

图 8-16 ω_a 显著性指标示意图

8 脑认知模型下基于机器学习的科技创新人才成长模式

将样本集合的 D 个指标作为人才底层属性指标 t_d^n（$d=1\sim D$），由多个 t_d^n 合成商，作为高层语义指标 Q_u^n（$u=1\sim U$）。本书通过线性集成感知器得到高层语义指标，如图 8-17 所示。

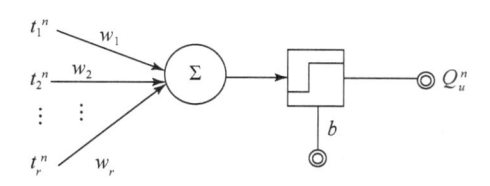

图 8-17 科技创新人才的低层指标到高层语义指标感知器

本书中设 $U=7$，也就是目前采用七个商来衡量，根据文献查找，暂设 $w_1=w_2=\cdots=w_r=1$，不同的商的底层属性指标个数 u 不同，得到底层特征到高层语义指标特征"商"的映射。

然后对七个商进行两两层次之间的显著性分析，结合不同人才层次类别之间的距离，得到图 8-18 的科技创新人才七商可视化解析图。

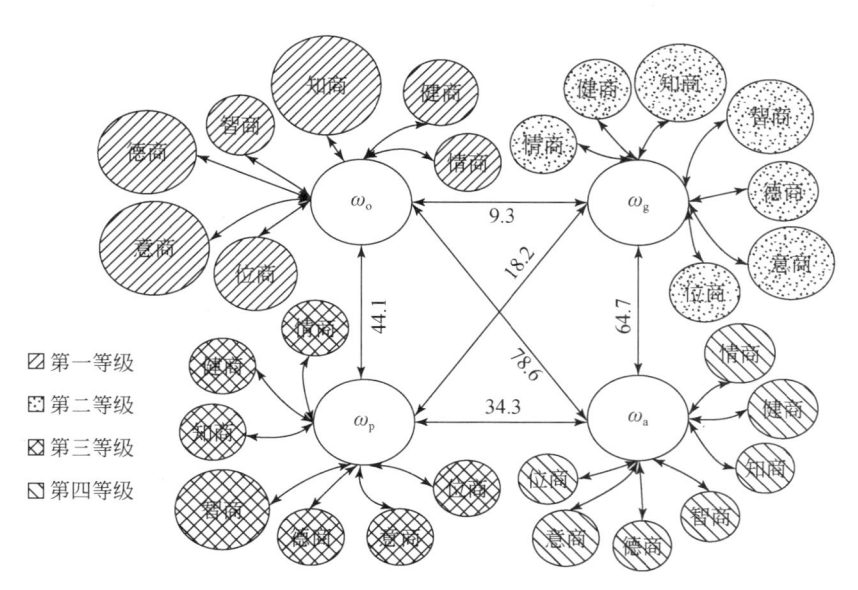

图 8-18 科技创新人才七商可视化解析图

探究"钱学森之问"——科技创新人才智能分析

如图 8-18 所示,七商所在的圆所示的图例等级的高低反映该种类型人员的七商的表现优劣水平。七商所在的圆的等级越高,则表示该商在该种类型的人员中表现越优秀。对于同种类型的人员而言,七商所在圆的形状大小反映了该类型人员的该商的表现优劣水平。圆的形状越大,则表示该种类型的人员在该商方面表现越优秀。圆的形状大小仅与单个类型的人员有关。人员类型所在圆圈之间的连线上的数值表示各类之间的类间距离。

如图 8-18 所示,不同类别人才间的类间距离越大,则表明这两种类别的人才在七商的 32 个指标上差异越大。ω_o 与 ω_g 的类间距离是 9.3,ω_g 与 ω_o 的类间距离较小,表明 ω_g 与 ω_o 在七商的 32 个指标上的表现是相近的。ω_o 与 ω_p 的类间距离是 44.1,ω_p 与 ω_o 的类间距离略大,表明 ω_p 与 ω_o 在七商的 32 个指标上存在一定的差异,需要着力培养。ω_o 与 ω_a 的类间距离是 78.6,表明 ω_o 与 ω_a 之间存在非常大的差异。

图 8-19 展示了通过定量和仿真分析之后得到的科技创新人才成长路径。普通人员和科技创新人才之间的差异主要表现在受教育程度、知识获取能力、知识表示与应用能力上,也就是智商和知商差异,但是由于本次数据收集对智商的评价没有采用标准的评估,因此智商差异性对科技创新人才成长的影响还无法下确定的结论。

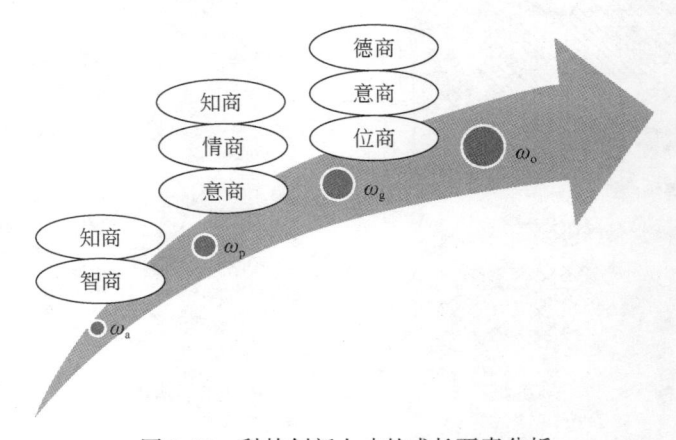

图 8-19 科技创新人才的成长要素分析

对于 ω_p 而言，除了加强知商的培养，在意商、情商等方面，包括对待事物主动性、自身行为把控能力、自信程度、决策执行能力和决策水平等需要大力培养与提高才能达到 ω_g 的水平。

通过聚类分析我们还可以得知，ω_g 和 ω_o 类间距离较近，在七商的大部分方面都非常优秀，但是在德商、意商和位商等方面还需提高，如树立远大的理想和抱负、提高抗挫折和抗压的能力、在任何时代找准自己的定位、顺应国家和民族的需求、放弃自己的"小日子"、谋求国家和人民的福祉等方面，需要努力提高和学习及培养。

利用层次聚类方法模拟自下而上的认识模式对人才进行聚类分析，这种分析方法完全依据每个人员案例的七商的32个指标上的相似性进行聚类。

自下而上的认知过程在 ω_o 进行科技创新活动中时有出现，ω_o 凭借自己优秀的智商、意商等积极地感知周围环境，在以自下而上的数据加工所归纳的规律上积极地认识世界和改造世界，进行科技创新活动。

8.3 基于双向协同的科技创新人才关键要素系统研究

8.3.1 相互补偿的双向加工模式

8.3.1.1 自上而下和自下而上两种加工方式相互补偿

在人的知觉活动中，非感觉信息越多，即越少依赖于事物的客观特征，自上而下的加工就会更占优势。例如，"一千个读者就有一千个哈姆雷特"，这就是说由于个人知识经验的不同，在阅读《哈姆雷特》的过程中，提取到的信息是不同的。相反，非感觉信息越少，就需要越多的感觉信息，即更多依赖事物的物理特性，如人类对音调和音响的知觉依赖于声波的频率和声压水平。而自然界和人类社会的各种事物的刺激并不是单单有物理特性或没有物理特性，所以大多数时

探究"钱学森之问"——科技创新人才智能分析

候是自上而下和自下而上两种加工方式相互补偿，只是哪种方式更占优势的不同而已。

8.3.1.2 双向加工的具体工作过程

双向加工，即是自上而下加工（"概念驱动"）和自下而上加工（"数据驱动"）同时工作（图 8-20）。在概念驱动的加工过程中，认知主体过往的知识经验作为存储于潜意识中的模板或者原型，或是认知主体从知识经验中提取出某事物的特点，用来等待与数据加工后的知觉对象进行匹配、识别。而数据加工则需要认知主体在觉察到刺激之后，通

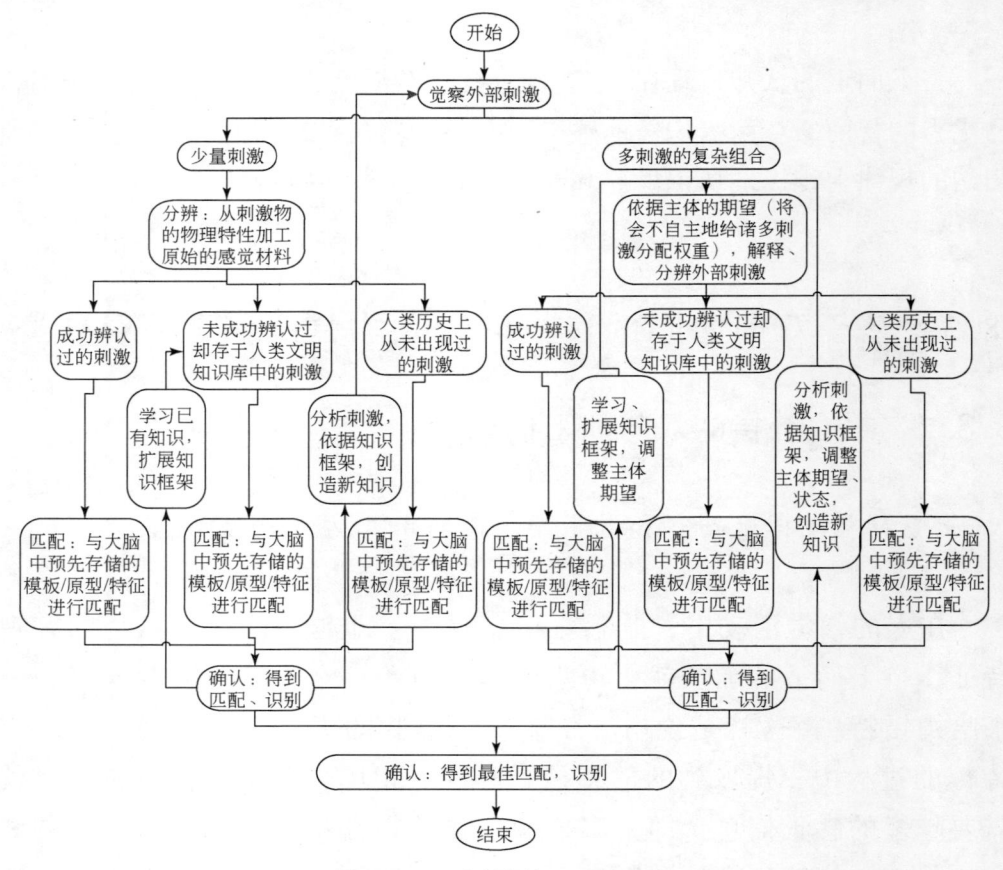

图 8-20 双向协同加工基本过程

过对刺激进行加工,将所知觉到的刺激依据格式塔整体性原则分为背景和知觉对象两部分,之后概念加工与数据加工结合、相互作用,即依据由过往的知识经验经概念加工而形成的"模板""原型""特征",力求对知觉对象做出某种解释,使知觉对象具有一定意义,即知觉对象被尽可能识别出来[170]。

这个过程是一个螺旋式迭代过程,即依据某模板主动将知觉对象组织为此模板,而后再将组织过的知觉对象与模板进行匹配,并且比较其相似度。若待知觉对象只有一种组织方式,则停止组织、构建过程,知觉对象得到识别;否则进行几次组织、构建过程,然后将组织出的知觉对象与其对应几个知觉模板进行匹配,相似度最高的为最有可能的,但是只要相似度超越某一个具体的值就会被视为知觉对象被识别,因此知觉对象可能有不止一种组织构建方式。

以视知觉为例,知觉主体首先通过"邻近性""相似性""对称性""良好连续""共同命运""封闭""线条朝向""简单性"等格式塔知觉图形组织原则,将知觉对象从知觉背景中分离,然后依据知识经验主动组织、理解知觉对象,然后再将组织过的知觉对象与知识经验中存储的模板、原型、特征进行迭代匹配、识别的过程,也是概念加工和数据加工相互作用,迭代匹配、识别直至找出一个最优解的认知过程。

8.3.1.3 科技创新七商要素在双向加工过程中的作用

双向加工过程中的根据刺激物的物理特性开始加工原始感觉材料,以及依据主体的期望,解释、分辨外部刺激,与智商中的逻辑思维能力、应变能力两要素以及知商系统中的知识表示与应用能力紧密关联;而概念加工中的依据主体的期望,解释、分辨外部刺激,与智商系统中的逻辑思维能力、应变能力两要素以及知商系统中的知识表示与应用能力紧密关联,如图8-21所示。

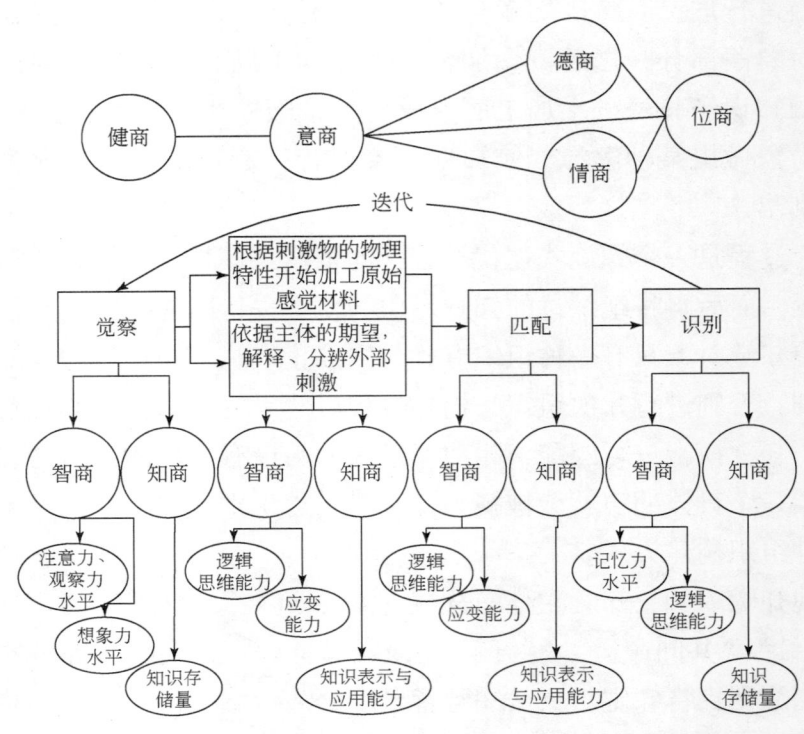

探究"钱学森之问"——科技创新人才智能分析

图 8-21 科技创新七商要素在双向加工过程中的作用

8.3.2 基于谱系聚类的科技创新人才鉴别

双向加工即是自上而下加工("概念驱动")和自下而上加工("数据驱动")共同协作来认知世界。而基于先验决策的谱系聚类模型正是在双向加工的认知模型基础上对信息进行加工处理以得到知识的一种典型代表。

在基于先验决策的谱系聚类模型中，首先，运用概念加工认知模式利用先验知识构建一棵谱系树作为基准概念。其次，运用数据加工模式，通过指标约简构造谱系树中每个节点的样例模板系列，并以约简后的指标集合作为节点的决策依据。最后，对新鲜的案例样本在谱系树的节点之间自上向下的串行寻找最优位置。

本书的 8.2.2 节已经对人员案例进行了凝聚的层次聚类，并归纳总结

8 脑认知模型下基于机器学习的科技创新人才成长模式

了低层次科技创新人才向杰出科技创新人才发展的路径的一般性结论。但是由于收据收集的方式等原因，可能存在某些人员的七商的32个要素信息中存在缺失值、异常值，而这些缺失值、异常值可能会导致人员案例没有办法正确聚类。

通过构建基于先验决策模型的谱系树，可以将七商的32个要素信息含缺失值、异常值的未知类别人员案例样本正确插入先验谱系树中，然后就可以对该样本在谱系树中所处的位置进行分析，根据鉴别决策点的指标组集合量身定制科学合理的培养模式，帮助其成长为一名杰出的科技创新人才。

8.3.2.1 谱系聚类基本原理

（1）谱系树的构建及节点的建立

首先，运用最大约简法构建谱系树。

其次，对谱系树中出现分支的地方建立节点，如图8-22中的$N_1 \sim N_4$。根据最大约简法，谱系树的末端为参与构建谱系树的人员案例，如图8-22中的$A \sim E$。从图8-22中可知，每个节点处都有着从属于当前节点的人员案例集合，不同节点自然地被分为不同的人员案例类别。

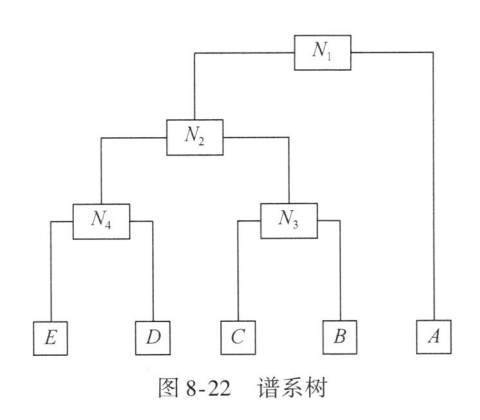

图8-22 谱系树

根据图8-22中的四个分支分别建立分支节点，标号依次为N_1、N_2、N_3、N_4，每个分支节点都有着从属于该节点的人员案例。在N_1节点处，

从属人员案例为 A、B、C、D、E，由节点处的分支可把从属人员案例分为两类，A 为一类，B、C、D、E 为一类。而 N_2 节点下的从属人员案例为 B、C、D、E，则把从属人员案例分为 B、C 及 D、E 两类。在 N_3 节点和 N_4 节点处从属人员案例分别为 B、C 和 D、E。两个节点亦被分为两类，N_3 节点为 B 一类及 C 一类，N_4 节点为 D 一类和 E 一类。

从机器学习的角度来看，在构建节点的过程中，每个节点都把人员案例分成几类。将建立分类标签和节点从属人员案例中的七商的32个要素属性作为先验信息。

（2）基于节点约简属性组集合的决策点构建

在粗糙集理论中，决策表是一类特殊而重要的知识表达系统，有着重要的作用。这里我们利用建好的谱系树，确定分支节点后，当前节点的从属人员案例分类标签和从属人员案例属性作为一个决策表。对决策表进行属性约简进而产生属性组，通过多次建立属性组完成决策点的建立。

我们以谱系树中的一个节点为例，来说明决策点的建立过程。如图8-22所示，N_1 为谱系树中的节点，N_1 节点的从属人员案例分别存在于 A 树（从属人员案例为 B、C、D、E）与 B 树（从属人员案例为 A）中，以分类的类标签和从属人员案例的属性作为决策表通过属性约简建立当前节点对应的决策点[171]。

1）决策点属性组集合的构建。将节点从属人员案例属性集合与分类标签看成决策表，则知识表达系统可定义为 $S=(U, R)$。其中，U 为对象的有限集合，包含所有的数据对象，称为论域；R 为决策点从属人员案例分类标签和七商的32个要素属性集，$R = C \cup D$ 且 $C \cap D = \Phi$，其中，C 为决策点从属人员案例七商的32个要素属性集，D 为决策点从属人员案例类标签属性集。

定义1：信息系统中每个属性或者属性子集都可以对对象产生划分，将属性子集看成一个等价关系，使用等价关系 R 对 U 进行划分，称 U/R 表示 R 的所有等价类。

定义2：对于一个集合 $X \subseteq U$，X 的下近似集定义为 $POS_R(X) = \cup \{y \in U/R \mid y \subseteq X\}$。下近似集 $POS_R(X)$ 表示肯定属于某一子集的对象的

集合。

本书所使用的约简方法是从决策点中去掉某些属性,并考察没有该属性后分类的变化情况。若去掉该属性相应变化较大,则说明该属性比较重要;反之,该属性重要性较低。决策点分类中我们应用正区域作为属性重要性的启发式信息,把 $POS = POS_C(D) - POS_{(C-\{r\})}(D)$ 的大小作为属性重要性的判断条件。

算法说明:对整个条件属性集 C 进行约简,利用正区域的启发式信息逐步将该集合中不必要的属性约去,但仍满足当前决策点的分类,保证得到的属性集合 Reduct 为一个约简,即属性决策组 $Reduct_1$,剔除原来属性集合中参与建立属性组的属性,对剩余的条件属性集继续进行属性约简并得到相应的 Reduct,直到条件属性集不能再构建属性集合为止。具体的算法描述如下。

输入:决策点从属人员案例信息系统决策表。

$S = (U, R, V, f)$,$R = C \cup D$ 是决策点从属人员案例属性集合,$C = \{a_i, i=1, 2, \cdots, m\}$ 称为条件属性集,决策点从属人员案例分类属性集为 $D = \{d_i, i=1, 2, \cdots, n\}$。

步骤1:计算决策点从属人员案例分类属性 D 对于从属人员案例属性 C 的正区域 $POS_C(D)$。

步骤2:对每个当前节点从属人员案例属性 a_i 计算 $POS = POS_C(D) - POS_{(C-\{a_i\})}(D)$。

步骤3:令 $Reduct = C$;将属性 a_i 按 POS 从小到大的顺序排列,对每个属性执行操作;若 $POS_{(Reduct-\{a_i\})}(D) = POS_C(D)$,则属性 a_i 应约简,$Reduct = Reduct - \{a_i\}$;否则 a_i 不能被约简,Reduct 不变。

步骤4:得到属性约简组 $Reduct_i$,对参与建立属性组的属性进行剔除,即 $residue = C - Reduct_i$。

步骤5:把剩余条件属性集 residue 赋予 C,即 $C = residue$。

步骤6:执行步骤1,建立决策点的多属性组 $Reduct_i$ ($i = 1, 2, \cdots, n$) 直到 C 条件属性集无法构建属性组为止。

输出:决策点属性组集合 $Reduct_i$ ($i = 1, 2, \cdots, n$)。

探究"钱学森之问"——科技创新人才智能分析

2)节点对应决策点的建立。

通过对图 8-23 中节点从属人员案例决策表属性约简集合的构建,得到与节点对应的决策点,最终构建出决策点模型,如图 8-23 所示,从 Reduct$_1$ 到 Reduct$_n$ 为决策点中的属性组集合。

将节点运用属性约简原理构造属性组集合,进而建立决策点,每个决策点就成为一个分类器,分类依据为决策点的属性组集合。

(3)基于决策点的先验决策模型构建

对谱系树中的每个节点建立对应决策点,进而获得谱系树的先验决策模型,模型的树状拓扑结构与初始树的结构一致,如图 8-24 所示,图中的圆表示决策点,方框表示人员案例。

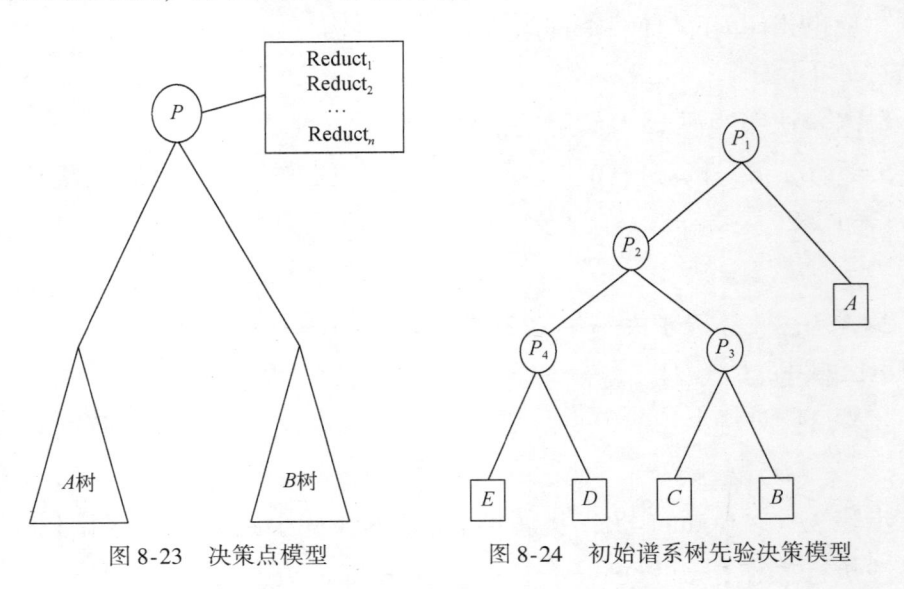

图 8-23 决策点模型　　图 8-24 初始谱系树先验决策模型

图 8-22 中谱系树共有四个节点,对应建立的决策点为图 8-24 中的 P_1、P_2、P_3、P_4。决策模型结构的末端为人员案例,与图 8-23 中对应,为 A、B。

(4)基于决策点判断的案例鉴别方法

在先验决策模型建立后,自根决策点出发,逐层进行决策点鉴别案例归属的判断。由于缺失数据的出现,在判断的过程中会使当前决策点的某些多属性组判断失效,则判定为当前决策点无法判断案例归属,依据其他

8 脑认知模型下基于机器学习的科技创新人才成长模式

的完整数据进行多属性组案例归属判断。通过对决策点的判断，完成待鉴别案例的鉴别。

这里设属于 A 树的属性组数为 m，属于 B 树的属性组数为 n。

步骤 1：初始状态令 $m=0$，$n=0$。

步骤 2：对鉴别案例在决策点中的每个属性组的属性进行比对，如在对应子树出现相同属性组，则判定属于 A 树或者属于 B 树，并对归属属性组数进行累加。

步骤 3：如果既不属于 A 树也不属于 B 树，或者因缺失数据而导致无法判断归属，则 m、n 不进行累加。

步骤 4：完成每个属性组的归属判断后，最终得出鉴别案例子树归属的属性组数 m、n。则鉴别案例决策点归属判断策略为

$$\begin{cases} m>n & \text{属于 } A \text{ 树} \\ m<n & \text{属于 } B \text{ 树} \\ m=n & \text{停止判断} \end{cases}$$

按照上述决策点判断策略，鉴别案例从先验决策模型的根决策点开始判断归属，认定归属于 A 子树或者 B 子树后，针对归属子树的根决策点继续进行归属判断。反复执行此操作直到停止判断。

鉴别案例停止判断后，该物种在先验决策模型中的判断历程结束，将鉴别案例嫁接在最后一个已判断的决策点对应的初始谱系树节点中，即以此决策点对应的初始谱系树节点为根节点建立新的案例分支，鉴别案例鉴别子树过程如图 8-25 所示，在 P 决策点停止判断归属历程，并鉴别在 P 决策点对应的初始谱系树中的节点 N 上，成为初始谱系树的新分支。

新加入的案例在决策点进行多属性组判断时会出现 $|m-n|=1$ 的情况，称为不稳定分类。鉴别案例进行分类的过程中出现不稳定分类情况就很难表示案例的归属了，所以进行决策点回溯策略就显得十分有必要。

当出现不稳定分类时继续向下判断，如果鉴别案例向下判断两次后每次都会出现不稳定分类的情况，则进行案例回溯，即回退到最初开始出现不稳定分类的决策点，并进行鉴别过程，如图 8-26 所示，从 P_0 处对案例

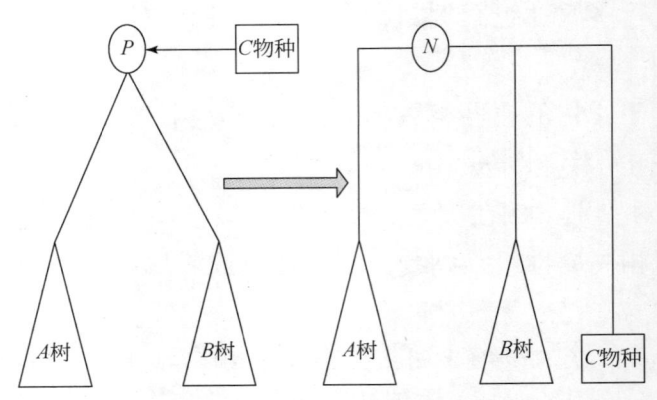

探究"钱学森之问"——科技创新人才智能分析

图 8-25　初始谱系树节点建立分支示意图

进行归属判断，鉴别案例属于不稳定分类，则继续向下层对 P_1、P_2 决策点进行判断，同时也出现不稳定分类，这时需要进行案例回溯，回溯点为 P_0，并且结束当前鉴别案例在先验决策模型中的判断历程。在不稳定分类情况下，案例继续向下层决策点判断，如果在下两层节点内出现强分类，则放弃出现不稳定分类决策点的回溯策略，并继续向下层决策点进行判断。

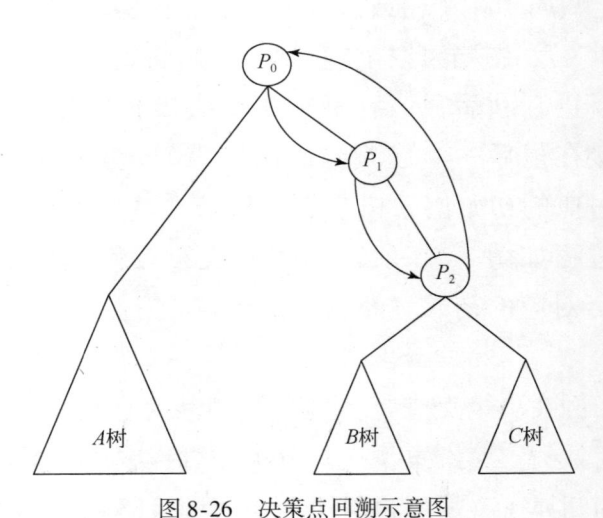

图 8-26　决策点回溯示意图

在新入案例从根节点进行判断的过程中，当新入物种在节点出现不稳定分类并且向下两层以内为最底层的决策点，则不进行不稳定分类回溯，

8 脑认知模型下基于机器学习的科技创新人才成长模式

直接将鉴别案例鉴别到子树中,如图 8-27 所示,在 P_0 决策点出现不稳定分类,并且在 P_1 决策点出现不稳定分类,但再向下层进行判断时已经到达谱系树的最底层,终止当前的判断历程,并认定鉴别案例归属判断结束在 S 案例第一个决策点上,并建立对应初始谱系树的新分支。

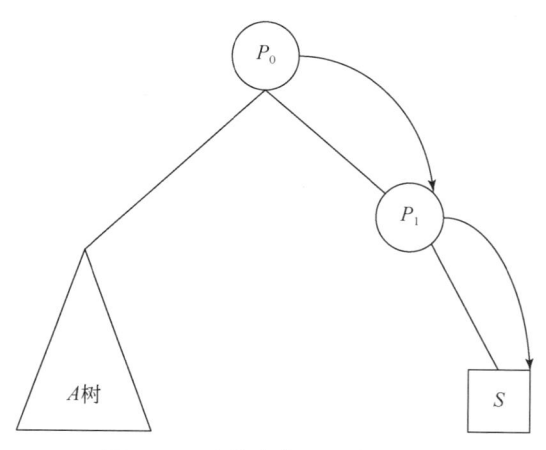

图 8-27 决策点停止回溯示意图

8.3.2.2 基于谱系聚类的科技创新人才鉴别

利用最大约简法构建谱系树,确定分支节点后,当前节点的从属案例分类标签和从属案例属性作为一个决策表。对决策表进行属性约简进而产生属性组,通过多次建立属性组完成决策点的建立,进而获得谱系树的先验决策模型。

(1) 数据准备

将 50 个典型人员的案例(杰出科技创新人才案例 15 人,一般科技创新人才案例 11 人,潜在科技创新人才案例 11 人,普通人员案例 13 人)作为样本,案例人员的七商的具体 32 个要素作为每个样本的特征,32 个要素的评分作为特征值。

(2) 模型建立

1) 谱系树的构建及节点的建立。首先,将每个人员案例作为一个样本,七商的具体 32 个要素作为样本的特征,32 个要素的评分作为量化七

探究"钱学森之问"——科技创新人才智能分析

商的特征值,采用最大约简法构建谱系树。谱系树构建结果如图 8-28 所示。

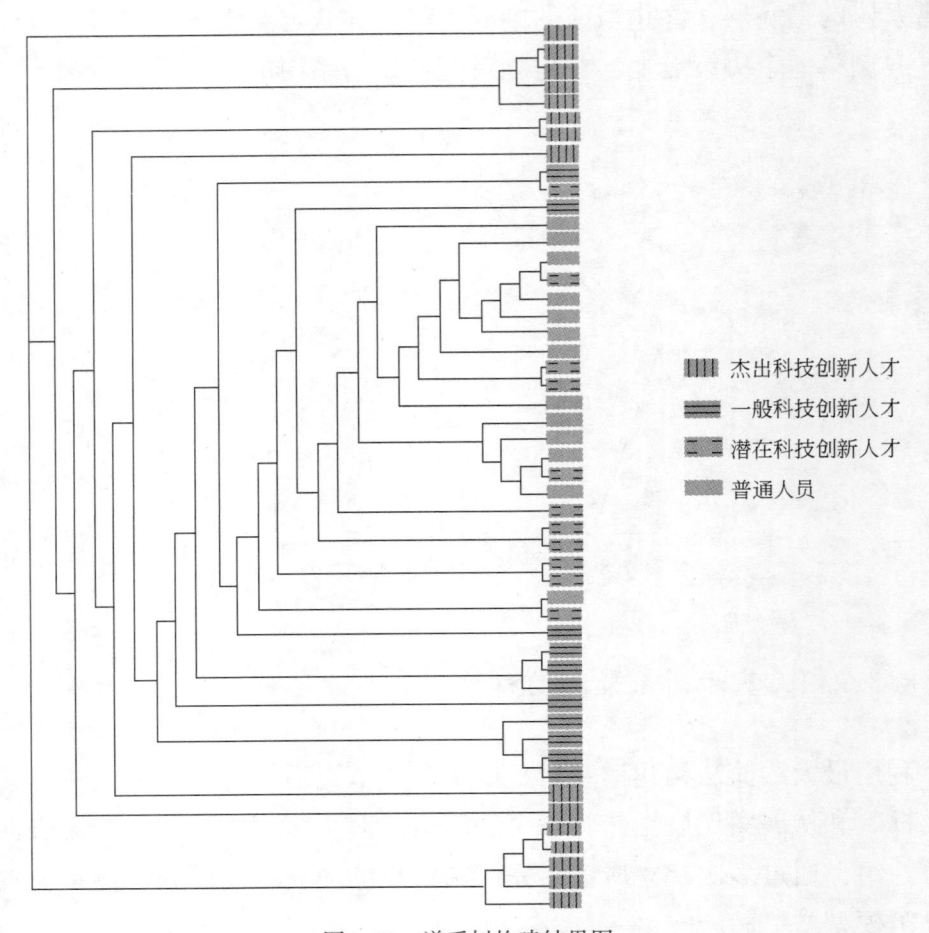

图 8-28　谱系树构建结果图

其次,对谱系树中出现分支的地方建立节点。根据最大约简法,谱系树的末端为参与构建谱系树的人员案例。每个节点处都有着从属于当前节点的人员案例集合,不同节点自然地被分为不同的人员案例类别。从机器学习的角度来看,在构建节点的过程中,每个节点都把人员案例分成几类。将建立鉴别标签和节点从属人员案例中的七商的 32 个要素指标作为先验信息。

8 脑认知模型下基于机器学习的科技创新人才成长模式

2)基于节点约简指标组集合的决策点构建。利用建好的谱系树,确定分支节点后,当前节点的从属人员案例鉴别标签和从属人员案例七商的指标作为一个决策表。对决策表进行七商的指标的约简进而产生七商的指标组,通过多次建立七商的指标组完成决策点的建立。通过指标约简得到每个节点造成分支出现的决定性指标组,并分析谱系树得到鉴别的关键节点,筛选出关键节点的决定性指标组,之后构建基于节点约简指标组集合的决策点。

通过分析谱系树,筛选出的关键节点如图 8-29 所示。

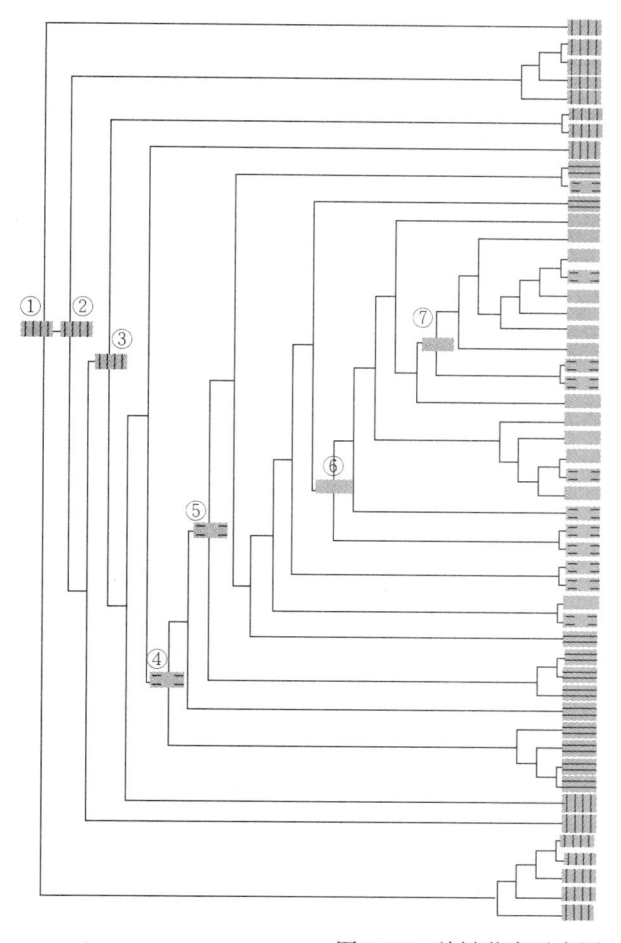

图 8-29 关键节点示意图

探究"钱学森之问"——科技创新人才智能分析

在谱系树中出现分支的地方建立节点,分析该谱系树,得到关键节点。其中,关键节点①、关键节点②和关键节点③构成决策点 N_1,将杰出科技创新人才分为一类,一般科技创新人才、潜在科技创新人才和普通人员分为一类;关键节点④和关键节点⑤构成决策点 N_2,将一般科技创新人才分为一类,潜在科技创新人才和普通人员分为一类;关键节点⑥和关键节点⑦构成决策点 N_3,将潜在科技创新人才分为一类,普通人员分为一类。

关键节点的决定性指标组结果,见表 8-2。

表 8-2 关键节点的决定性指标组集合表

决策点	关键节点	决定性指标组
N_1(决策点 N_1 用于将杰出科技创新人才分为一类,一般科技创新人才、潜在科技创新人才和普通人员分为一类)	①	自身行为把控能力、决策执行能力、处位能力、决策水平、组织工作水平
		注意力、观察力水平、应变能力、逻辑思维能力、社会责任感、自信程度
	②	情绪认知能力、对待事物主动性、决策执行能力、抗压能力、组织工作水平
		知识存储量、情绪认知能力、个人独立程度、自身行为把控能力
		父母遗传基础、受教育程度、知识获取能力、情绪运用能力、奉献精神
	③	情绪运用能力、社会责任感、对待事物主动性、自身行为把控能力、自信程度
		记忆力水平、应变能力、知识存储量、自身行为把控能力、组织工作水平
N_2(决策点 N_2 用于将一般科技创新人才分为一类,潜在科技创新人才和普通人员分为一类)	④	对待事物主动性、决策执行能力、决策水平、组织工作水平
		注意力、观察力水平、应变能力、逻辑思维能力、知识获取能力、情绪控制与调节能力、自身行为把控能力
		受教育程度、知识获取能力、知识存储量、情绪认知能力、情绪运用能力、自信程度
		运动协调能力、父母遗传基础、应变能力、语言理解及表达能力、逻辑思维能力、情绪运用能力、敬业程度、抗压能力
	⑤	身体素质、受教育程度、应变能力、想象力水平、知识存储量、情绪认知能力、自身行为把控能力、决策水平
		个人独立程度、对待事物主动性、决策执行能力、抗压能力、处位能力、组织工作水平
N_3(决策点 N_3 用于将潜在科技创新人才分为一类,普通人员分为一类)	⑥	自理能力、父母遗传基础、受教育程度、应变能力、逻辑思维能力、情绪认知能力
	⑦	受教育程度,注意力、观察力水平、应变能力、知识获取能力、知识存储量、对待事物主动性、处位能力
		记忆力水平、逻辑思维能力、情绪运用能力、社会责任感、自身行为把控能力

3）基于决策点的先验决策模型构建。对谱系树中的每个节点建立对应决策点，进而获得谱系树的先验决策模型，模型的树状拓扑结构与初始树的结构一致。基于决策点的先验决策模型如图 8-30 所示。

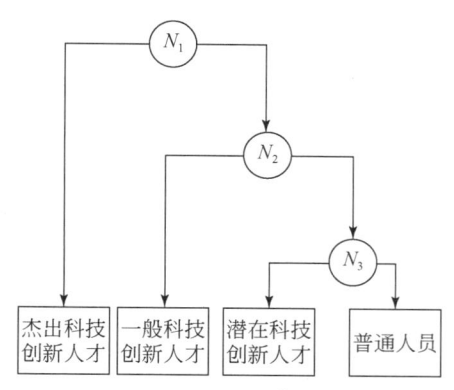

图 8-30　基于决策点的先验决策模型示意图

4）基于决策点判断的案例鉴别方法。在先验决策模型建立后，自根决策点出发，逐层进行决策点鉴别人员案例归属的判断。缺失数据的出现，在判断的过程中会使当前决策点的某些七商的指标组判断失效，则判定为当前决策点无法判断人员案例归属，依据其他的完整数据进行七商的指标组人员案例归属判断。通过对决策点的判断，完成待鉴别人员案例的鉴别。

鉴别人员案例停止判断后，该人员案例在先验决策模型中的判断历程结束，将人员案例放置在最后一个已判断的决策点对应的初始谱系树节点中，即以此决策点对应的初始谱系树节点为根节点建立新的人员案例分支。

8.3.2.3　仿真结果分析

通过构建先验决策模型，得到基于节点约简指标组集合的决策点 N_1、决策点 N_2 和决策点 N_3。

决策点作用示意图如图 8-31 所示，决策点 N_1 用于区分杰出科技创新人才和非杰出科技创新人才；决策点 N_2 用于区分一般科技创新人才和潜

探究"钱学森之问"——科技创新人才智能分析

在科技创新人才、普通人员；决策点 N_3 用于区分潜在科技创新人才和普通人员。

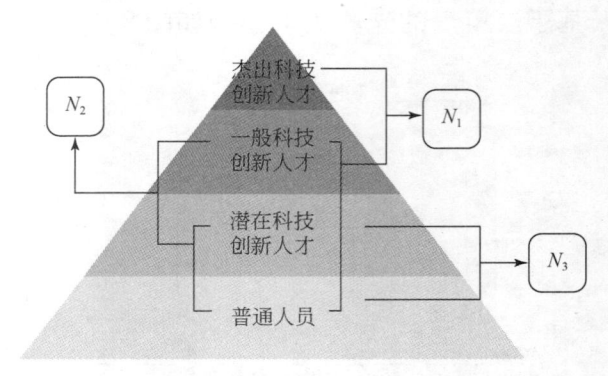

图 8-31　决策点作用示意图

对 50 个典型人员的案例（杰出科技创新人才 15 人，一般科技创新人才 11 人，潜在科技创新人才 11 人，普通人员 13 人）的七商 32 个要素值进行随机缺失处理，并计算将含缺失数据的案例正确鉴别的可靠性。

含缺失数据的案例正确鉴别的平均可靠性见表 8-3。

表 8-3　含缺失数据的案例正确鉴别的平均可靠性表　　（单位:%）

缺失数据比例	0	10	20	30	40	50	60
正确鉴别可靠性	97	94	91	89	86	86	83

由表 8-3 可知，利用双向协同加工方法的人才鉴别模型，不但可以对 32 个指标完整的人才样本进行鉴别，而且可以对 32 个指标含缺失数据的人才样本进行正确鉴别。仿真表明即使缺失数据率达到 60%，基于先验决策模型的谱系聚类方法也能将案例正确鉴别，可靠性仍达到 80% 以上。因此，本方法可以有效地处理含缺失数据的案例样本正确鉴别的问题。

通过构建基于先验决策模型的谱系树，不但可以将七商的 32 个要素信息完整的未知类别人员案例样本正确鉴别，而且可以将七商的 32 个要素信息含缺失值、异常值的未知类别人员案例样本正确鉴别。通过对未知类别人员案例样本正确鉴别以确定其在谱系树中的位置，就可以对该样本在谱系树中所处的位置进行分析并量身定制科学合理的培养模式，帮助其成长为一名杰出科技创新人才。

通过分析先验决策模型的决策点可知,杰出科技创新人才与其他人员在注意力、观察力水平,记忆力水平,应变能力,想象力水平,语言理解及表达能力,逻辑思维能力,知识存储量,情绪认知能力,情绪运用能力,情绪控制与调节能力,敬业程度,个人独立程度,对待事物主动性,自身行为把控能力,自信程度,决策执行能力,抗压能力,处位能力,决策水平、组织工作水平等方面存在明显差异。

一般科技创新人才与潜在科技创新人才、普通人员在父母遗传基础、应变能力、知识获取能力、知识存储量、情绪认知能力、情绪运用能力、社会责任感、个人独立程度、对待事物主动性、自身行为把控能力、自信程度、决策执行能力、抗压能力、处位能力、决策水平和组织工作水平等方面存在明显差异。

潜在科技创新人才与普通人员在父母遗传基础,注意力、观察力水平,记忆力水平,应变能力,想象力水平,语言理解及表达能力,逻辑思维能力,处位能力,对待事物主动性,诚信水平,知识存储量,知识获取能力,知识表示与运用能力,情绪认知能力,受教育程度等方面存在明显差异。

利用基于先验决策的谱系聚类方法模拟双向加工的认识模式可对人才进行聚类分析。首先,运用概念加工认知模式利用先验知识构建一棵谱系树作为基准概念。其次,运用数据加工模式,通过指标约简构造谱系树中每个节点的样例模板系列,并以约简后的指标集合作为节点的决策依据为新鲜的案例样本在谱系树中寻找最优定位。

如前所述,双向协同的认知过程在杰出科技创新人才进行科技创新活动中时有出现。在杰出科技创新人才从事科技创新活动时,利用"概念驱动"的加工过程认知主体过往的知识经验作为存储于潜意识中的模板或者原型,或是认知主体从知识经验中提取出某事物的特点,用来等待与数据加工后的知觉对象进行匹配、识别。利用数据加工则需要认知主体在觉察到刺激之后,通过对刺激进行加工,将所知觉到的刺激依据格式塔整体性原则分为背景和知觉对象两部分,之后概念加工与数据加工结合、相互作用，即依据由过往的知识经验经概念加工而形成的模板、原型或特征，力求对知觉对象做出某种解释，使知觉对象具有一定意义，即知觉对象被尽可能识别出来。科技创新活动并不是一蹴而就的事，这个过程是一个螺旋式迭代过程，即依据某模板主动将知觉对象组织为此模板，而后再将组织过的知觉对象与模板进行匹配，比较其相似度。

9 基于机器智能模型的科技创新人才鉴别分析

从信息时代走向智能时代，机器智能引领着人类社会未来的发展。当今社会工作岗位和专业领域的高度分工使人不可能全知全能，在未来社会实现的分工将是各个领域智能层面人类和机器的分工。因此本章从研究机器智能开始，对人的七商进行建模，分析在这些商中科技创新人才必备的有哪些，机器可以辅助的有哪些，从而为今后人才的发展、智能层面人和机器的分工提供一些建议。9.1节分析了机器智能，并进行了机器智能和人类智慧的对比研究，指出哪些商可以由机器代替，哪些商要人类重点培养，提出了人类智慧与机器智能的协同发展。9.2节进行了基于机器智能的科技创新人才关键要素的数据建模与分析。

9.1 机器智能

人工智能（artificial intelligence，AI）实际上是在计算机上实现的智能，或者说是人类智慧在机器上的模拟，因此又可以称为机器智能。本章下述提到的人工智能、机器学习、类脑计算、认知计算、模式识别、数据挖掘等均属于技术路线，是宏观的思维视角，而神经网络、深度学习等属于技术方法。本节对机器智能和相关人类智慧进行对比研究，提出七商中机器智能可辅助的部分，以便促进人类智慧和机器智能的协同发展。

9.1.1 人工智能和机器学习

人工智能是一门新兴的边缘性学科，是研究人类思想建模和应用人类智慧的计算机学科，研究如何使机器具有认识问题和解决问题的能力。人工智能研究的要点，就是让机器如何更"聪明"，更具有人的智慧，能够胜任一些通常需要人类智慧才能完成的复杂工作。如何利用人类智慧解决问题完成非结构化任务是人工智能研究的一个核心问题。

9.1.1.1 人工智能和人类智慧

(1) 人工智能的内涵

人工智能，作为计算机学科的一个重要分支，是由 McCarthy 于 1956 年在 Dartmouth 学会上正式提出的，在当前被称为世界三大尖端技术之一。有很多关于人工智能的定义，至今尚未统一，人工智能可以概括为研究人类思想建模和应用人类智慧的计算机学科。

人工智能作为研究机器智能和智能机器的一门综合性高技术学科，产生于 20 世纪 50 年代，如图 9-1 所示，它目前已在知识表示、自动程序设计、智能机器人、计算机视觉、自然语言处理、知识处理系统、机器学习和知识获取、自动推理和搜索方法等多个领域取得举世瞩目的成果，从而形成了多元化的发展方向。最主要的有五大领域：知识表示、专家系统、神经网络、自然语言处理、机器人学（图9-2）。其中，知识表示是用于表示知识以便计算机系统能够用来解决智能问题的技术；专家系统是嵌入人类专家知识的计算机系统；神经网络是模拟人脑处理的计算机系统；自然语言处理是处理人类用于交流的语言的难题；机器人学分为固定机器人和可移动机器人，可移动机器人是相对于环境移动并具有一定自治能力的机器人。

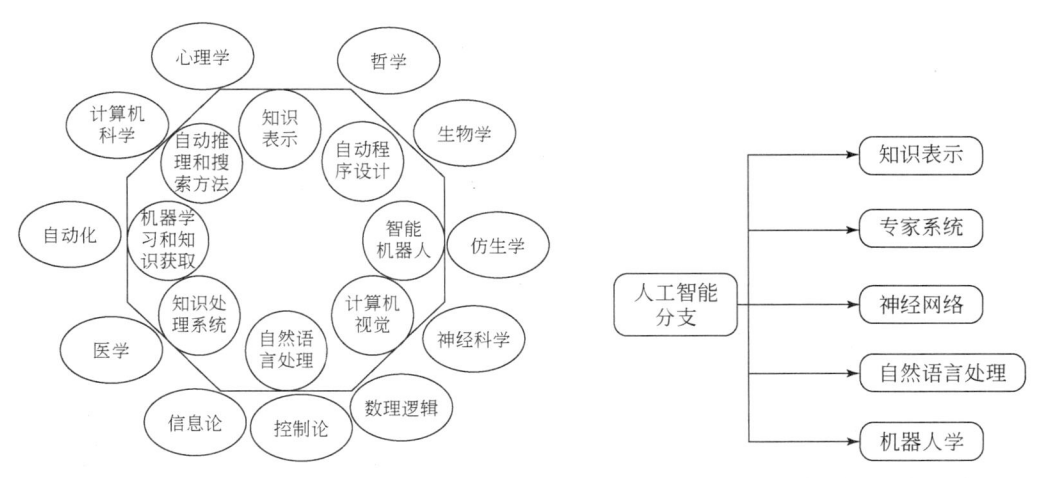

9 基于机器智能模型的科技创新人才鉴别分析

图 9-1 人工智能的交叉学科和应用领域

图 9-2 人工智能的分支领域

（2）人类智慧的内涵

人类智慧就是人类认识世界和改造世界的才智与本领。思维是人类智慧的核心。人类智慧和人类认知从初级到高级可以分为五个层级：神经层级的认知、心理层级的认知、语言层级的认知、思维层级的认知和文化层级的认知，简称神经认知、心理认知、语言认知、思维认知和文化认知。五个层级的认知是人类心智进化各个阶段认知能力的存留。人类认知只能而且必须被包含在这五个层级之中。神经认知和心理认知是人和动物共有的，称为"低阶认知"（lower-order cognition），语言认知、思维认知和文化认知是人类所特有的，称为"高阶认知"（higher-order cognition）。五个层级的认知形成一个序列，低层级的认知是高层级认知的基础，或者说，低层级的认知决定高层级的认知，而高层级的认知向下包含并影响低层级的认知[172]（图 9-3）。

（3）人工智能与人类智慧的异同

在神经、心理、语言、思维、文化这五个人类智慧和认知的层级上，人工智能都是在模仿人类智慧；人工智能是在不断进步的，但在总体上并未超过人类智慧。在语言、思维和文化层级，即在高阶认知层级上，目前人工智能都远逊于人类智慧。人类智慧是生物意义上的智能内涵，人类智慧比人工智能要高一个层次，是综合不同方面的智能形成的高层次的

· 215 ·

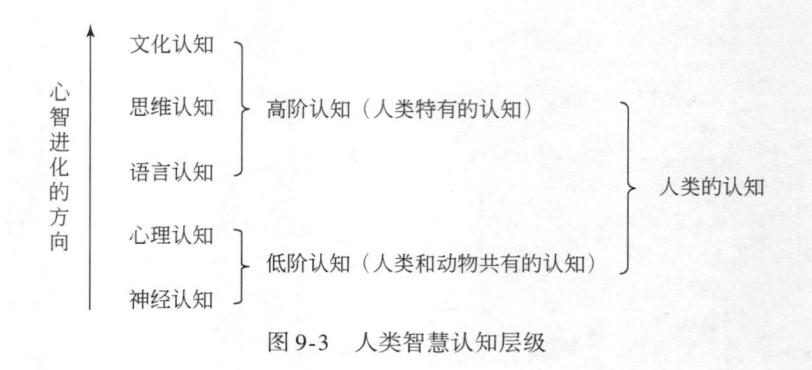

探究"钱学森之问"——科技创新人才智能分析

```
                文化认知 ⎫
       心       思维认知 ⎬ 高阶认知（人类特有的认知）⎫
       智       语言认知 ⎭                           ⎬ 人类的认知
       进       心理认知 ⎫                           ⎭
       化       神经认知 ⎬ 低阶认知（人类和动物共有的认知）
       的方向
```

图9-3 人类智慧认知层级

智慧。

人工智能，就是让机器或人类所创造的其他人工方法或系统来模拟人类智慧。人工智能与人类的智慧相互补充，相互促进，将开辟人机共存的人类文化。人类智慧与人工智能的统一性体现在两方面：其一，人工智能与计算机科学是人类心智和认知的一种外在的形式与工具；其二，人工智能与计算机科学作为一门学科，它的对象存在于人类认知的五个层级之中。人工智能的研究与人类智慧的探索是相互促进的过程，对人类智慧生物大脑的进一步认识可以推动人工智能结构的优化，同时人工智能的成功应用也可以反作用于我们对人类智慧的认识。

（4）人工智能可辅助代替的七商和基于人工智能需要重点培养的商值

人工智能的神经认知是模拟人类神经活动，感觉认知并没有达到人类水平，几乎不具备情绪认知，因此，人工智能情商、德商、健商都较低。在心理认知层级，人工智能具备基本的感知觉，但不具有跨越感觉通道的感知能力。例如，无法依凭感觉自主判断、察觉在不同环境下红色是暖色，蓝色是冷色，因此，可以说人工智能情商较低，而意商却很高，位商也许需要通过决策管理系统给出评价。存在智商中的记忆力水平指标。语言认知层级是高级认知的基础，思维认知和文化认知都建立在此之上，语言产生思维，人工智能的语言是二进制语言，单调、没有歧义，也就是具备知商中的知识存储量指标。思维认知是人类最高级别的精神活动，人工智能在概念推理判断方面做得较好，但在直觉、灵感、顿悟、创造性思维方面很差，无法对已有的知识进行综合创新，相当于具有智商中的逻辑思

9 基于机器智能模型的科技创新人才鉴别分析

维能力。同时，由于人工智能自身条件，在知识获取过程中表现出相对优势，相当于具有知商中的知识获取能力。最高阶的认知是文化认知，包含了科学、艺术、哲学、宗教，人工智能都没有涉及（图9-4）。

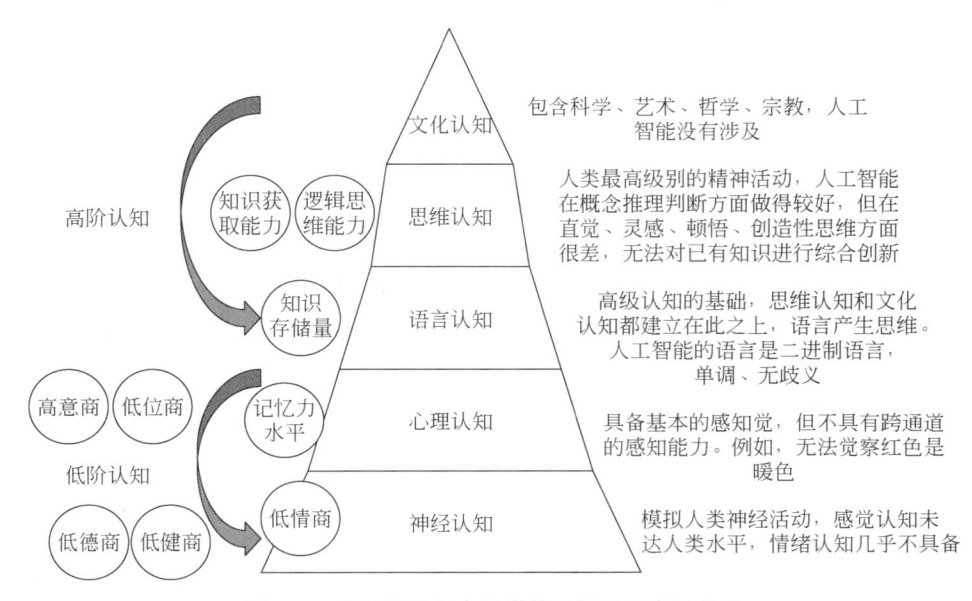

图9-4　人工智能与人类智慧层级及七商的关系

综上所述，人工智能只有智商中的记忆力水平、逻辑思维能力，知商系统中的知识存储量。因此要重点培养人的高阶认知中所缺少的要素：智商中的想象力水平、应变能力，知商中的知识表示与应用能力。

此外，在人类的发散思维（divergent thinking）和逻辑思维中，人工智能更多地涉及逻辑思维。发散思维，又称辐射思维、放射思维、扩散思维或求异思维，是指大脑在思维时呈现的一种扩散状态的思维模式，它表现为思维视野广阔，思维呈现出多维发散状，如"一题多解""一事多写""一物多用"等方式。不少心理学家认为，发散思维是创造性思维的最主要的特点，是测定创造力的主要标志之一。

逻辑思维是人们在认识过程中借助于概念、判断、推理反映现实的过程。它与形象思维不同，是用科学的抽象概念、范畴揭示事物的本质，表达认识现实的结果。逻辑思维主要指遵循传统形式逻辑规则的思维方式，它是人脑的一种理性活动，思维主体把感性认识阶段获得的对于事物认识的信息材料抽象成概念，运用概念进行判断，并按一定逻辑关系进行推理，从而产生新的认识。逻辑思维具有规范、严密、确定和可重复的特点，包含归纳与演绎、分析与综合、因果思维法、递推法、逆向思维法。

人工智能的专家系统中的推理规则就是利用了逻辑思维的结果，此外，机器学习、类脑计算、认知计算、模式识别、数据挖掘、神经网络、深度学习等均用到了逻辑思维。人工智能更擅长的是逻辑思维，是智商中的逻辑思维能力。人工智能可以辅助的是智商下的记忆力水平、逻辑思维能力，知商中的知识存储量，而需要人类重点培养的商值或指标则有情商、德商、意商、健商、位商，智商中的想象力水平、应变能力，知商中的知识表示与应用能力，如表9-1所示。

表9-1 人工智能可辅助的七商

人工智能可以辅助的商值或指标	需要人类培养的商值或某些重点指标
智商——记忆力水平	情商
智商——逻辑思维能力	德商
知商——知识存储量	意商
	健商
	位商
	智商——想象力水平、应变能力
	知商——知识表示与应用能力

9.1.1.2 机器学习和人类学习

（1）机器学习

机器学习（machine learning），研究计算机怎样模拟或实现人类的学习行为，以获取新的知识或技能，重新组织已有的知识结构使之不断改善自身的性能。它是人工智能的核心，是使计算机具有智能的根本途径。计算机能模拟人的学习行为，自动地通过学习获取知识和技能，不断改善性能，实现自我完善。机器学习研究的就是如何使机器通过识别和利用现有知识来获取新知识与新技能。它是一门多领域交叉学科，是人工智能的一

9 基于机器智能模型的科技创新人才鉴别分析

个重要的研究领域（图9-5）。

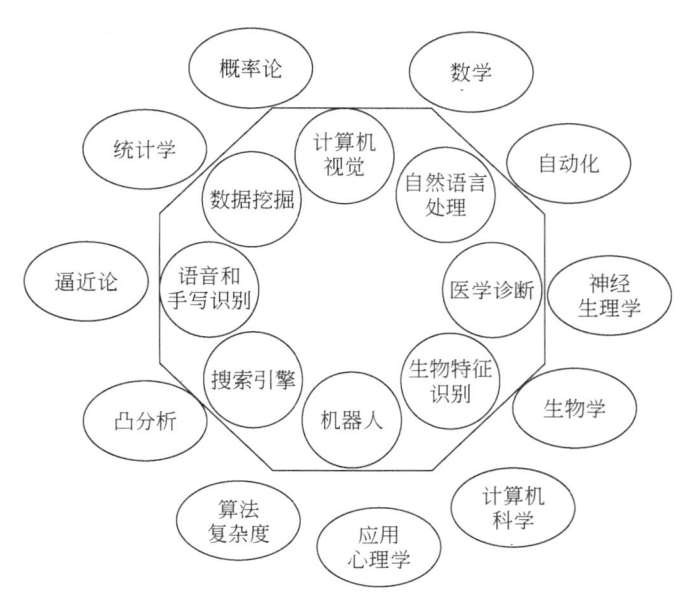

图9-5 机器学习的交叉学科和研究领域

机器学习在人工智能发展领域非常热门，其研究目的是使机器能够像人类一样不断获取新的知识，获得分析问题和解决问题的能力，建立其相关的知识体系，并且将这些能力运用在具体的实践问题解决中[173]。

（2）人类学习

与机器学习相对应的人类智慧的一个概念就是人类的学习行为。学习，是指通过阅读、听讲、思考、研究、实践等途径获得知识或技能的过程。学习分为狭义与广义两种：狭义的学习是指通过阅读、听讲、研究、观察、理解、探索、实验、实践等手段获得知识或技能的过程，是一种使个体可以得到持续变化（知识和技能，方法与过程，情感与价值的改善和升华）的行为方式。而广义的学习是指人在生活过程中，通过获得经验而产生的行为或行为潜能的相对持久的行为方式。

（3）机器学习与人类学习的比较

1）机器学习和人类学习的相同之处。学习是人类和其他动物最重要的一种活动，也是有机体适应环境的一个必要条件，是个体在一定情境下由于经验而产生的行为或行为潜能的比较持久的变化。所以说,人类的学习包含三层含义:①机体通过学习获得新的个体行为经验;②学习引起的行为变化是相对持久的;③学习是由练习或经验引起的。学习既包含许多基本的认知成分,如感知、记忆、思维等,也涉及动机、情绪及人格等内部动力和心理特性。

2)机器学习和人类学习的不同之处。机器学习是研究计算机怎样模拟或实现人类的学习行为,以获取新的知识或技能,重新组织已有的知识结构使之不断改善自身的性能。从功能主义的角度上讲,即使机器学习"功能实现"了人类的学习,但两者之间的差异还是难以弥补的,因此严格的说法应该是,机器学习只是模拟和实现人类的部分学习功能,这就是人类学习与机器学习的本质差异。

3)机械学习和意义学习。人类的学习可以分为意义学习和机械学习。意义学习是指将符号所代表的新知识与学习者认知结构中已有的适当观念建立非人为的(非任意的)和实质性的(非字面的)联系的过程。简而言之,就是符号或符号组合获得心理意义的过程。机械学习是指符号所代表的新知识与学习者认知结构中已有的知识建立非实质性的和人为的联系,即任意的(或人为的)和字面的联系获得的过程。例如,学生仅能记住乘法口诀表,形成机械的联想,但并不真正理解这些符号所代表的知识。机械学习是一种单纯依靠记忆学习材料,而避免去理解其复杂内部和主题推论的学习方法。人类的学习过程既包含意义学习又包含机械学习,而机器学习主要是机械学习。另外,人类的学习会用到演绎及归纳,但是机器学习主要采用的是归纳与综合。

4)机器学习的优势和劣势。人类在一生中都在不断地积累知识。但是人类不得不面对的事实是,人类的生命一旦结束,这些知识也就和生命一起消失了,因为人类的学习过程受到生命年限的限制。随着计算机及人工智能科学的进一步发展,人类越来越意识到,如果机器能够成功地实现人类的学习过程,那么就可以把学习不断地延续下去,这样就避免了大量的重复学习,使知识积累达到了一个新的高度。就人类的学习而言,是演绎与归纳两种方法并用的,因为这两种方法并不矛盾,相反却是互相促进的。机器学习由于自身的局限性，主要采用归纳与综合。相对于人类学习的目标明确性，机器学习目前却很难判断什么重要、什么有意义、应该学习什么，无法完全从环境中获得和提取知识，实现完全自动学习。

（4）机器学习可辅助的部分学习及相关七商

从意义学习和机械学习的角度出发，人类学习包含了意义学习和机械学习，机器学习主要使用了机械学习，在新知识和已有知识之间建立的是非本质的联系，在此过程中表现出的能力更偏向于人类七商中智商系统中的记忆力水平指标和知商系统中的知识获取能力指标（图9-6）。

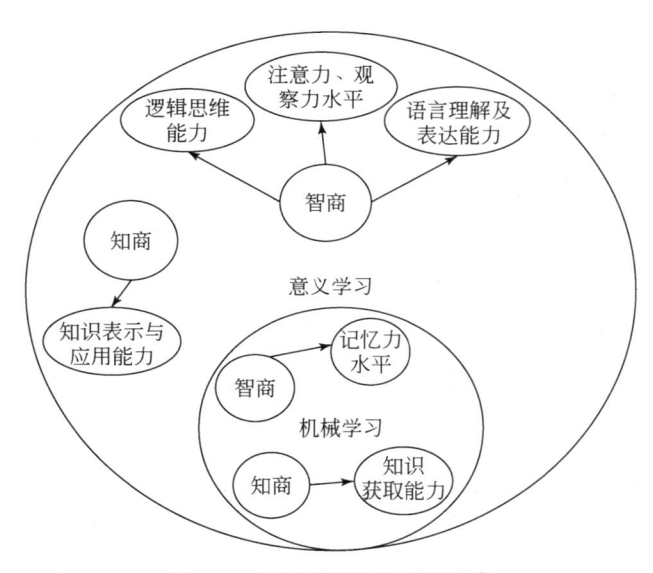

图 9-6　机器学习可辅助的七商

9.1.2　类脑计算和认知计算

类脑计算和认知计算是机器智能的组成部分，是在人工智能总标题下与"模式识别和数据挖掘""神经网络和深度学习"平行并列的子标题。

9.1.2.1 类脑计算和人类计算

（1）类脑计算

类脑智能是以计算建模为手段，受脑神经和人类认知行为机制启发，并通过软硬件协同实现的机器智能，第一个方向是参考人脑神经元模型及其组织结构来设计计算模型，第二个方向则是参考人类感知认知的计算模型，具体讲就是支持成熟的认知计算方法，如人工神经网络算法或深度神经算法。

（2）人类计算

人类计算是神经元之间形成的网络结构，具有并行互连功能，使人的大脑能够高速处理复杂信息。人类大脑的运行就像是一个大规模并行处理器。

（3）类脑计算和人类计算的比较

1）类脑计算与人类计算的相同之处。类脑计算是对比计算机信息技术与脑神经信息功能智能差距后而提出的技术理想，目标是发展仿脑的高智能计算机器。类脑计算不是简单的对生物大脑的复制，而是从结构与工作机理上寻找生物大脑的优势，从而对人工神经网络加以改进。

2）类脑计算与人类计算的不同之处。人类大脑将记忆和存储整合成一体，重量小于3磅①，占用体积大约2升，却比灯泡更加节能。人脑包含无数个神经元，每个神经元大约有$10^3 \sim 10^4$个树突及相应的突触，形成极为错综复杂而灵活多变的神经网络，虽然每个神经元的运算功能十分简单，且信号传输速率也较低（大约100次/秒），但由于各神经元之间形成的网络结构具有极度并行互连功能，使人的大脑能够高速处理复杂信息。人类大脑的运行就像是一个大规模并行分布式处理器，属于事件驱动方式，也就是说它对其所处环境中的事物做出反应，活动状态时耗能较少，休息状态下更少。人类大脑会重复利用神经元，

---

① 1磅≈0.4536千克。

9 基于机器智能模型的科技创新人才鉴别分析

并异步、并行、分布式、缓慢、不具通用性地处理问题，是可重构的、专门的、容错的生物基质，并且人脑记忆数据与进行计算的边界是模糊的。

3）类脑计算的优势。现代计算机基于冯·诺依曼结构的二进制存储和中央处理器的分离机制，它的运行大部分是按照顺序依次进行的，并由一个时钟控制。这个时钟就像是军乐队的一个指挥，将每一个指令和每一份数据驱动到下一个位置。它们善于执行的是预定义的算法及分析工作。一般情况下计算机使用固定的数字化的程序模型，同步、串行、集中、快速、具有通用性地处理问题，数据存储与计算过程在不同地址空间完成。

4）类脑计算的劣势。随着时钟增速及更快驱动数据处理速度，功耗也随之大幅度上升，甚至在休眠时这些机器也需要大量的电能。更重要的是，编程是必不可少的。它们由电线连接，并且容易出现故障。

（4）类脑计算可辅助的七商

类脑计算具有智商中的逻辑思维能力及超强的运算能力。人类计算耗能少，具有智商中的记忆力水平、语言理解及表达能力、逻辑思维能力、知识表示与应用能力。因此类脑计算要大力发展语言理解及表达能力、知识表示与应用能力、逻辑思维能力指标下除计算能力之外的其他能力，如图9-7所示。

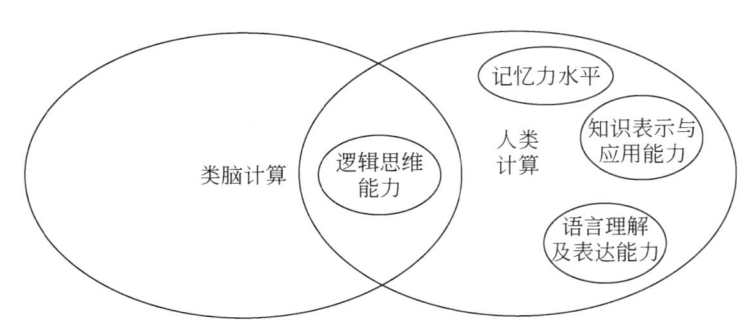

图9-7 类脑计算、人类智能计算与七商之间的关系

9.1.2.2 认知计算和人类信息加工

（1）认知计算

认知计算，源于模拟人脑的计算机系统的人工智能，出现于 20 世纪 90 年代后，用于使计算机像人类一样思考，而非开发一种人工系统。它寻求一种符合一致的有着脑神经生物学基础的计算机科学类的软、硬件元件，并用于处理感知、记忆、语言、智力和意识等心智过程[174]。认知计算最简单的工作是说、听、看、写，复杂的工作是辅助、理解、决策和发现。认知计算是一种自上而下的、全局性的统一理论研究，旨在解释观察到的认知现象（思维），符合已知的自下而上的神经生物学事实（脑），可以进行计算，也可以用数学原理解释。认知计算的一个目标是让计算机系统能够像人的大脑一样学习、思考，并做出正确的决策。

（2）人类信息加工

人脑加工外界刺激是人类的感觉、知觉、意识、注意、记忆、思维、语言等内外部信息交互的过程。

（3）认知计算与人类信息加工的比较

人脑与电脑各有所长，认知计算系统可以成为一个很好的辅助性工具，配合人类进行工作，解决人脑所不擅长解决的一些问题。

1）认知计算与人类信息加工的相同之处。认知计算用于教计算机像人脑一样思考，而不只是开发一种人工系统。传统的计算技术是定量的，并着重于精度和序列等级，而认知计算则试图解决生物系统中的不精确、不确定和部分真实的问题，以实现不同程度的感知、记忆、学习、语言、思维和问题解决等过程。

2）认知计算与人类信息加工的不同之处。人类大脑和现代计算机具有完全不同的架构，它们的存储和处理机制完全不同，无论我们再努力多少年，以现代计算机为基础的认知计算也无法模拟人脑的功能和实时反应，更不能像人类大脑一样实现灵活而高深的认知过程。

3）认知计算的优势。人脑与电脑各有所长，认知计算系统可以成为一个很好的辅助性工具，配合人类进行工作，解决人脑所不擅长解决的一些问题。认知计算时代，计算机将成为人类能力的扩展和延伸。认知计算意味着更高效的信息处理能力、更加自然的人机交互能力、以数据为中心的体系设计，以及类似人脑的自主学习能力，这为人类应对大数据挑战开启了新方向。

4）认知计算的劣势。人类大脑和现代计算机具有完全不同的架构，它们的存储和处理机制完全不同，认知计算无法模拟人脑的功能和实时反应，不能像人类大脑一样实现灵活而高深的认知过程，改善这个任务需要一个新颖的架构，这正是认知计算目前面临的难点和重点。

（4）认知计算可辅助的七商

认知计算可辅助位商中的决策水平，智商中的语言理解及表达能力、逻辑思维能力，知商中的知识存储量。要重点培养智商中的注意力、观察力水平，记忆力水平，应变能力，想象力水平，知商中的知识获取能力、知识表示与应用能力，如图 9-8 所示。

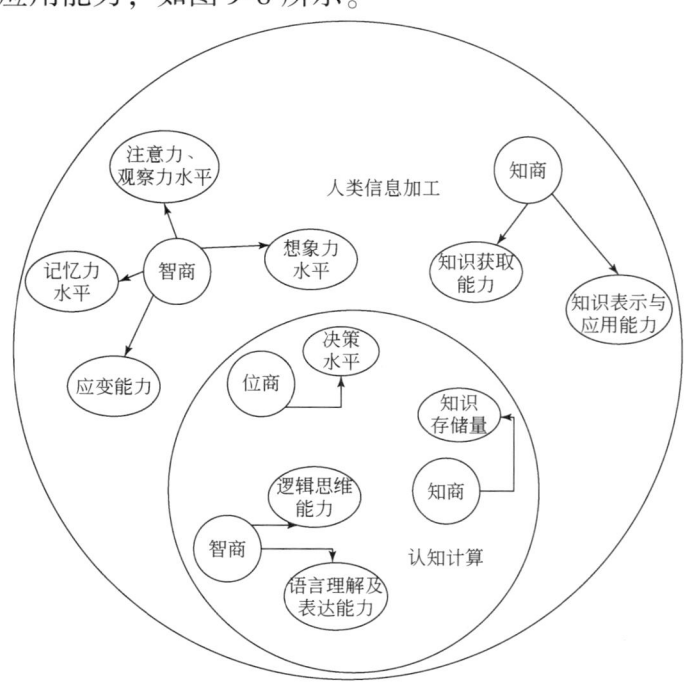

图 9-8 认知计算与七商间的关系

9.1.3 模式识别和数据挖掘

模式识别和数据挖掘是机器智能的组成部分,是在人工智能总标题下与"类脑计算和认知计算""神经网络和深度学习"平行并列的子标题。

9.1.3.1 模式识别和人类模式识别

(1) 模式识别

根据所要研究的内容,可以对模式和模式识别做以下狭义定义:模式是对某些感兴趣的客体定量的或结构的描述,模式类是具有某些共同特性的模式集合。模式识别是使计算机自动(或人尽量少干涉)地将识别的模式分配到各自的模式类中的技术[175]。

1)模式识别系统组成。根据模式识别的定义,可以给出如图 9-9 所示的模式识别系统的基本构成。

数据获取 → 预处理 → 特征抽取、选择、提取 → 分类决策 / 分类规则训练

图 9-9 模式识别系统的基本构成

对于特征抽取、选择和提取这一环节,在简单情况下,特征抽取这一步一般就省略了。一个模式识别系统基本上就是一个模仿人对事物的认识的过程。

对于处理与识别这两个概念,它们是有区别的,如图 9-10 所示。处理的特点表现为输入与输出的是同样的对象,性质不变。而对识别而言,输入的是事物,输出的则是对它的分类、理解和描述。

2)模式识别按实现方法分类。

监督分类。监督分类也称为有人管理的分类。此类方法首先需要依靠已知所属类别的训练样本集,依据它们的特征向量的分布来确定判别函

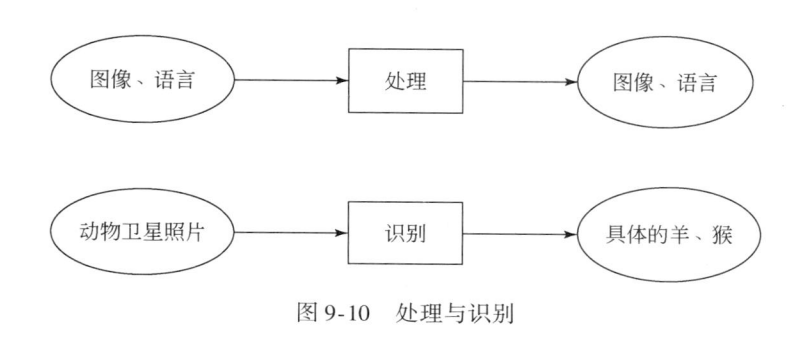

9 基于机器智能模型的科技创新人才鉴别分析

图 9-10 处理与识别

数，然后再利用判别函数对未知的模式进行判别分类。因此，使用这类方法需要有足够的先验知识。

非监督分类。非监督分类也称为无人管理的分类。这类方法一般用于没有先验知识的情况，通常采用聚类分析的方法，即基于"物以类聚"的观点，用数学方法来分析各特征向量之间的距离及分散情况。

（2）人类模式识别

人类模式识别是指外部信息到达感受器官被转换为有意义的感觉经验。模式识别是人类的一项基本智能，是认知过程中的匹配阶段的主要任务。

（3）模式识别和人类模式识别的比较

1）模式识别和人类模式识别的相同之处。模式识别按照哲学来定义，是指一个"外部信息到达感觉器官被转换成有意义的感觉经验"的过程。因此，模式识别和人类模式识别实际上要达到的目标及过程是大致类似的。

2）模式识别和人类模式识别的不同之处。模式识别是伴随着计算机的研究和应用日益发展起来的。随着计算机应用领域的不断扩大，人类将计算机称为电脑，几乎所有本来由人脑实现的功能，人们都试图用电脑来完成。虽然在这方面已经取得了可喜的成就，但比起人脑来，电脑仍旧只是小巫见大巫。人脑具有十分丰富的联想能力，而电脑，除了在联想、判断、推理能力等方面还远远不及人脑外，在对外界信息的感知方面，其能力更是远不如人脑。所以，研究和发展模式识别的目的就在于提高计算机的感知能力，从而极大地开拓计算机的应用范围。当然，计算机感知能力

·227·

的真正提高，不仅与模式识别这一学科本身有关，而且与离散数学、概率论、工程技术学、线性代数、形式语言、模糊数学及计算机本身的体系结构和软硬件性能等均有关系。

（4）模式识别可辅助的七商

模式识别可辅助知商中的知识存储量，智商中的逻辑思维能力（部分因素，主要指归纳、计算）、记忆力水平。还需加强培养人的知商中的知识表示与应用能力，智商中的想象力水平、逻辑思维能力（除归纳、计算之外的其他因素）（图9-11）。

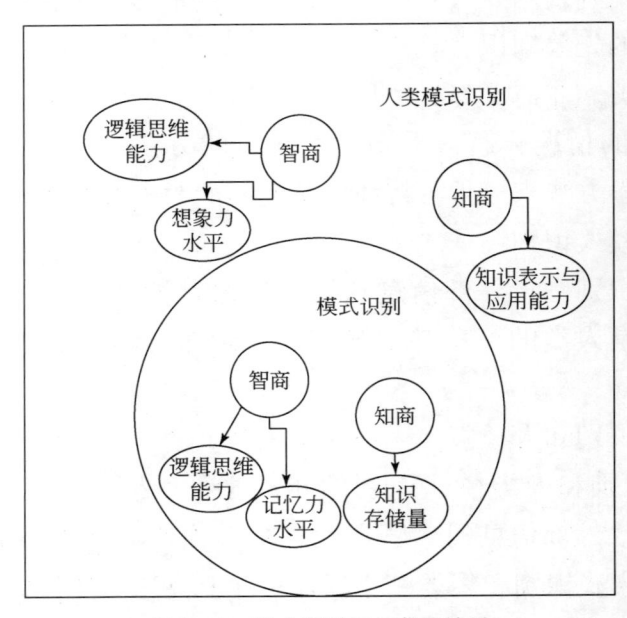

图9-11 模式识别和七商的关系

9.1.3.2 数据挖掘和人类信息抽象

（1）数据挖掘

数据挖掘是指一个从大量数据中抽取挖掘出未知的、有价值的模式或规律等知识的复杂过程。数据挖掘是从大型数据库或数据仓库中发现并提取隐藏在其中的信息的一种新技术，它能从数据仓库中自动分析数据，并进行归纳性推理，进而从中发掘出潜在的模式；或者产生联想，建立新的

9 基于机器智能模型的科技创新人才鉴别分析

业务模型，帮助决策者做出正确的决策[176]。

数据挖掘的全过程（图 9-12）如下所示。

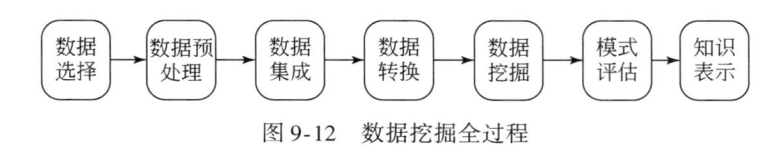

数据选择 → 数据预处理 → 数据集成 → 数据转换 → 数据挖掘 → 模式评估 → 知识表示

图 9-12 数据挖掘全过程

1）数据选择：从数据库中检索和分析与任务相关的数据。

2）数据预处理：包括数据清理和数据集成，数据清理用来清除噪声或者不一致的数据。

3）数据集成：将多种数据源组合在一起。

4）数据转换：将数据变换或统一成适合挖掘的形式。

5）数据挖掘：使用智能方法提取数据模式。

6）模式评估：根据某种兴趣度来度量、识别表示知识的真正有趣模式。

7）知识表示：使用可视化和知识表示技术，向用户提供挖掘的知识。

（2）人类信息抽象

人类信息抽象是指人们在认识活动中运用概念、判断、推理等思维形式，对客观现实进行间接的、概括的反映，从简单的事物抽象出背后一般性存在的原理，归纳出普适性原理或需要的信息。

（3）数据挖掘与人类信息抽象的比较

1）数据挖掘与人类信息抽象的相同之处。在知识信息爆炸时代，从海量数据中获取有益的知识已经成为一种重要的能力。在我们所提出的七商系统的知商系统中就有要素——知识获取能力。从无用的信息中提取有用的数据、知识是人类智慧所要完成的工作，与数据挖掘的目标是一致的。但仅靠复杂的算法和推理并不能发现有用的知识。人工智能技术，特别是神经网络技术与数据挖掘的结合为数据挖掘理论和方法的研究指出了一条新的道路。

2）数据挖掘与人类信息抽象的不同之处。随着计算机与通信技术的迅猛发展及其在工业生产中的应用，大量信息充斥互联网，数据挖掘将从这些数据中获取可用于信息管理、问题求解、判断决策、生产控制的有用知识。神经网络具有分布存储、非线性、自组织和学习性等特点,因此该方法在解决数据挖掘问题时具有一定的优势。通常普通神经网络识别精度较低。而人类智慧在进行信息提取、知识获取的时候采用的主要是自上而下的加工方式,具有极大的主观性和目标性,有利于从海量数据中直接提取有用信息,忽略无关信息。

(4) 数据挖掘可辅助的七商

数据挖掘运用到了知商系统中的知识获取能力、知识存储量,智商系统中的语言理解及表达能力、逻辑思维能力,因此在未来的人才发展中可以在这几个指标上适度减少培养力度,而在人类智慧信息抽象独有能力——智商系统中的注意力、观察力水平,应变能力,想象力水平,知商系统中的知识表示与应用能力方面应当加强培养(图9-13)。

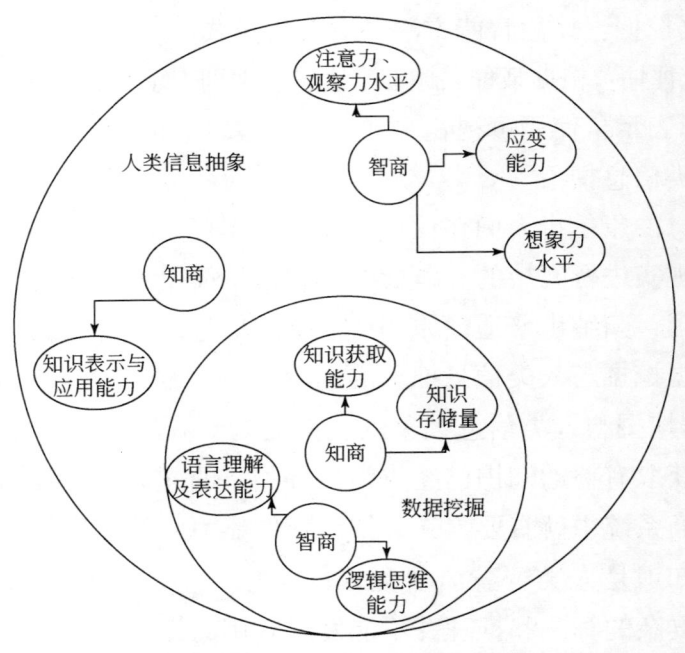

图9-13 数据挖掘、人类信息抽象与七商之间的关系

9.1.4 神经网络和深度学习

神经网络和深度学习是机器智能的组成部分,是在人工智能领域下与

"类脑计算和认知计算""模式识别和数据挖掘"平行并列的子命题。

9.1.4.1 人工神经网络与生物神经网络

（1）人工神经网络

人工神经网络（artificial neural networks，ANNs）也简称为神经网络（neural networks，NNs）或称为连接模型（connection model），它是一种模仿动物神经网络行为特征，进行分布式并行信息处理的算法数学模型，依靠系统的复杂程度，通过调整内部大量节点之间相互连接的关系，达到处理信息的目的[177]。它是一种通过应用类似于大脑神经突触连接的结构进行信息处理的数学模型。在工程与学术界也常直接简称为神经网络或类神经网络。

人工神经网络是近年来应用广泛的一种模拟人脑神经系统的结构和功能的人工智能方法，它采用非线性并行处理方式，具有强大的学习和适应能力，可用于影响因素分析。

深度神经网络采用的是一种深度、复杂的结构，具有更加强大的学习能力。目前深度神经网络已经在图像识别、语音识别等领域取得了显著的成功。这项技术正在为机器学习领域带来一个全新的研究浪潮。

（2）生物神经网络

生物神经网络（biological neural networks）一般指生物的大脑神经元、细胞、突触等组成的网络，用于产生生物的意识，帮助生物进行思考和行动。

（3）神经网络与人类神经网络的异同

1）神经网络与人类神经网络的相同之处。神经网络是模仿人类的生物神经网络而形成的，有多个层级，类似于人类的神经网络多层连接。神经网络通过对人脑的基本单元——神经元的建模和连接，探索模拟人脑神经系统功能的模型，并研制一种具有学习、联想、记忆和模式识别等智能信息处理功能的人工系统。神经网络的一个重要特性是它能够从环境中学习，并把学习的结果分布存储于网络的突触连接中（图9-14）。

探究"钱学森之问"——科技创新人才智能分析

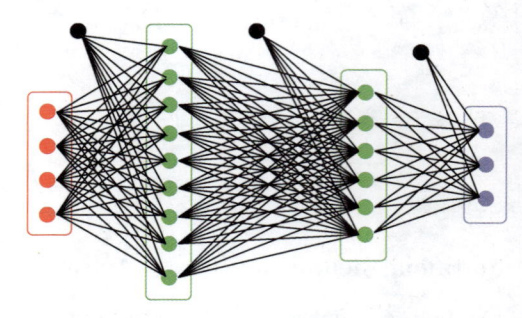

图9-14 神经网络组织结构

2）神经网络与人类神经网络的不同之处。生物神经网络中，生物依靠神经元、细胞、突触等组成的网络使得生物产生意识，进而帮助生物进行思考和行动（图9-15）。神经网络中的神经元受生物神经元启发而得到计算模型。神经网络中的神经元接收到一些输入（类似于突触），然后与对应的权值相乘（对应于信号的强度）并求和，之后由一个数学函数来决定神经元的输出状态。

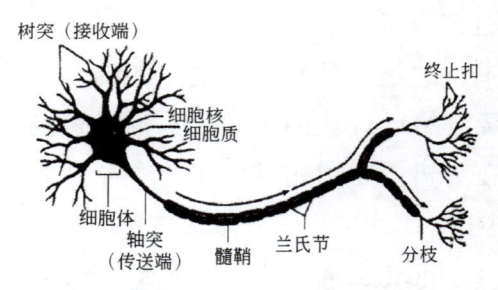

图9-15 生物神经网络

组织结构不同。生物神经网络的树突与轴突之间的空隙称为神经键，神经键的化学结构调节输入信号的强度。神经元的轴突上的输出是所有输入信号的函数。神经元可接受多个输入信号，然后根据相应的神经键赋予权值，控制各个信号的强度。

人工神经网络是一种模仿动物神经网络行为特征，进行分布式并行信息处理的算法数学模型。这种网络依靠系统的复杂程度，通过调整内部大量节点之间相互连接的关系，达到处理信息的目的（图9-16）。

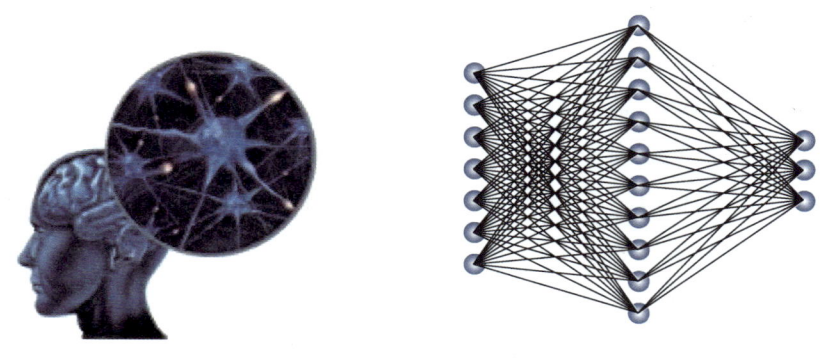

9 基于机器智能模型的科技创新人才鉴别分析

图 9-16 人工神经网络

工作方式不同。生物神经网络中，树突有多个信号的输入，神经键会赋予它们不同的强度（然后根据相应的神经键给予每个信号的重要性控制它们的强度），当有足够多的加权输入信号是强信号，神经元就进入兴奋状态，生成一个强输出信号；如果有足够多的加权输入信号是弱信号，或者被该信号的神经间的加权因子削弱了，那么神经元就进入抑制状态，生成一个弱信号（图 9-17）。

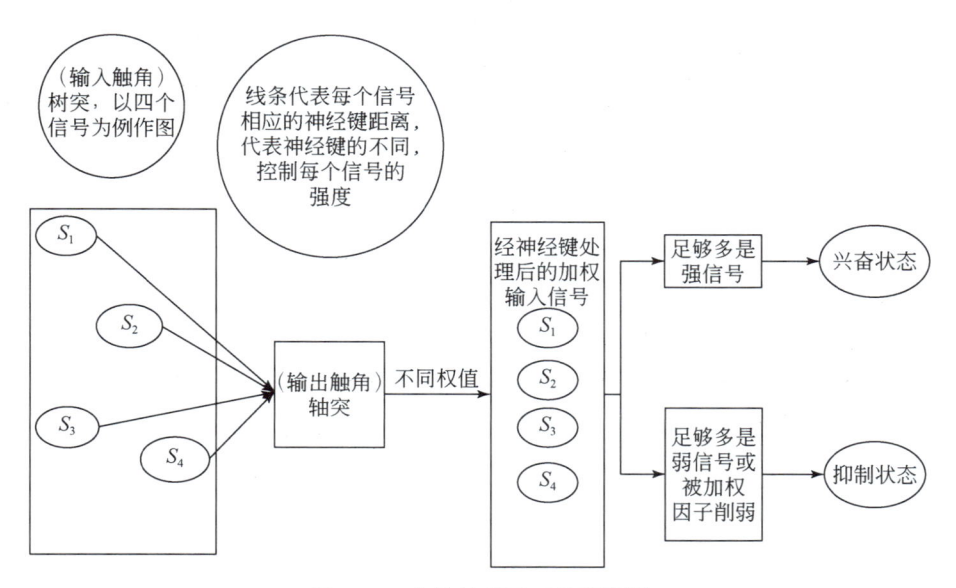

图 9-17 生物神经元工作原理图

探究"钱学森之问"——科技创新人才智能分析

在人工神经网络中需要重点理解有效权,有效权是人工神经元中输入值和相应的权的乘积之和(每个处理元素相当于一个生物神经元)。在人工神经网络工作时,需要调整神经网络中的权和阈值以实现想要的结果,这一过程称为训练过程。对神经网络训练越多,生成精确结果的机会就越大。神经网络使用领域广泛,网络的权和阈值没有任何内在含义,含义源于我们对它的解释(图9-18)。

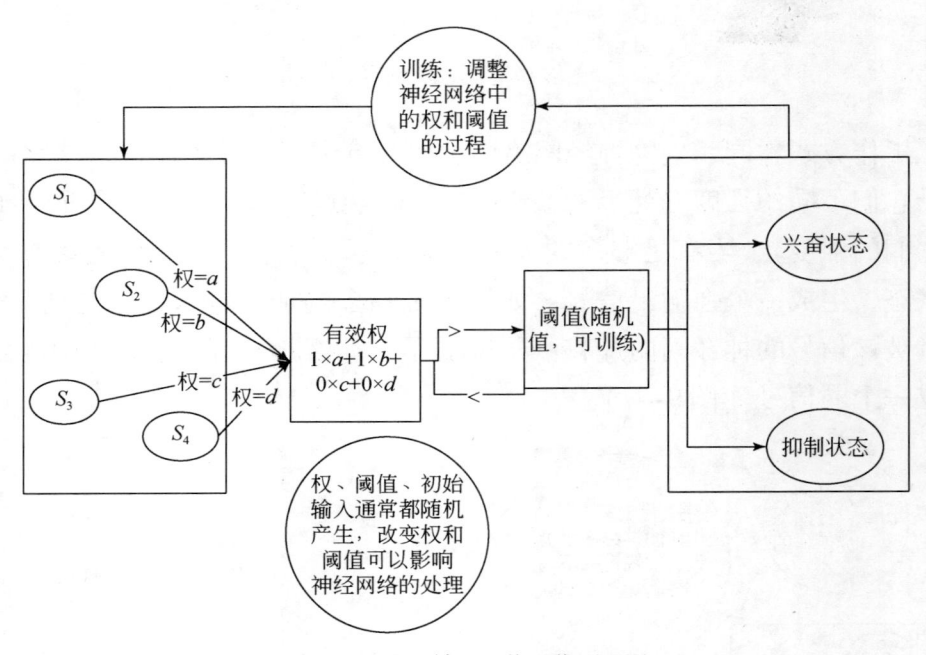

图9-18 人工神经网络工作原理图

(4)神经网络可辅助的七商

神经网络具有良好的逻辑推理能力、按照既定要求处理信息的能力,类似于智商中的逻辑思维能力、语言理解及表达能力、记忆力水平,知商中的知识表示与应用能力、知识存储量,位商系统中的决策水平,说明在人才培养的过程中计算机可以辅助这几个指标,另应该着重培养智商中的应变能力、想象力水平等指标(图9-19)。

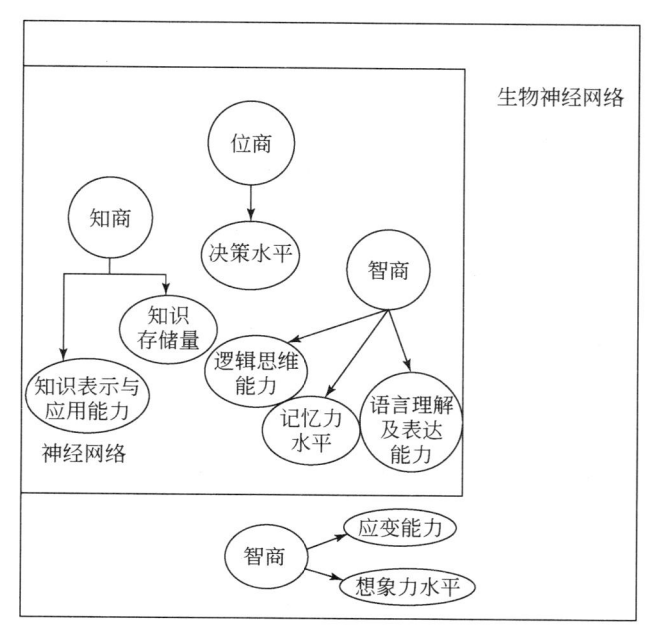

9 基于机器智能模型的科技创新人才鉴别分析

图 9-19 神经网络可辅助的七商

9.1.4.2 深度学习与人类深度思考

（1）深度学习

深度学习是指用来表示高阶抽象概念的复杂函数，解决目标识别、语音感知和语言理解等人工智能相关的任务。它的架构由多层非线性运算单元组成，每个较低层的输出作为更高层的输入，可以从大量输入数据中学习有效的特征表示，学习到的高阶表示中包含输入数据的许多结构信息，是一种从数据中提取表示的好方法，能够用于分类、回归和信息检索等特定问题中[178]。

深度学习的概念起源于人工神经网络的研究，有多个隐层的多层感知器是深度学习模型的一个应用。对神经网络而言，深度是指网络学习得到的函数中非线性运算组合水平的数量。当前神经网络的学习算法中，深度结构神经网络是指非线性运算组合水平较高的网络，如它会有一个输入层、三个隐层和一个输出层。含多隐层的多层感知器通过组合底层特征形

探究"钱学森之问"——科技创新人才智能分析

成更加抽象的高层表示属性类别或特征,以发现数据的分布式特征表示,其动机在于建立、模拟人脑进行分析学习(图9-20)。

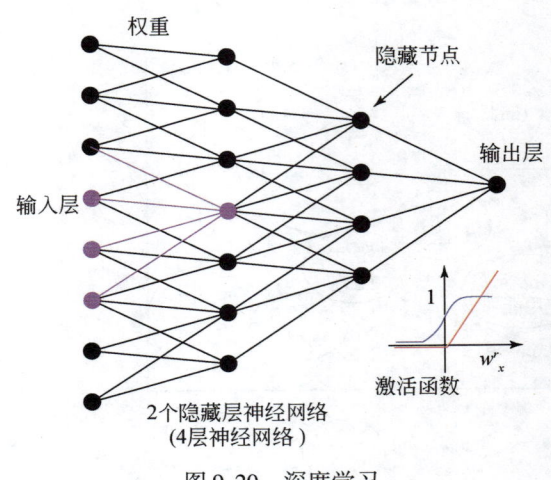

图 9-20 深度学习

(2)人类深度思考

运用联想类比思维,对输入的数据进行多层次的抽象、加工。

(3)深度学习与人类深度思考的异同

从仿生学角度来看,深度学习神经网络结构是对人类大脑皮层的最好模拟。与大脑皮层一样,深度学习对输入数据的处理是分层进行的,用每一层神经网络提取原始数据不同水平的特征。深度学习含多隐层的多层感知器,通过组合低层特征形成更加抽象的高层表示属性类别或特征,以发现数据的分布式特征表示。它模仿人脑的机制来解释数据,如图像、声音和文本。

(4)深度学习可代替的七商

深度学习具有良好的归纳总结能力,类似于智商中的逻辑思维能力、语言理解及表达能力、记忆力水平,知商中的知识表示与应用能力、知识存储量,位商系统中的决策水平。在人才培养的过程中,应重点发展知商中的知识获取能力,智商中的注意力、观察力水平,应变能力,想象力水平(图9-21)。

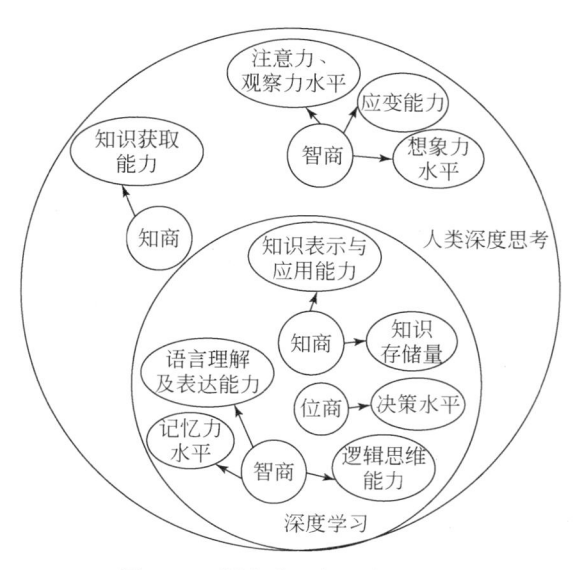

9 基于机器智能模型的科技创新人才鉴别分析

图 9-21 深度学习与七商的关系

9.1.5 机器智能和个人智慧协同发展

从广义上讲，智能和智慧没什么区别，只是从狭义上讲二者才有所区别，区别在于智能比智慧的涵盖范围要小一些，或者说，智能指某一方面的思维能力，而智慧指各方面的思维能力，即总体思维能力。

9.1.5.1 个人智慧

智慧是个体在其智力与知识的基础上，经由经验与练习习得的一种德才兼备的综合心理要素，包括聪明才智与良好品德两大成分。智慧可分为常规智慧与应变智慧、群体智慧与组织智慧、个人智慧与一般智慧、德慧与物慧等，与人的年龄、体魄、文化、教育、人格、思维方式、智力存在重要联系。智慧其实就是我们所提到的七商——健商、智商、知商、情商、意商、位商、德商。我们提出的七商是对智慧的内涵所做的一次细化（图 9-22）。

9.1.5.2 机器智能

机器智能，也叫人工智能，是在计算机上实现的智能，是使机器具有认识问题和解决问题的能力（图9-23）。

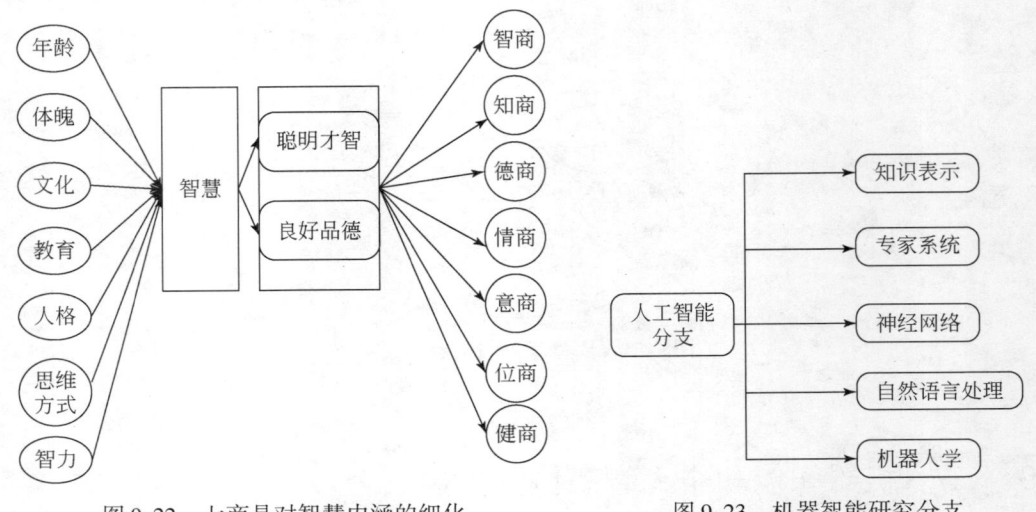

图9-22 七商是对智慧内涵的细化

图9-23 机器智能研究分支

9.1.5.3 个人智慧和机器智能的优势

（1）个人智慧优势分析

与机器智能相比，个人智慧的最大优势是逻辑推理能力、想象力、创造力及其高效性。人脑功耗只有20多瓦，处理许多感知和认知任务（如图像识别、人脸识别、语音识别）的精度与拥有庞大内存、计算速度高达万亿次的超级电脑相比毫不逊色。

（2）机器智能优势分析

随着机器学习算法的不断进步与发展，计算机借助强大的存储与运算能力，学习人类几千年来发展与进化过程中所累积的完整知识的能力越来越强，借助完整知识对复杂事务进行预测与判断的准确度将会全面超越人类。然而，当前的机器学习框架无法模拟人类的想象力与创造力，科学研究与发明创造仍将是人类的优势所在。机器智能的优势是计算准确、存储容量大、知识可复制。

（3）个人智慧优势所对应的七商及指标

个人智慧对应着情商、德商、意商、健商、位商，以及知商中的知识获取能力，智商中的想象力水平、应变能力，如图 9-24 所示。

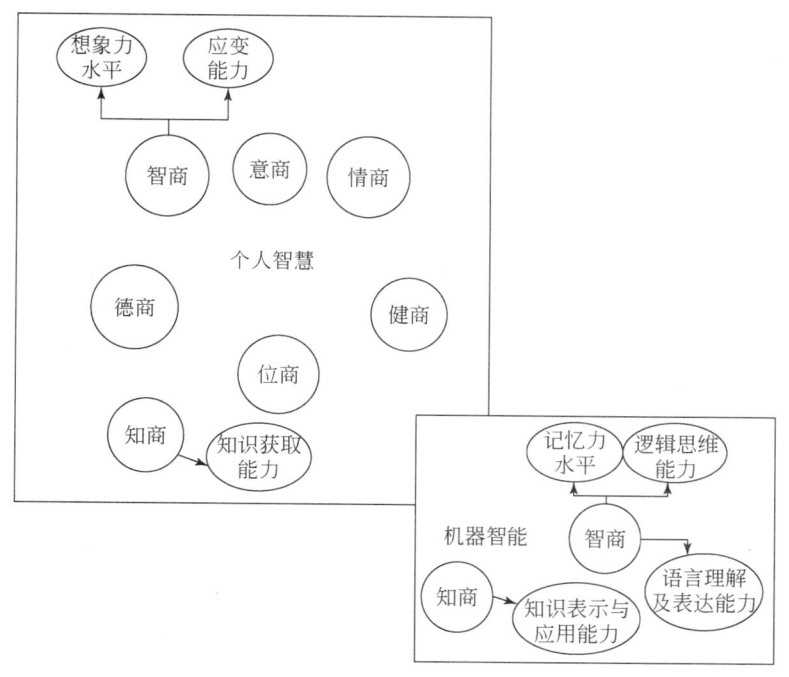

图 9-24　个人智慧和机器智能的优势对应的七商

9.1.5.4　机器智能的局限

（1）让机器在没有人类教师的帮助下学习

机器需要具备在没有人类太多监督和指令的情况下进行学习的能力，或在先验知识和少量样本的基础上进行学习。也就是说，机器无须在每次输入新数据或者测试算法时都从头开始训练模型。

（2）让机器像人类一样感知和理解世界

当前，我们已经拥有强大的计算和出色的数据收集能力，利用数据进行推理这一问题已不是开发先进人工智能道路上的障碍，但这种推理能力是建立在数据的基础之上。如果能让机器进一步感知真实世界，它们的表现会更出色。相比之下，机器学习系统只是按照人设计的程序去处理和分析输入的信息。要实现具有人类水平的人工智能，需要机器具备对自然界的丰富表征和理解的能力，实现健壮的人工智能，这是一个大问题。例如，围棋很复杂，让计算机在棋盘上识别出最有利的落子位置也很难，但描述围棋对弈的状态和精确表征依然过于简单。

（3）使机器具有自我意识、情感及反思自身处境与行为的能力

这是实现人类智慧最艰难的挑战。人类具有自我意识及反思自身处境与行为的能力，这种能力才使人类区别于世间万物。另外，人类大脑皮层的能力是有限的，将智能机器设备与其相连接，人类的能力就会扩大，机器也由此产生"灵感"。

9.1.5.5 个人智慧与机器智能耦合关系

个人智慧与机器智能相互补充、相互促进，实现优势互补、价值互补，将开辟人机共存的人类文化，推动人类社会进入人工智能的时代。

个人智慧的局限正是机器智能的优势性所在，而机器智能的局限正是个人智慧的优势性所在。人在质的思考方面胜过机器，而机器在量的方面胜过人。二者互补互动，协同发展。因此，取二者之长，取个人智慧中的想象力与创造力（即七商中的智商），取机器智能的强大存储、运算、对复杂事物的判断能力，而后协同发展，将是未来世界科技创新人才发展的必由之路。

所谓人机协同机制，是指专门用于协调和控制系统与进程的执行主体及其之间关系的程序结构[179]。

9.1.5.6 人的作用在协同发展系统发生的变化

1）人在整个系统中，仍然处于主要地位，只是发生作用的形式和途径产生了一些变化。人主要利用自身知识在不同层次上进行信息的抽取、

9 基于机器智能模型的科技创新人才鉴别分析

提炼和融合,对制造系统的目标、状态和行为进行感知与决策,根据自己的需要和生产需要设计更好的协同机制。

2)其他协作成员传授知识(包括自身喜好、行为习惯、领域经验知识)等,从而逐步培养具有一定主动性和智能性的人的代理体。

3)人有了新的感知机器对象状态的途径。那就是不仅通过直接观察来感知机器的当前状态,还通过其他角色的增强型的反馈来间接感知。

4)提供帮助、建议。通过对自身知识的推理,能够向用户提供适当的帮助和建议,从而可以避免人的情绪波动、疏忽、遗忘、疲劳心理和生理因素导致决策失误的现象。

9.1.5.7 计算机的作用在协同发展系统发生的变化

计算机的本质作用没有发生变化,仍然是依靠自身优越的动力学特性、高精度、高可靠性地完成人赋予它的任务。机器发生的变化在于以下几点。

1)计算机摆脱了只能直接与人交互的局面,交互的任务更为明确、直接和柔性化。

2)可以将人的不精确的、模糊的执行命令转化为具体命令,使机器接受起来更加容易。

3)机器的信息感知和处理技术,只需要强调技术的一面(如高精度的传感设备和计算中心等),不需要过分强调智能化(有限智能),信息的增强、提炼和转化由计算机与人来共同完成[180]。

9.1.5.8 个人智慧与机器智能协同发展路径

(1)以机器智能为中心

机器智能,也叫人工智能,是在计算机上实现的智能,是使机器具有认识问题和解决问题的能力。它是涉及心理学、认知科学、思维科学、信息科学、系统科学和生物科学等多学科的综合型技术学科,目前已在知识处理、模式识别、自然语言处理、博弈、自动定理证明、自动程序设计、专家系统、知识库、智能机器人等多个领域取得举世瞩目的成果，从而形成了多元化的发展方向。

以机器智能为中心，就要充分发挥机器强大的存储能力、日益精确的计算能力，人作为辅助角色，做出最后的决策。

（2）以人类智能为中心

人的认知过程是人脑反映客观事物的特性与联系，并揭露事物对人的影响与作用的复杂的心理活动过程，它会受到两种不同认知控制模式的影响。第一种称为注意模式（attention mode），是指个体情景中的众多刺激，只选择其中一个或一部分去反映，从而获得知觉经验的心理活动。个体的动机或需求和认识客体本身特征，应是影响认知注意力的两个主要因素。第二种称为图式模式，是认知心理学家 Piaget 提出的，指个体用以认识周围世界的基本模式，这种模式由人的基因为基础的意识、概念、经验等综合构成一个与外在现实世界相对应的抽象的认知架构，储存在记忆当中，一旦遇到外界刺激，就使用此架构去核对、了解、认识环境。

Rasmussen 提出人的行为可以分为三个类别，代表了人的三种不同的认知水平。人的行为类型分为技能型行为、规则型行为和知识型行为。

1) 技能型行为的特征是在信息输入与人的反应之间存在着非常密切的耦合关系，它不完全依赖于给定任务的复杂性，而只依赖于人员培训水平和完成该任务的经验，这种行为的主要特点是，它不需要人对显示信息进行解释，而是下意识地对信息给予反应操作。

2) 规则型行为是由一组规则或程序所控制和支配的，它与技能型行为的主要不同点来自对实践的了解或掌握的程度。如果规则没有很好地经过实践检验，那么人们就不得不对每项规则进行重复和校对。在这种情况下，人的反应就可能由于时间短、认知过程慢、对规则理解差等而产生失误。

3) 知识型行为是发生在对当前情景症状不清楚、目标状态出现矛盾或者完全未遭遇过的新鲜情景环境下，操纵人员无现成的规程可循，必须依靠自己的知识、经验进行分析、诊断和决策，这种知识型行为的失误概率很大。

人的认知过程具有很大的倾向性,并受到图式模式的影响,因而有很强的经验成分。人的三种不同类型的行为,受人的认知水平的限制,导致有很强的不精确性和主观性。机器智能作为辅助。

(3) 交互式协同

1) 要实现人机一体化的思想,必须充分发挥人与机器各自的特点,以协同最优为目标。借助一个既能理解人的思维和行为,又能理解机器行为的中间体,在人与机器之间建立一种柔性的耦合关系,应是将具有本质区别的两个事物有机融合的一种可行思路。

2) 人特有的认知和行为特点,决定了这个中间体只能是由人根据自身特点、经验知识创造的,并具有人类某些重要意识属性和行为特点的"代理人"。这个中间体驻留在与机器紧密相连的人机接口系统中。

9.2 基于机器智能的科技创新人才关键要素的数据建模与分析

9.2.1 利用模式识别进行的科技创新人才的关键要素抽取

9.2.1.1 基于特征选择的关键要素挖掘

在人才鉴别中,要素数量往往较多,其中可能存在不相关的要素,要素之间也可能存在相互依赖,容易导致严重的后果。

要素个数越多,分析要素、训练模型所需的时间就越长。要素个数越多,容易引起"维度灾难",模型也会越复杂,其推广能力会下降。

特征选择能剔除不相关(irrelevant)或冗余(redundant)的要素,从而达到减少特征个数、提高模型精确度、减少运行时间的目的。因此,需要选取出真正相关的要素简化模型,使研究人员易于理解数据产生的过程。

特征选择的一般过程可用图 9-25 表示。首先从原始特征集合中产生出一个特征子集，然后用评价函数对该特征子集进行评价，评价结果产生的优良子集与停止准则进行比较，若评价结果比停止准则好就停止，否则就继续产生下一组特征子集，继续进行特征选择。选出来的特征子集一般还要验证其有效性。

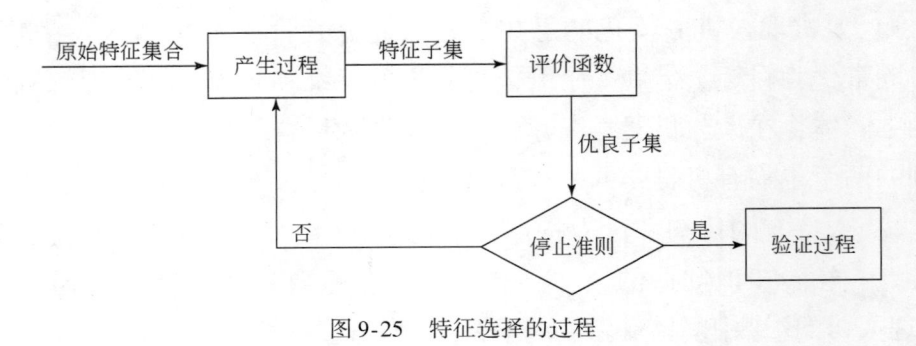

图 9-25 特征选择的过程

综上所述，特征选择过程一般包括产生过程、评价函数、停止准则、验证过程这四个部分。

（1）对科技创新人才进行关键要素挖掘

特征（要素）选择是在原来的 Q 个（32 个）要素的集合中选择一个 q 个要素的子集，$q<Q$，使得选取的要素子集在选定的评价准则下是最优的。本节中，我们主要基于特征选择对两种实验进行关键要素挖掘。一个实验为一般科技创新人才和杰出科技创新人才的特征选择，另一个实验为潜在科技创新人才和一般科技创新人才的特征选择。

我们选择完全搜索中的分支限界（branch and bound）搜索方法对七商的 32 个要素进行要素选择。分支限界搜索方法搜索过程可以表达为树状结构[181]，利用分支限界搜索方法实现要素选择的步骤如下。

1）树的根结点包含全部的要素 Q 个（32 个），称为第 0 级；每一级的节点在其父结点的基础上去掉一个要素；P_{s_i} 表示节点 i 在搜索树的 s 层中的子节点个数，根节点的子节点数为 $P_{s_i}=q+1$。

2）对于 L 层的节点，假设它们包含 n 个候选要素，我们在同一层中按照去掉单个要素后的准则函数对各个节点排序，$J(Q_{l1}) \leq J(Q_{l2}) \leq \cdots \leq$

9 基于机器智能模型的科技创新人才鉴别分析

$J(Q_{ln})$。如果去掉某个要素后，准则函数损失值最大，则认为这个要素最不能去掉，放在该层的最左侧节点。取排序后的 P_{s_i} 个节点，作为搜索树 Q 的后继节点。

3）第 $L+1$ 层的展开沿最右侧节点开始，在同层上已经在左侧节点上的要素在本节点之下不再进行舍弃，因此，第 $L+1$ 层的一个节点上的候选要素就是它上一层的 n 个候选要素减去本节点上舍弃的要素再减去它同层左侧节点上的要素。

4）从每一树枝的最右侧开始向上生长，当到达叶节点时计算当前达到的准则函数值，记为界限 bound。

5）到达叶节点后算法向上回溯，每回溯一步把相应节点上舍弃的要素回收回来。遇到最近的分支节点停止回溯，从这个分支节点向下搜索左侧最近的一个分支。

6）如果在搜索到某一个节点时，准则函数值已经小于界限 bound，说明最优解已不可能在本节点之下的叶节点上，所以可以停止搜索。

7）如果搜索到一个新的叶节点，则更新界限 bound 值，向上回溯；直到不能向下搜索其他树枝，则算法停止，最后一次更新 bound 值时所取得的要素组合就是特征（要素）选择的结果。

（2）对科技创新人才进行要素选择的结果

1）对于一般科技创新人才与潜在科技创新人才的要素选择，选择的结果见表 9-2。

表 9-2 一般科技创新人才与潜在科技创新人才要素选择结果

要素数目	要素选择集合
5	父母遗传基础　情绪认知能力　个人独立程度　抗压能力　处位能力
6	父母遗传基础　情绪认知能力　社会责任感　个人独立程度　抗压能力　处位能力
7	父母遗传基础　受教育程度　情绪认知能力　社会责任感　个人独立程度　抗压能力　处位能力
8	父母遗传基础　受教育程度　语言理解及表达能力　情绪认知能力　社会责任感　个人独立程度　抗压能力　处位能力
9	父母遗传基础　受教育程度　语言理解及表达能力　情绪认知能力　社会责任感　个人独立程度　抗压能力　处位能力　组织工作水平

探究"钱学森之问"——科技创新人才智能分析

续表

要素数目	要素选择集合
10	父母遗传基础　受教育程度　语言理解及表达能力　情绪认知能力　情绪控制与调节能力　社会责任感　个人独立程度　抗压能力　处位能力　组织工作水平
11	父母遗传基础　受教育程度　注意力、观察力水平　语言理解及表达能力　情绪认知能力　情绪控制与调节能力　社会责任感　个人独立程度　抗压能力　处位能力　组织工作水平
12	父母遗传基础　受教育程度　注意力、观察力水平　语言理解及表达能力　情绪认知能力　情绪控制与调节能力　社会责任感　个人独立程度　抗压能力　处位能力　决策水平　组织工作水平
13	父母遗传基础　受教育程度　注意力、观察力水平　语言理解及表达能力　情绪认知能力　情绪控制与调节能力　社会责任感　个人独立程度　对待事物主动性　抗压能力　处位能力　决策水平　组织工作水平
14	父母遗传基础　受教育程度　注意力、观察力水平　语言理解及表达能力　情绪认知能力　情绪控制与调节能力　社会责任感　诚信水平　个人独立程度　对待事物主动性　抗压能力　处位能力　决策水平　组织工作水平
15	父母遗传基础　受教育程度　注意力、观察力水平　语言理解及表达能力　知识获取能力　情绪认知能力　情绪控制与调节能力　社会责任感　诚信水平　个人独立程度　对待事物主动性　抗压能力　处位能力　决策水平　组织工作水平
16	父母遗传基础　受教育程度　注意力、观察力水平　语言理解及表达能力　逻辑思维能力　知识获取能力　情绪认知能力　情绪控制与调节能力　社会责任感　诚信水平　个人独立程度　对待事物主动性　抗压能力　处位能力　决策水平　组织工作水平
17	父母遗传基础　受教育程度　注意力、观察力水平　语言理解及表达能力　逻辑思维能力　知识获取能力　情绪认知能力　情绪运用能力　情绪控制与调节能力　社会责任感　诚信水平　个人独立程度　对待事物主动性　抗压能力　处位能力　决策水平　组织工作水平
18	父母遗传基础　受教育程度　注意力、观察力水平　应变能力　语言理解及表达能力　逻辑思维能力　知识获取能力　情绪认知能力　情绪运用能力　情绪控制与调节能力　社会责任感　诚信水平　个人独立程度　对待事物主动性　抗压能力　处位能力　决策水平　组织工作水平
19	父母遗传基础　受教育程度　注意力、观察力水平　应变能力　语言理解及表达能力　逻辑思维能力　知识获取能力　情绪认知能力　情绪运用能力　情绪控制与调节能力　社会责任感　诚信水平　个人独立程度　对待事物主动性　自信程度　抗压能力　处位能力　决策水平　组织工作水平
20	父母遗传基础　受教育程度　注意力、观察力水平　记忆力水平　应变能力　语言理解及表达能力　逻辑思维能力　知识获取能力　情绪认知能力　情绪运用能力　情绪控制与调节能力　社会责任感　诚信水平　个人独立程度　对待事物主动性　自信程度　抗压能力　处位能力　决策水平　组织工作水平

9 基于机器智能模型的科技创新人才鉴别分析

续表

要素数目	要素选择集合
24	自理能力 身体素质 父母遗传基础 受教育程度 注意力、观察力水平 记忆力水平 应变能力 语言理解及表达能力 逻辑思维能力 知识获取能力 知识存储量 情绪认知能力 情绪表达能力 情绪运用能力 情绪控制与调节能力 社会责任感 诚信水平 个人独立程度 对待事物主动性 自信程度 抗压能力 处位能力 决策水平 组织工作水平
26	自理能力 身体素质 运动协调能力 父母遗传基础 受教育程度 注意力、观察力水平 记忆力水平 应变能力 语言理解及表达能力 逻辑思维能力 知识获取能力 知识存储量 知识表示与应用能力 情绪认知能力 情绪表达能力 情绪运用能力 情绪控制与调节能力 社会责任感 诚信水平 个人独立程度 对待事物主动性 自信程度 抗压能力 处位能力 决策水平 组织工作水平

从图 9-26 要素选择结果的直方图来看，当要素选择数为 20、26 时，利用 SVM（support vector machine，支持向量机）作为评价函数，此时人才分类的准确率最高为 78%。当要素选择数为 14、24、25、27、29、30、31 时，人才分类的准确率为 77.33%。当要素选择数为 5 个时，人才分类的准确率为 72%，随着要素选择数增多，人才分类的准确率也在增加，但要素选择数并不是越多，分类的效果越好。但要素选择在一定程度上可以帮助我们依据一些关键要素来进行人才分类。

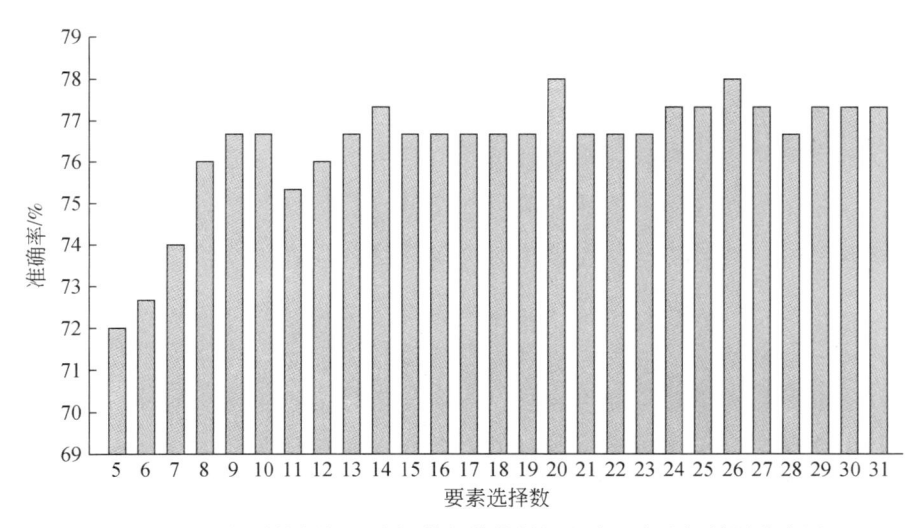

图 9-26 一般科技创新人才与潜在科技创新人才要素选择结果直方图

探究"钱学森之问"——科技创新人才智能分析

当要素选择数为 20 时,此时评价函数的结果达到 78%。由图 9-27 可以看出,一般科技创新人才在父母遗传基础,受教育程度,注意力、观察力水平,记忆力水平,应变能力,语言理解及表达能力,逻辑思维能力,知识获取能力,情绪认知能力,情绪运用能力,情绪控制与调节能力,社会责任感,诚信水平,个人独立程度,对待事物主动性,自信程度,抗压能力,处位能力,决策水平,组织工作水平等要素上都优于潜在科技创新人才。从要素选择的顺序来看,一般科技创新人才在智商、情商、德商、意商、位商方面都优于潜在科技创新人才。当要素选择数为 26 时,此时一般科技创新人才在健商和知商上都优于潜在科技创新人才。

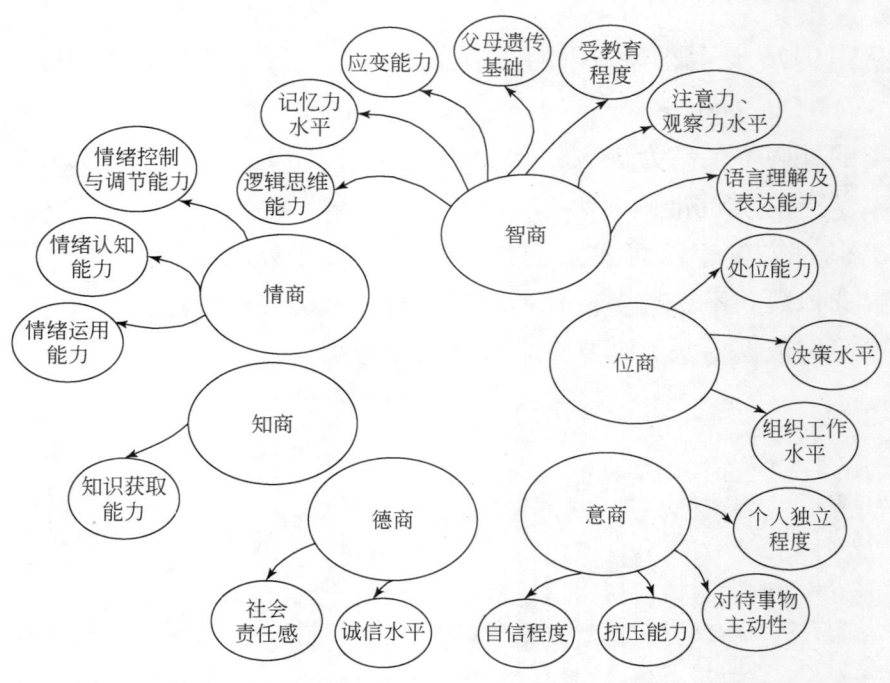

图 9-27　一般科技创新人才与潜在科技创新人才要素选择数为 20 的选择结果

潜在科技创新人才平时应多挖掘发展注意力、观察力,遇到问题时学会控制和调节好自己的情绪,在为人处世方面要诚实、讲诚信,要有社会责任感,能够担负得起一定的责任。另外,潜在科技创新人才在做科研时,要学会吃苦耐劳,遇到难题不放弃,调节好自己的心理压力和社会压力,要有一定的组织协作能力和决策水平。在专心钻研的同时,也要注重

9 基于机器智能模型的科技创新人才鉴别分析

身体的锻炼及知识的储备,好的身体可以让其有更多的时间做研究,而良好的知识储备可以让其在遇到难题时迎刃而解。总的来说,潜在科技创新人才只有不断努力、综合培养,方能走进创新的队伍中来。

2）对于杰出科技创新人才与一般科技创新人才的要素选择,选择的结果见表 9-3。

表 9-3 杰出科技创新人才与一般科技创新人才要素选择结果

要素数目	要素选择集合
5	知识表示与应用能力 抗压能力 处位能力 决策水平 组织工作水平
6	知识存储量 知识表示与应用能力 抗压能力 处位能力 决策水平 组织工作水平
7	知识存储量 知识表示与应用能力 社会责任感 抗压能力 处位能力 决策水平 组织工作水平
8	知识存储量 知识表示与应用能力 社会责任感 决策执行能力 抗压能力 处位能力 决策水平 组织工作水平
9	知识存储量 知识表示与应用能力 社会责任感 奉献精神 决策执行能力 抗压能力 处位能力 决策水平 组织工作水平
10	应变能力 知识存储量 知识表示与应用能力 社会责任感 奉献精神 决策执行能力 抗压能力 处位能力 决策水平 组织工作水平
11	应变能力 知识存储量 知识表示与应用能力 情绪运用能力 社会责任感 奉献精神 决策执行能力 抗压能力 处位能力 决策水平 组织工作水平
12	应变能力 逻辑思维能力 知识存储量 知识表示与应用能力 情绪运用能力 社会责任感 奉献精神 决策执行能力 抗压能力 处位能力 决策水平 组织工作水平
13	记忆力水平 应变能力 逻辑思维能力 知识存储量 知识表示与应用能力 情绪运用能力 社会责任感 奉献精神 决策执行能力 抗压能力 处位能力 决策水平 组织工作水平
14	记忆力水平 应变能力 逻辑思维能力 知识获取能力 知识存储量 知识表示与应用能力 情绪运用能力 社会责任感 奉献精神 决策执行能力 抗压能力 处位能力 决策水平 组织工作水平
15	记忆力水平 应变能力 逻辑思维能力 知识获取能力 知识存储量 知识表示与应用能力 情绪运用能力 社会责任感 奉献精神 对待事物主动性 决策执行能力 抗压能力 处位能力 决策水平 组织工作水平
16	记忆力水平 应变能力 逻辑思维能力 知识获取能力 知识存储量 知识表示与应用能力 情绪运用能力 社会责任感 奉献精神 敬业程度 对待事物主动性 决策执行能力 抗压能力 处位能力 决策水平 组织工作水平

探究"钱学森之问"——科技创新人才智能分析

续表

要素数目	要素选择集合
17	记忆力水平 应变能力 逻辑思维能力 知识获取能力 知识存储量 知识表示与应用能力 情绪运用能力 社会责任感 奉献精神 敬业程度 对待事物主动性 自身行为把控能力 决策执行能力 抗压能力 处位能力 决策水平 组织工作水平
18	注意力、观察力水平 记忆力水平 应变能力 逻辑思维能力 知识获取能力 知识存储量 知识表示与应用能力 情绪运用能力 社会责任感 奉献精神 敬业程度 对待事物主动性 自身行为把控能力 决策执行能力 抗压能力 处位能力 决策水平 组织工作水平
19	注意力、观察力水平 记忆力水平 应变能力 逻辑思维能力 知识获取能力 知识存储量 知识表示与应用能力 情绪运用能力 情绪控制与调节能力 社会责任感 奉献精神 敬业程度 对待事物主动性 自身行为把控能力 决策执行能力 抗压能力 处位能力 决策水平 组织工作水平
20	注意力、观察力水平 记忆力水平 应变能力 逻辑思维能力 知识获取能力 知识存储量 知识表示与应用能力 情绪认知能力 情绪运用能力 情绪控制与调节能力 社会责任感 奉献精神 敬业程度 对待事物主动性 自身行为把控能力 决策执行能力 抗压能力 处位能力 决策水平 组织工作水平
21	注意力、观察力水平 记忆力水平 应变能力 逻辑思维能力 知识获取能力 知识存储量 知识表示与应用能力 情绪认知能力 情绪运用能力 情绪控制与调节能力 社会责任感 奉献精神 敬业程度 个人独立程度 对待事物主动性 自身行为把控能力 决策执行能力 抗压能力 处位能力 决策水平 组织工作水平
22	注意力、观察力水平 记忆力水平 应变能力 逻辑思维能力 知识获取能力 知识存储量 知识表示与应用能力 情绪认知能力 情绪表达能力 情绪运用能力 情绪控制与调节能力 社会责任感 奉献精神 敬业程度 个人独立程度 对待事物主动性 自身行为把控能力 决策执行能力 抗压能力 处位能力 决策水平 组织工作水平
29	健康意识 运动协调能力 受教育程度 注意力、观察力水平 记忆力水平 应变能力 想象力水平 语言理解及表达能力 逻辑思维能力 知识获取能力 知识存储量 知识表示与应用能力 情绪认知能力 情绪表达能力 情绪运用能力 情绪控制与调节能力 社会责任感 奉献精神 敬业程度 诚信水平 个人独立程度 对待事物主动性 自身行为把控能力 自信程度 决策执行能力 抗压能力 处位能力 决策水平 组织工作水平

从图9-28杰出科技创新人才与一般科技创新人才要素选择结果的直方图来看，当要素选择数为8、10、16时，利用SVM作为评价函数，此时人才分类的准确率最高为84.62%。从图9-28中可以看出，随着要素选择数的增加，人才鉴别的准确率呈山峰状变动，要素选择数取两端值及适中值效果要好一点，为了能够折中衡量两类人才的差别，我们选取要素选择效果较好的中间值16来分析两类人才的差别。

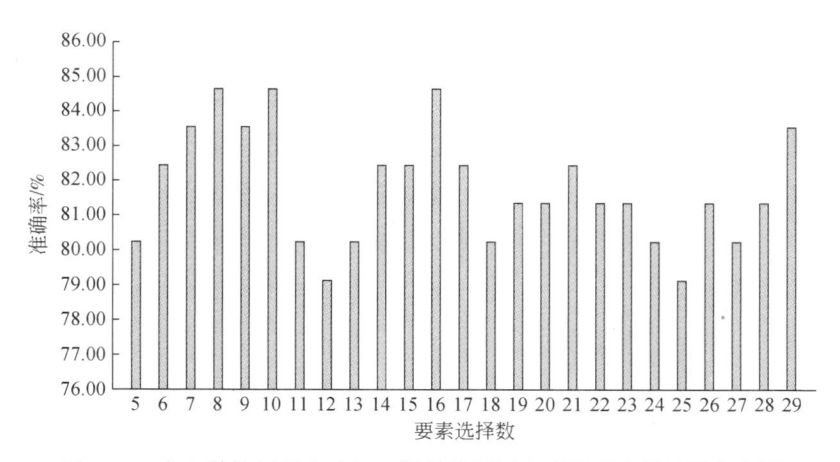

9 基于机器智能模型的科技创新人才鉴别分析

图 9-28 杰出科技创新人才与一般科技创新人才要素选择结果直方图

当要素选择数为 16 时，此时评价函数的结果达到 84.62%。从图 9-29 可以看出，杰出科技创新人才在记忆力水平、应变能力、逻辑思维能力、知识获取能力、知识存储量、知识表示与应用能力、情绪运用能力、社会责任感、奉献精神、敬业程度、对待事物主动性、决策执行能力、抗压能

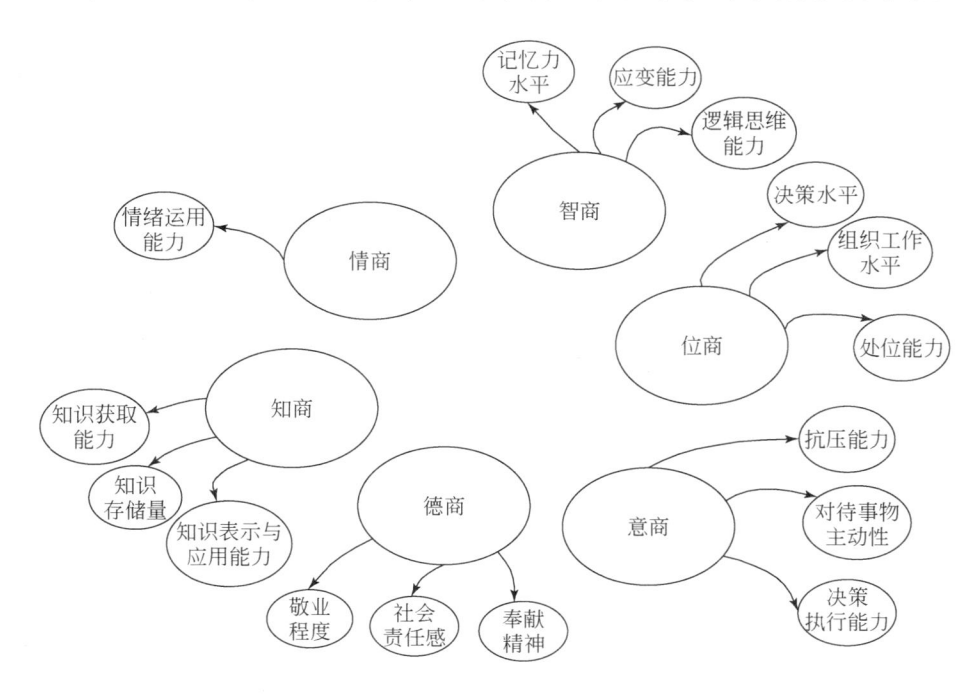

图 9-29 杰出科技创新人才与一般科技创新人才要素选择数为 16 的选择结果

· 251 ·

力、处位能力、决策水平、组织工作水平方面都优于一般科技创新人才。从要素选择的顺序来看，杰出科技创新人才在智商、知商、德商、意商、位商方面都优于一般科技创新人才。

杰出科技创新人才拥有充足的知识存储量，有良好的知识表示与应用能力，遇到问题时，可以从已获得的知识中寻求未知问题的答案。他们忠于职守、爱岗敬业，有为社会奉献的精神。在团队协作中拥有良好的组织能力，能设身处地地考虑问题，带领队伍专心于研究。另外，在情商上也有一定的情绪运用能力，团队出现情绪问题时，可以圆滑地解决或者避免。杰出科技创新人才拥有较好的意商，能够主动对待身边的各种事物，是个行动派。而一般科技创新人才往往缺乏一定的知商、意商、德商、位商和智商，他们的逻辑思维能力不够强，在遇到问题时，不能考虑得很周全，缺乏主动性及探究新事物的决心。所以，一般科技创新人才要想成为杰出科技创新人才，需在其薄弱的要素上加强挖掘和培养，另外，要注重引入个性化培养，也就是说，有些要素可能并不是必须要培养的，有些要素利用机器就可以实现，如智商中的记忆力，完全可以借用机器智能来实现。

9.2.1.2　基于SVM方法的科技创新人才关键要素支撑向量抽取

在杰出科技创新人才的发展过程中，32个要素中有些要素起到决定性作用，有些则对人才发展的作用可能不是很明显。在9.2.1.1节中，我们已经知道特征选择方法可以选出杰出科技创新人才和一般科技创新人才、一般科技创新人才和潜在科技创新人才的一些比较重要的要素，要素选择可以帮助我们更加准确地分析科技创新人才，在关键要素上进行精准分析。依据要素选择的结果，本节采用SVM方法进行实验，目的是抽取杰出科技创新人才和一般科技创新人才、一般科技创新人才和潜在科技创新人才的支撑向量，找出科技创新人才在关键要素上的主要差异，从而给出一定的培养建议。

（1）科技创新人才关键要素支撑向量抽取

利用SVM方法实现对未知问题识别和分类的过程就是寻找支撑向量

的过程[182]，支撑向量在科技创新人才分类中起到关键作用，根据支撑向量周围的要素可以找出不同科技创新人才之间的主要区别。利用SVM进行人才识别和分类，可以定量地说明人才在支撑向量上要素的主要区别，从而分析出不同层次人才的主要差别，便于后期制定合理的培养方案。

在进行实验之前，我们应该了解实验流程，具体如下。

步骤1：根据杰出科技创新人才、一般科技创新人才、潜在科技创新人才样本数据，划分训练集和测试集。

步骤2：为训练集与测试集选定标签集，其中在实验1中杰出科技创新人才为正例，一般科技创新人才为其他样本；而在实验2中一般科技创新人才为正例，潜在科技创新人才为其他样本。

步骤3：利用训练集训练分类器得到SVM训练模型。

步骤4：根据训练模型，对测试集进行测试，最后得到人才分类的准确率（权重）。找出人才在支撑向量周围的要素，对比各要素差异，定量分析人才的主要差异，给出合理培养建议。

（2）SVM方法抽取支撑向量的实验结果

1）实验1：利用SVM方法抽取杰出科技创新人才和一般科技创新人才支撑向量的实验结果。

依据表9-3中杰出科技创新人才和一般科技创新人才要素选择结果，可以看出，当要素选择数为16时，人才分类的准确率最高为84.62%。为了更进一步分析杰出科技创新人才和一般科技创新人才的关键要素差异，我们使用SVM方法来抽取两类人才的差别。具体分析两类人才SVM训练模型的支撑向量，结果分析如下。

利用SVM进行实验，当特征选择为16个要素时，取出可以作为支撑向量的样本，此时杰出科技创新人才正确分类的可靠性为98.2143%。单独拿出来杰出科技创新人才和一般科技创新人才的支撑向量，分别取杰出科技创新人才与一般科技创新人才的记忆力水平、应变能力、逻辑思维能力、知识获取能力、知识存储量、知识表示与应用能力、情绪运用能力、社会责任感、奉献精神、敬业程度、对待事物主动性、决策执行能力、抗

探究"钱学森之问"——科技创新人才智能分析

压能力、处位能力、决策水平、组织工作水平这16个要素的平均值,画出两类人才的条形图,如图9-30所示。对比杰出科技创新人才与一般科技创新人才中能作为支撑向量的样本可以发现,一般科技创新人才与杰出科技创新人才的主要区别在于应变能力、逻辑思维能力、知识获取能力、知识存储量、社会责任感、奉献精神、对待事物主动性、抗压能力、处位能力方面。但最主要的区别在于杰出科技创新人才的知识获取能力、知识存储量、社会责任感、抗压能力、处位能力上。

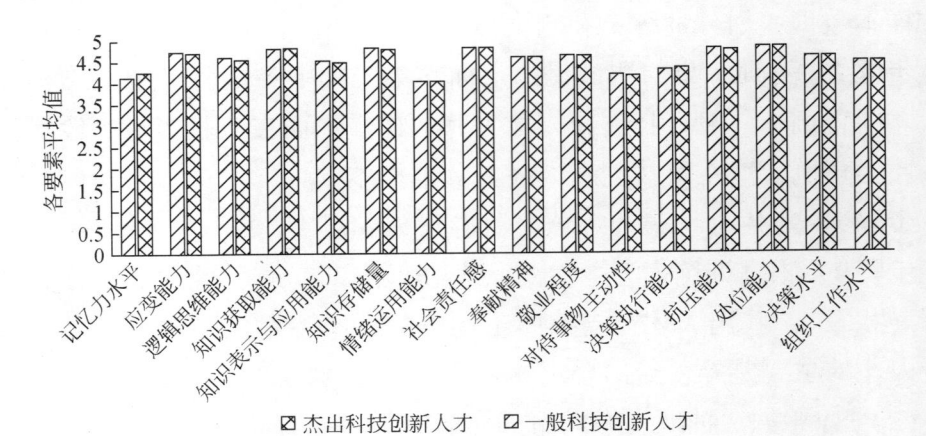

图9-30 杰出科技创新人才与一般科技创新人才支撑向量对比图

杰出科技创新人才具有良好的知识获取能力,遇到问题时能够及时查阅书籍,通过获取知识来探寻未知问题的答案。他们爱看书,爱积累知识,勤于记笔记,一步步地来储备自己的知识库。他们有良好的社会责任感,为了科研愿意奉献自己毕生的精力和青春。另外,杰出科技创新人才能专注于自己的事业,不受外界干扰,能较好地处理自己与他人的行为。他们的抗压能力比较强,有良好的调节能力,遇到难题时,能够深层次地思考、运作快,看问题的角度也会更加深入。从图9-30上可以看出,两类人才在16个要素上总的差异不太大,但一般科技创新人才在知识获取能力、知识存储量、社会责任感等方面比较欠缺,他们的知商欠佳,社会责任感不强,很多一般科技创新人才不能长远地看问题,有时可能比较自私自利,不能统筹全局看待问题。所以,一般科技创新人才需要

9 基于机器智能模型的科技创新人才鉴别分析

在欠缺的要素上多努力，有针对性地培养，才有可能跨进杰出科技创新人才的门槛。

2）实验2：利用 SVM 方法抽取一般科技创新人才和潜在科技创新人才支撑向量的实验结果。

依据表9-2中一般科技创新人才和潜在科技创新人才要素选择结果，可以看出，当要素选择数为20时，人才分类的准确率最高为78%。为了更进一步分析一般科技创新人才和潜在科技创新人才的关键要素差异，我们使用SVM方法来抽取两类人才的差别。具体分析两类人才 SVM 训练模型的支撑向量，结果分析如下。

利用SVM进行实验，当特征选择为20个要素时，找出两类人才的支撑向量。单独拿出来一般科技创新人才和潜在科技创新人才的支撑向量，分别取两类人才的父母遗传基础，受教育程度，注意力、观察力水平，记忆力水平，应变能力，语言理解及表达能力，逻辑思维能力，知识获取能力，情绪认知能力，情绪运用能力，情绪控制与调节能力，社会责任感，诚信水平，个人独立程度，对待事物主动性，自信程度，抗压能力，处位能力，决策水平，组织工作水平这20个要素的平均值，画出两类人才的条形图，如图9-31所示。对比两类科技创新人才中能作为支撑向量的样

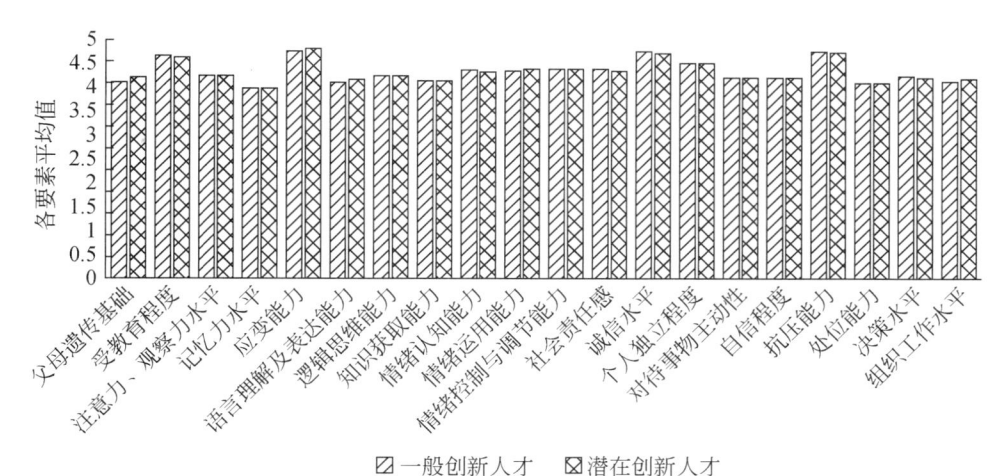

图 9-31 一般科技创新人才与潜在科技创新人才支撑向量对比图

本，可以发现，潜在科技创新人才与一般科技创新人才的主要区别在于父母遗传基础，注意力、观察力水平，记忆力水平，应变能力，逻辑思维能力，知识获取能力，诚信水平，抗压能力方面。但最主要的区别在于诚信水平、抗压能力、应变能力上。

相较潜在科技创新人才，一般科技创新人才具有敏锐的观察力和注意力，应变能力较强，遇事情沉着冷静。另外，他们的逻辑思维能力比较强，能正确、合理地思考，能够对事物进行观察、比较、分析、综合、抽象、概括、判断、推理，能够采用科学的逻辑方法，准确而有条理地表达自己的思维。一般科技创新人才拥有良好的诚信水平，说话办事比较有担当。而潜在科技创新人才需不断充实自己，培养自己的逻辑思维能力，使自己更容易透过表面看清复杂事物（尤其是掺杂了大量繁复且真真假假的信息）的本质和脉络，从而能够更合理地调配资源；他们还需培养注意力、观察力，记忆力，应变能力等，多学习多实践，善于总结不足，不断地督促自己奋发向上，从而一步步走进创新的队伍中来。

总的来说，SVM 通过学习算法，可以自动寻找出那些对科技创新人才鉴别有较好区分能力的支撑向量，由此构造出的分类器可以最大化类与类的间隔，因而有较好的适应能力和较高的准确率。该方法只需要由各创新人才类域的边界样本的类别来决定最后的分类结果。SVM 方法有较好的适应性，运算时间较短，分类的准确率较好。

9.2.2　基于数据挖掘的科技创新人才关键要素系统建模与仿真

9.2.2.1　采用 K-means 算法的多种科技创新人才原型定量分析

"物以类聚，人以群分"。尽管杰出科技创新人才的成长模式在七商上的表现可能不尽相同，但殊途同归的是他们都成了杰出的科技创新人才。通过聚类分析，将杰出科技创新人才聚为不同的簇，并比较分析不同类型的杰出科技创新人才的特点，根据其特点因材施教，以期其在科技创新的道路上走得更远更顺利，为我国科技发展和社会进步做出更大的贡献。

9 基于机器智能模型的科技创新人才鉴别分析

（1）模型建立

K-means 算法是很典型的基于距离的聚类算法，采用距离作为相似性的评价指标，即认为两个对象的距离越近，其相似度就越大。该算法认为簇是由距离靠近的对象组成的，因此把得到紧凑且独立的簇作为最终目标[183]。

利用 K-means 算法处理 220 个杰出科技创新人才的七商的 32 个指标数据，对杰出科技创新人才进行聚类分析，并分析每个类别的科技创新人才原型的特点。

设定聚类的类别数目为 4，对象之间的相似性指标使用欧式距离度量，这里的距离量化了不同类型杰出科技创新人才在七商的 32 个指标方面上表现的差异度。从数据集中随机选取四个样本为初始质心。

K-means 算法具体的聚类过程如下所示。

1）为待聚类的人员案例寻找聚类中心，本次仿真中随机从样本集中抽取四个人员案例作为聚类中心。

2）计算每个人员案例到聚类中心的距离，将每个案例聚类到离该人员案例最近的聚类中去。

3）计算每个聚类中所有人员案例的坐标平均值，并将这个平均值作为新的聚类中心。

反复执行 2）、3），直到聚类中心不再进行大范围移动为止。

（2）仿真结果及分析

通过 K-means 算法聚类，将所有样本聚为四簇。对得出的聚类结果，采用显著性检验，分析各个指标在不同类别人才中的显著性（每次进行两个层次的交叉检验）。对每种指标的样本序列进行正态性和方差齐性及未知假定，进行均值参数的近似 t 检验，显著性水平设为 $\alpha = 0.01$。

通过线性集成感知器得到底层特征到高层语义特征"商"的映射 Q_u^n（$u = 1 \sim U$）。其中，$U = 7$ 也就是目前采用七个商来衡量，根据文献查找，暂设 $w_1 = w_2 = \cdots = w_r = 1$，不同的商的底层属性指标个数 u 不同。

通过对七个商进行两两层次之间的显著性分析，并比较每簇人员案例的高层语义要素指标 Q_u^n（$u = 1 \sim 7$），将每个簇按高层语义要素指标的特点

探究"钱学森之问"——科技创新人才智能分析

分别命名为"七商全优型""智商突出型""健商欠缺性"和"情商欠缺性"。每一簇人员案例得到的高层语义要素指标的可视化结果如下。

1)"七商全优型":该类人员在七商的各方面表现都十分优秀,在其成长道路上七商协调发展,是杰出科技创新人才培养的典范。由于"七商全优型"杰出科技创新人才的七商各要素表现优异,其成长道路上该类杰出科技创新人才可以充分地利用自身优良的七商素养去解决各类问题,优良的七商素养往往可以使得这些问题得以合理解决(图 9-32)。

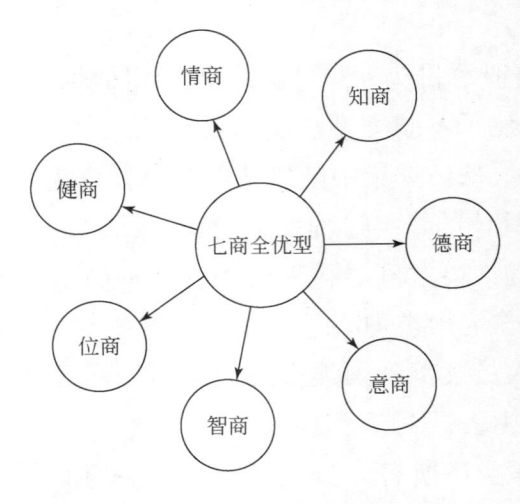

图 9-32 "七商全优型"七商示意图

2)"智商突出型":该类人员的智商表现非常突出,属于高智商人群,其他各商上表现亦佳(图 9-33)。该类杰出科技创新人才,即人们口中的"天才",该类杰出科技创新人才不仅父母基因的生理遗传优于一般人,而且其父母对他们儿童时期智力开发的环境遗传也优于一般人,在杰出科技创新人才培养中属于"可遇不可求"的类型。这类杰出科技创新人才由于天生智商水平非常优秀,往往少年得志,可以较早成长为一名杰出科技创新人才。

3)"健商欠缺型":该类杰出科技创新人才在健康意识、身体素质等健商方面表现差强人意,其他各商上表现优秀(图 9-34)。但该类杰出科技创新人才的健商方面并没有严重影响其科研生活,因此仍成为杰出科技

9 基于机器智能模型的科技创新人才鉴别分析

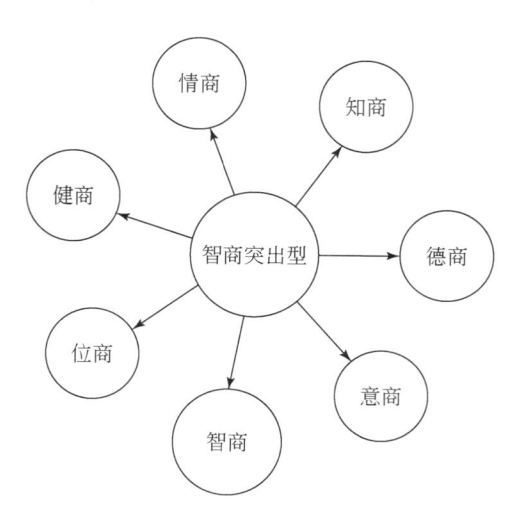

图 9-33 "智商突出型"七商示意图

创新人才。该类杰出科技创新人才由于自身的身体素质差，或者是受科研环境的影响，导致健商各要素的表现并不十分优秀。

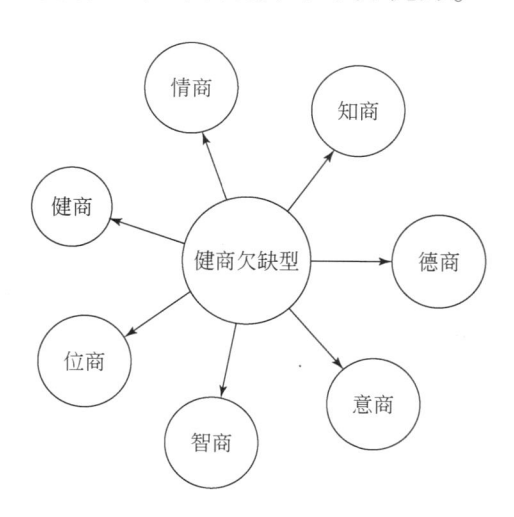

图 9-34 "健商欠缺型"七商示意图

4) "情商欠缺型"：该类人员在情绪运用能力、情绪表达能力和情绪认知能力等情商方面表现不佳，其他各商上表现突出（图 9-35）。但该类人员的情商方面并没有严重影响其科研生活，因此该类人员仍成为杰出科技创新人才。该类杰出科技创新人才由于时常对自身和他人情绪不能准确把握、不会情绪的适当表达而且交际能力较差，导致在情商方面表现并不十分优秀，因此这类杰出科技创新人才常常在动荡的社会环境中遭到挫折。但是由于该类杰出科技创新人才的其他商各要素表现优秀，因此该类杰出科技创新人才能在遭受到沉重打击后仍顽强地成长为一名杰出的科技创新人才。这类杰出科技创新人才由于情商方面的影响往往成才较晚，并在成长为一名杰出科技创新人才的过程中不断砥砺心志，积累智慧。

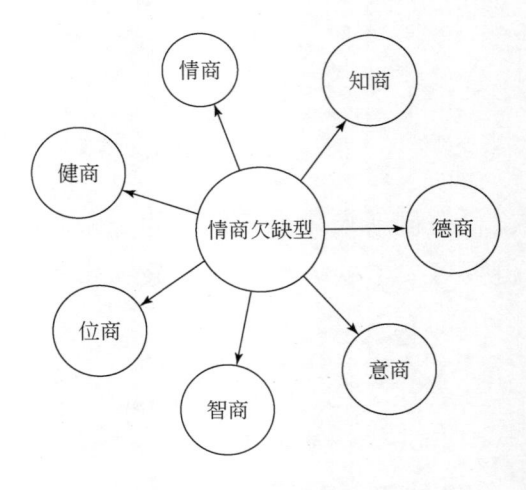

图 9-35 "情商欠缺型"七商示意图

利用 K-means 算法将杰出科技创新人才分为不同的原型，并比较分析不同原型的杰出科技创新人才的特点，根据其特点因材施教，可使其在从事科技创新的活动中历经更少的困难，获得更多的帮助，为我国科技发展和社会进步做出更大的贡献。

9.2.2.2 基于 Apriori 算法的科技创新人才七商之间关联规则挖掘

在实现个人心中的目标的过程中，需要在智商、知商和情商的基础上，迅速而准确地定位自己，为实现奋斗目标而选择最佳方案并努力实现，从而获取成功，这个过程需要优秀的位商和意商的参与。因此，个人的七商要素之间必然存在某种关联关系，当我们掌握这种关联关系后，就可以利用七商要素间的关联关系促进七商协同发展。

利用关联分析可以得出形如"由于某些事件的发生而引起另外一些事件的发生"之类的规则。例如，"'C语言'课程优秀的同学，在学习'数据结构'时为优秀的可能性达88%"，那么就可以通过强化"C语言"的学习来提高教学效果。当个人的七商某个方面有所欠缺时，不但需要直接促进那些方面的发展，还可以利用关联分析得到的七商之间的关联关系，间接促进那些方面发展。因此，我们利用数据挖掘中的关联规则挖掘来分析七商之间的关联关系。

5.3节曾利用AMOS结构和皮尔逊相关系数进行七商之间关联分析，AMOS结构关联分析和皮尔逊相关系数关联分析用以反映七商两两之间关联关系的密切程度。关联规则由前项和后项构成，关联规则的前项可以是单个商，也可以是多个商的组合；关联规则的后项可以是单个商，也可以是多个商的组合。关联分析挖掘的重点是前项和后项的组合在杰出科技创新人才的数据库中出现的频率满足最小支持度，前项出现后后项出现的频率满足最小置信度。关联分析得到的不一定是七商两两之间的关联规则，也有可能是多个商构成的组合之间的关联规则。

（1）基于Apriori算法的模型建立

关联规则表达形式为$X \Rightarrow Y$；其中X和Y是不相交的项集，即$X \cap Y = \varnothing$。其含义为X代表的商的集合和Y代表的商的集合在收集的人才案例数据集中同时表现优秀的概率比较高，即满足支持度指标；并且在X代表的商的集合出现的条件下，Y代表的商的集合同时表现优秀的概率比较高，即满足置信度指标[184]。

令$I = \{Q_1, Q_2, \cdots, Q_u\}$为七商构成的集合，$T = \{t_1, t_2, \cdots, t_n\}$为所有人员案例的集合。$T$中任何人员案例具有优秀的商的集合$Q_i$都是$I$的子集，若人员案例具有优秀的商的集合$Q_i$包含$k$个$I$中的项，则称$Q_i$为$k$项集。定义$\delta(X)$为人员案例集$T$中包含人员案例具有优秀的商的集合$X$的人员案例数，数学上表示为$\delta(X) = |\{Q_i | X \subseteq Q_i, Q_i \in T\}|$。$\delta(X \cup Y)$为人员案例集$T$中同时包含人员案例具有优秀的商的集合$X$和

集合 Y 的人员案例数。

对于任何人员案例具有优秀的商的集合 X，$Y \subseteq I$，$X \cap Y = \varnothing$，定义以下 3 个指标，反映集合 X 和集合 Y 之间关联的紧密程度。

支持度 $$\text{support}(X \rightarrow Y) = \frac{\delta(X \cup Y)}{\delta(T)} \tag{9-1}$$

置信度 $$\text{confidence}(X \rightarrow Y) = \frac{\delta(X \cup Y)}{\delta(X)} \tag{9-2}$$

提升度 $$\text{lift}(X \rightarrow Y) = \frac{\text{confidence}(X \rightarrow Y)}{\text{support}(Y)} \tag{9-3}$$

由此可见，关联规则 $X \rightarrow Y$ 的支持度就是人员案例集中同时包含集合 X、Y 的人员案例数占总人员案例数的比例。关联规则 $X \rightarrow Y$ 的置信度则表示在人员案例集中包含人员案例具有优秀的商的集合 X 时，同时包含人员案例具有的优秀的商的集合 Y 的条件概率。提升度表示人员案例具有优秀的商的集合 X 的出现对人员案例具有的优秀的商的集合 Y 的出现有多大的影响。提升度越大表明集合 X 和集合 Y 之间正相关性越强，显然需要挖掘提升度大于 1 的关联规则。一个人员案例具有的优秀的商的集合 X，如果满足 $\text{support}(X) \geq \min \text{support}(X)$，则项集 X 称为频繁项集，否则为非频繁项集。

七商之间的关联规则挖掘过程分为两个步骤。

第 1 步：根据最小支持度找出数据集中所有的频繁项目集。

第 2 步：在频繁模式挖掘产生的频繁项集基础上，根据最小置信度产生关联规则。

将样本集合的 D 个指标作为人才底层属性指标 $t_d^n (d = 1 \sim D)$，由多个 t_d^n 合成商，作为高层语义要素指标 $Q_u^n (u = 1 \sim U)$。通过线性集成感知器得到高层语义指标。

其中 $U = 7$，也就是目前采用 7 个要素商来衡量，根据文献查找，暂设 $w_1 = w_2 = \cdots = w_r = 1$，不同的商的底层属性指标个数 u 不同。如果 $Q_u^n \geq 4$，即该案例在该商方面表现良好，则 $Q_i \in I_j (i = 1 \sim 7, j = 1 \sim n)$，$Q_i = i$；否则，$Q_i \notin I_j (i = 1 \sim 7, j = 1 \sim n)$。其中，$i = 1 \sim 7$，分别代表健商、智商、知商、情商、德商、意商和位商。

9 基于机器智能模型的科技创新人才鉴别分析

为全面挖掘七商之间的联系，分别在不同的置信度和支持度下挖掘七商的关联规则。

仿真 1：最小支持度为 40%，最小置信度为 90%。

仿真 2：最小支持度为 50%，最小置信度为 90%。

仿真 3：最小支持度为 50%，最小置信度为 85%。

（2）仿真结果及分析

1）仿真 1：设置最小支持度为 40%，最小置信度为 90%。仿真结果如图 9-36 所示。

```
------------------------------ 规则 ------------------------------
R1:              2 ==> 3
R2:              4 ==> 6
R3:              5 ==> 6
R4:              5 ==> 7
R5:              2, 4 ==> 6
R6:              3, 4 ==> 6
R7:              4, 7 ==> 6
-----------------------------------------------------------------
```

图 9-36 仿真 1 的关联规则提取结果

智商与知商之间存在关联规则 R1，即一个智商表现非常优秀的杰出科技创新人才，知商表现往往也非常优秀；情商与意商之间存在关联规则 R2，即一个情商表现非常优秀的杰出科技创新人才，意商表现优秀的概率非常高。同样，德商和意商之间存在关联规则 R3；德商和位商之间存在关联规则 R4；智商、情商和意商之间存在关联规则 R5；知商、情商和意商之间存在关联规则 R6；情商、位商和意商之间存在关联规则 R7。

仿真 1 强关联规则提取结果可视化如图 9-37 所示。

如图 9-37 所示，箭头指向关联规则的后项，箭头起源于关联规则的前项。虚线箭头代表前项和后项均为单个商的关联规则，实线箭头代表前项为商的集合，后项可能是单个商，也可能是商的集合。椭圆内为商的集合。

2）仿真 2：设置最小支持度为 50%，最小置信度为 90%。仿真结果如图 9-38 所示。

· 263 ·

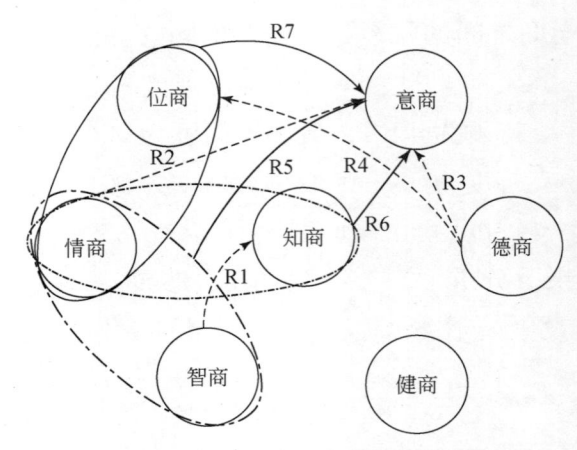

探究"钱学森之问"——科技创新人才智能分析

图 9-37 仿真 1 的关联规则提取结果可视化

------------------------------ 规则 ------------------------------
R1:   2 ==> 3
R2:   4 ==> 6
R3:   5 ==> 6
R4:   5 ==> 7

图 9-38 仿真 2 的关联规则提取结果

德商与意商之间存在关联规则 R3，即一个德商表现非常优秀的杰出科技创新人才，意商表现往往也非常优秀；德商与位商之间存在关联规则 R4，即一个德商表现非常优秀的杰出科技创新人才，位商表现优秀的概率非常高。同样，智商和知商之间存在关联规则 R1；情商和意商之间存在关联规则 R2。

仿真 2 强关联规则提取结果可视化如图 9-39 所示。

如图 9-39 所示，箭头指向关联规则的后项，箭头起源于关联规则的前项。虚线箭头代表前项和后项均为单个商的关联规则，实线箭头代表前项为商的集合，后项可能是单个商，也可能是商的集合。椭圆内为商的集合。

3）仿真 3：设置最小支持度为 50%，最小置信度为 85%。仿真结果如图 9-40 所示。

智商、意商与知商之间存在关联规则 R5，即一个智商和意商表现都

9 基于机器智能模型的科技创新人才鉴别分析

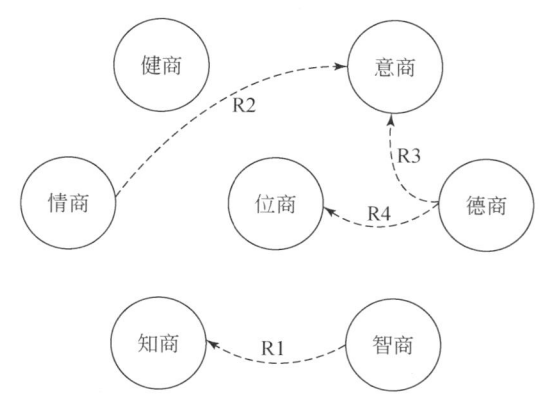

图 9-39 仿真 2 的关联规则提取结果可视化

```
------------------------------ 规则 ------------------------------
R1:           2   ==>  3
R2:           4   ==>  6
R3:           5   ==>  6
R4:           5   ==>  7
R5:           2, 6 ==>  3
R6:           2, 7 ==>  3
R7:           3, 5 ==>  6
R8:           3, 5 ==>  7
R9:           5, 6 ==>  7
R10:          5, 7 ==>  6
------------------------------------------------------------------
```

图 9-40 仿真 3 的关联规则提取结果

非常优秀的杰出科技创新人才，知商表现往往也非常优秀；德商、意商与位商之间存在关联规则 R9，即一个德商和意商表现都非常优秀的杰出科技创新人才，位商表现优秀的概率非常高。同样，智商和知商之间存在关联规则 R1；情商和意商之间存在关联规则 R2；德商和意商之间存在关联规则 R3；德商和位商之间存在关联规则 R4；智商、位商和知商之间存在关联规则 R6；知商、德商和意商之间存在关联规则 R7；知商、德商和位商之间存在关联规则 R8；德商、位商和意商之间存在关联规则 R10。

仿真 3 强关联规则提取结果可视化如图 9-41 所示。

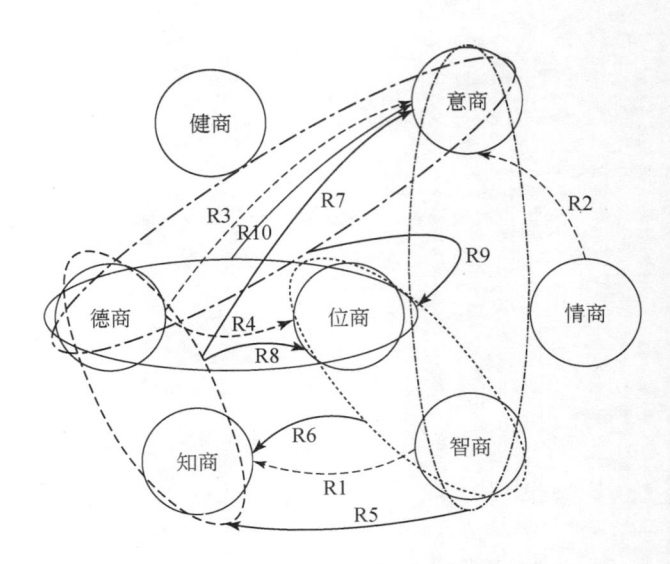

探究"钱学森之问"——科技创新人才智能分析

图 9-41　仿真 3 的关联规则提取结果可视化

如图 9-41 所示，箭头指向关联规则的后项，箭头起源于关联规则的前项。虚线箭头代表前项和后项均为单个商的关联规则，实线箭头代表前项为商的集合，后项可能是单个商，也可能是商的集合。椭圆内为商的集合。

意商、情商与位商之间关系密切，个人的情商和意商的发展将有可能促进位商的发展；知商、情商与意商之间关系密切，个人的知商和情商表现突出，则通常其意商也比较优秀；智商的表现往往会影响知商的表现，智商高的个人往往知商也相当高；德商、知商和意商之间也有密切的联系，优秀和德商和知商会促进个人的意商的发展；位商、意商和德商之间相互影响、相互促进，杰出科技创新人才在位商、意商和德商方面的表现十分突出；情商是意商的基础，良好意商的表现往往是因为个人具有优秀的情商。

Apriori 关联分析与 AMOS 结构关联分析、皮尔逊相关系数关联分析得到的结果略有不同，但主要的七商之间的关联关系基本一致，而且 Apriori 算法得到的关联规则是对 AMOS 结构关联分析和皮尔逊相关系数关联分析的结果的一种补充。由于 Apriori 关联分析与 AMOS 结构关联分析、皮尔逊相关系数关联分析处理数据的方式存在差异，得出结果存在略微的差异性属于正常，而且 Apriori 关联分析相较于 AMOS 结构关联分析、皮尔逊相关系数关联分析对七商之间关联分析的侧重点不同。

　　Apriori 关联分析与 AMOS 结构关联分析、皮尔逊相关系数关联分析一致证明智商和知商之间存在关联规则，可以通过培养优秀的智商来促进知商的发展；情商和意商之间存在关联规则，可以通过培养优秀的情商来促进意商的发展；德商和意商之间存在关联规则，可以通过培养优秀的德商来促进意商的发展；意商和位商之间存在关联规则，可以通过培养优秀的意商来促进位商的发展。

　　此外 Apriori 关联分析还对 AMOS 结构关联分析、皮尔逊相关系数关联分析得出的七商之间的关联分析加以补充，情商、位商和意商之间存在关联规则，可以通过培养优秀的情商及位商以促进意商的发展；德商、知商与意商、位商之间存在关联规则，可以通过培养优秀的德商和知商以促进意商及位商的发展；知商、情商与意商之间存在关联规则，可以通过培养优秀的知商和情商以促进意商的发展。

　　具体地说，达到某个目标，满足任何需要，实现个人价值或获取一项成功，首先需要养成可以独立思考、善于观察、眼观敏锐、富有思想、认真细致等智商能力；也需要学会以诚待人、平等交往，能够理解和尊重他人，控制和调节情绪，始终保持精神饱满、情绪稳定、心情愉悦的情商能力；还需要具有掌握各种专业技能，发挥个人特长，做自己最热爱的事业，让知识带来财富的知商能力；更重要的是留心做好身边的每一件事，为社会做出自己应有的贡献，从点滴小事中去获得成功，实现个人价值与社会价值相统一的德商能力；并需要在一定的智商、知商、情商和德商基础上，能准确地定位自己，为实现奋斗目标而选择出最佳方案并努力实现的位商能力。一个拥有较高的智商、知商、情商、德商和位商水平的人才往往是具有坚强的意志力的。在不屈不挠的意志和坚持不懈的决心的支持下勇敢地面对成长路上的各种艰难困苦，最终实现自己的人生理想，成长为一名杰出的科技创新人才。

9.2.3　基于神经网络的科技创新人才鉴别建模

　　神经网络的分类原理不同于贝叶斯和 SVM 等分类器，利用神经网络对科技创新人才进行鉴别，有助于提高未知类别的人才鉴别的准确率，为科技创新人才合理地定制其培养方案提供了基准。神经网络是由大量处理单元互联组成的非线性、自适应信息处理系统。它是在现代神经科学研究成果的基础上提出的，试图通过模拟大脑神经网络处理、记忆信息的方式进行信息处理。

本节采用几种常见的神经网络对人员案例进行鉴别，该模型的输入为人员案例的七商的 32 个指标的所有数据，输出为该人员案例所属的人才类别。在基于贝叶斯分类器的人才鉴别模型中，模型的输入为人员案例的单个商或者部分商的组合所具有的指标数据，输出为该人员案例所属的人才类别；在 9.2 节的基于 SVM 分类器的人才鉴别模型中，模型输入为经过科技创新人才关键要素抽取的人员案例的指标数据，输出为该人员案例所属的人才类别。因此，神经网络不仅在分类器的输入方面与贝叶斯分类器和 SVM 分类器不同，其分类原理也与贝叶斯分类器和 SVM 分类器不同。

与前面所介绍人才鉴别模型不同的是，神经网络是一种分类器，而层次聚类和谱系聚类属于聚类算法，它们处理数据的方式各不相同，利用人才的七商的 32 个指标反映出的不同特点对人才进行鉴别。

9.2.3.1 神经网络的基本原理

神经网络是一种模仿动物神经网络行为特征，进行分布式并行信息处理的算法数学模型。这种网络依靠系统的复杂程度，通过调整内部大量节点之间相互连接的关系，达到处理信息的目的，并具有自学习和自适应的能力。

神经网络是一种运算模型，由大量的节点（或称神经元）之间相互连接构成。每个节点代表一种特定的输出函数，称为激励函数（activation function）。每两个节点间的连接都代表一个对于通过该连接信号的加权值，称之为权重，这相当于人工神经网络的记忆[185]。神经网络的输出则依据网络的连接方式、权重值和激励函数的不同而不同。而神经网络自身通常都是对自然界某种算法或者函数的逼近，也可能是对一种逻辑策略的表达。

（1）BP 神经网络

BP 神经网络算法的基本思想是，学习过程由信号的正向传播和误差的反向传播两个过程组成。正向传播时，输入人员案例样本从输入层传入，经各隐含层逐层处理后，传向输出层[185]。若输出层的实际输出的人员案例的类别和期望输出不符，则转入误差的反向传播阶段，误差的反向传播是将误差以某种形式通过隐含层向输入层逐层反传，并把误差分摊给各层的所有神经元，从而获得各层神经元的误差信号，此误差信号即作为修正各单元权值的依据。这种信号正向传播和误差反向传播的各层权值调节过程是周而复始进行的，直到网络输出的误差减少到一定范围之内为止。

（2）RBF 神经网络

径向基函数（radial basis function，RBF）神经网络是一种前馈式神经网络，它具有最佳逼近和全局最优的性能，同时训练方法快速易行，不存在局部最优问题。

用 RBF 神经网络作为隐单元的"基"构成隐含层空间，对输入人员案例样本的七商的 32 个指标构成的样本特征向量进行一次变换，将低维的模式输入数据变换到高维空间内，通过对隐单元输出的加权求和得到输出。

RBF 神经网络是一种三层前向网络：第一层为输入层，由信号源节点组成。第二层为隐含层，隐单元的变换函数是一种局部分布的非负非线性函数，它对中心点径向对称且衰减。第三层为输出层，网络的输出是隐单元输出的线性加权。RBF 神经网络的输入层空间到隐含层空间的变换是非线性的，而从隐含层空间到输出层空间的变换是线性的[186]。

（3）GRNN 神经网络

径向基神经元和线性神经元可以建立广义回归神经网络（general regression neural network，GRNN）。GRNN 是由输入层、隐含层和输出层构成的三层前馈网络，它具有一个径向基网络层和一个特殊的线性网络层。

GRNN 神经网络建立在非参数核回归基础上，由径向基网络层和线性网络层组成，以样本数据为后验条件，通过执行 Parzen 非参数估计，从训练样本里求得自变量和因变量之间的联合概率密度函数之后，直接计算出因变量对自变量的回归值。

(4) PNN 神经网络

概率神经网络（probabilistic neural network，PNN）主要思想是用贝叶斯决策规则，即错误鉴别的期望风险最小，在多维输入空间内分离决策空间。它是一种基于统计原理的人工神经网络，它是以 Parzen 窗口函数为激活函数的一种前馈网络模型[187]。

PNN 神经网络的输入层的神经元个数是特征向量维数，在输入层中，网络计算输入向量与所有训练样本向量之间的距离。PNN 神经网络的样本层的神经元个数是训练样本的个数，样本层的激活函数是高斯函数。PNN 神经网络的求和层的神经元个数是类别个数，求和层将样本层的输出按类相加，相当于 C 个加法器。PNN 神经网络的竞争层的神经元个数为 1，判决结果由竞争层输出，输出结果中只有一个 1，其余结果都是 0，概率值最大的那一类输出结果为 1。

9.2.3.2 基于神经网络的科技创新人才成长模式系统建模

(1) 数据收集与预处理

由于数据收集的方式等原因，部分案例的七商信息存在缺失值和异常值，对这部分案例信息进行处理后，得到有效数据样本 1010 例，包括 210 例杰出科技创新人才案例和 800 例一般案例。

我们利用得到的 1010 例样本数据生成样本矩阵，其中每一行代表一个人员案例，这里为一个样本单元，每一列代表一个七商的指标信息，在这里为样本单元的一个特征信息。

(2) 模型建立

为探究不同类别人员的神经网络结构，我们针对杰出科技创新人才和

9 基于机器智能模型的科技创新人才鉴别分析

其他人员的鉴别、杰出科技创新人才和其他科技创新人才的鉴别分别设计了实验。

仿真1：杰出科技创新人才和其他人员的鉴别研究。

将杰出科技创新人才和其他人员的七商的32个指标输入神经网络进行鉴别，目的是对杰出科技创新人才和其他人员进行多要素拟合定量分析。

在本次实验中，我们将杰出科技创新人才作为正例，其他人员（包括一般科技创新人才、潜在科技创新人才和普通人员）作为负例。

以每个案例的七商的32个指标为案例样本的特征输入BP神经网络、RBF神经网络、GRNN、PNN，输出为各案例样本的鉴别类别。

仿真1的准确率（由大到小排序）见表9-4。

表9-4 不同类型神经网络的鉴别准确率表

神经网络类型	BP 神经网络	RBF 神经网络	GRNN	PNN
准确率/%	99.67	97.67	89.33	78

首先，通过分析仿真结果可知杰出科技创新人才和其他人员之间在七商的某些指标上存在差异性，这些指标主要包括运动协调能力，父母遗传基础，受教育程度，注意力、观察力水平，记忆力水平，应变能力，语言理解及表达能力、逻辑思维能力、知识获取能力、知识存储量、知识表示与应用能力、情绪认知能力、情绪运用能力、情绪控制与调节能力、奉献精神、敬业程度、诚信水平、个人独立程度、对待事物主动性、自身行为把控能力、自信程度、决策执行能力、抗压能力、处位能力、决策水平和组织工作水平等。

其次，通过对比BP神经网络、RBF神经网络、GRNN、PNN的鉴别准确率，可得BP神经网络的鉴别准确率的均值大，且方差小，适应于杰出科技创新人才和其他人员的鉴别问题。

仿真2：杰出科技创新人才和其他科技创新人才的鉴别研究。

将杰出科技创新人才和其他科技创新人才的七商的32个指标输入神经网络进行鉴别，目的是对杰出科技创新人才和其他科技创新人才进行多要素拟合定量分析。

在本次实验中，将杰出科技创新人才作为 1 类，一般科技创新人才作为 2 类，潜在科技创新人才作为 3 类。

以每个案例的七商的 32 个指标为案例样本的特征输入 BP 神经网络、RBF 神经网络、GRNN、PNN，输出为各案例样本的鉴别类别。

仿真 2 的准确率（由大到小排序）见表 9-5。

表 9-5　不同类型神经网络的鉴别准确率表

神经网络类型	BP 神经网络	GRNN	RBF 神经网络	PNN
准确率/%	91	87.33	83.67	72.67

首先，通过分析实验结果可知杰出科技创新人才和其他科技创新人才之间在七商的某些指标上存在差异性，这些差异性主要体现在七商的健康意识，运动协调能力，受教育程度，注意力、观察力水平，记忆力水平，应变能力，语言理解及表达能力，逻辑思维能力，知识获取能力，知识存储量，知识表示与应用能力，情绪认知能力，情绪表达能力，情绪运用能力，情绪控制与调节能力，社会责任感，奉献精神，敬业程度，个人独立程度，对待事物主动性，自身行为把控能力，自信程度，决策执行能力，抗压能力，处位能力，决策水平和组织工作水平等方面指标上。

其次，通过对比 BP 神经网络、RBF 神经网络、GRNN、PNN 的鉴别准确率，可得 BP 神经网络的鉴别准确率的均值大，且方差小，适应于杰出科技创新人才和其他科技创新人才的鉴别问题。

只有准确的定位，才能量身定制合理的培养计划，就这个层面而言对未知类别人才样本的准确鉴别就显得至关重要。神经网络通过模拟大脑神经网络处理、记忆信息的方式进行信息处理，具有自学习和自适应的能力，而且神经网络可以将部分样本中学习到的知识推广到全体样本上。因此，利用神经网络进行不同类型的人才鉴别为未知类别人才样本的正确鉴别提供了一种新的模型。

10 科技创新人才关键要素实证分析

10.1 实证数据来源及数据处理

10.1.1 数据来源

根据本书 5.1.1 节，在案例收集过程中充分考虑三个层次的杰出科技创新人才数据案例的数据收集工作，同时考虑到样本的一般特征，设计问卷对一般样本数据进行收集，并收集陕西省部分两院院士和三秦学者数据用于模型校验。

具体案例数据的收集结果如下。

1) 杰出科技创新人才：分为三类，影响世界 100 人、历年诺贝尔奖获得者及中国两院院士，作为正样本，共计 222 例。

2) 一般科技创新人才：主要包括高校教师和一般科研人员。

3) 潜在科技创新人才：主要是普通高校学生。

4) 普通人员：主要有个体户和从事低收入工作的一般工作人员。

一般科技创新人才、潜在科技创新人才和普通人员等一般样本，共计 917 例，其中 2 例样本数据缺失超过 50%，有效样本为 915 例。

校验样本：收集到陕西省的一部分院士（8 例）和三秦学者（34 例）的七商数据，删除三秦学者数据中指标评价全为 5 的一组异常数据，有效样本共计 41 例，将有效样本数据作为部分模型的验证样本。

样本数据统计情况如下：正样本数据222例，一般样本有效数据为915例，有效校验样本为41例。

10.1.2 数据处理

（1）样本中缺失值的补偿

在数据收集过程中，一部分样本存在个别指标数据的缺失，在缺失数据的处理过程中计算该类样本的缺失指标的均值作为样本缺失指标的补偿数据。

（2）一般样本问卷数据的弱化调整

对一般样本问卷数据进行统计后发现，样本主要群体有高校学生、高校教师、科研人员、个体经营者及低收入工作者，一般样本在填写问卷的过程中所选取的参照标准来源于个体自身交际人群，与正样本的参照标准相比，一般样本中的参照标准普遍偏低，这就导致一般样本中的主观评价数据比自身实际水平偏高。所以，一般样本的数据需通过5.1.3节中的预处理过程进行相关弱化处理，与样本的实际特征进行对比，降低由于数据失真造成模型评价结果出现的误差。

10.2 科技创新人才关键要素系统评价分析

本节利用所收集到的样本七商相关指标数据，通过本书4.2节中所构建的科技创新人才匹配模型及4.3节中的模糊综合评价模型、6.3节中的复杂网络模型分别对样本数据进行运算处理，以验证本书所构建模型的合理性、有效性，进一步从不同学科角度分析样本特征，为科技创新人才的成长提供理论参考。

对科技创新人才关键要素系统的综合评价模型实证分析主要包括两部分：首先通过构建科技创新人才匹配模型，对样本是否符合科技创新人才标准进行识别；其次，通过所构建的模糊综合评价模型对待评价样本的科技创新层次进行系统评价,划分样本科技创新层次,进一步验证评价指标体系的可行性、准确性与科学性及所构建模型的有效性。

10.2.1 科技创新人才匹配模型实证分析

10.2.1.1 构建科技创新人才标准向量集

针对所收集的公认科技创新人才的数据,将该部分数据作为科技创新人才的正样本,即科技创新人才的标准。假设所收集到的正样本数据为 X_{mn},其中 m 表示样本个体数量(222例),n 表示评价指标个数(32个)。利用 MATLAB 编程,使用 K-means 聚类算法对所有正样本进行分类,经过多次计算并对比分类效果后发现,将正样本分为两类时,分类效果最优。输出样本分类的中心值向量为

$$\hat{X} = \begin{pmatrix} 3.0535 & 3.5854 & 3.2316 & 3.8421 & 3.6969 & \cdots & 4.3510 \\ 4.0423 & 4.4673 & 4.2980 & 4.3107 & 3.8973 & \cdots & 4.8103 \end{pmatrix}$$

10.2.1.2 计算样本匹配标准阈值

计算个体数据 $x = (x_1, x_2, x_3, \cdots, x_n)$ 与两个中心值向量的欧式距离,计算公式如下:

$$d(x, \hat{X}_t) = \sqrt{\sum_{i=1}^{n} |x_i - x_{ti}|^2}$$

式中,$t = 1, 2$;$n = 32$。

最终将样本与中心值向量之间的欧式距离的最小值作为样本与中心值向量之间的距离,即

$$d(x, \hat{X}) = \min\{d(x, \hat{X}_1), d(x, \hat{X}_2)\}$$

计算所有正样本数据与中心值向量之间的距离,距离最小值为 1.3733,最大距离为 6.9893,距离均值 $u = 2.8517$,样本距离标准差 $\sigma = 0.8910$。对于大量样本而言,样本数据与中心值向量之间的距离大致服从

正态分布，基于正态分布的相关统计性质，存在一个阈值 d_0 使概率 $P(d<d_0)=0.95$，即当样本量足够大时，若样本与标准向量之间的欧式距离小于 d_0，则该样本可以聚类到正样本中的概率为95%，也就是说，在 $\delta=0.05$ 的显著性水平下，可以认为该样本与正样本一样是科技创新人才的样本数据。根据正态分布的相关理论并查询标准正态分布表可以得到阈值 d_0 为

$$d_0 = u + 1.645\sigma^2 = 4.3174$$

式中，1.645 为查询正态分布表所得。

计算待匹配样本数据与标准向量之间欧式距离 d，若 $d<d_0$，则该匹配样本是科技创新人才，否则匹配样本不是科技创新人才。

10.2.1.3 样本数据匹配结果分析

对一般样本数据、校验样本中的院士样本数据和三秦学者样本数据分别进行匹配，匹配结果统计见表10-1。

表10-1 样本匹配结果统计表

项目	匹配结果（0为匹配失败；1为匹配成功）	样本数量	样本比例/%
一般样本	0	904	98.80
	1	11	1.20
陕西院士样本	0	0	0.00
	1	8	100.00
三秦学者样本	0	27	81.82
	1	6	18.18

对匹配结果进行分析后发现，一般样本中与正例科技创新人才样本匹配成功的样本数量为11例，仅占一般样本的1.20%；进一步对匹配成功的一般样本的职业特征进行统计后发现，匹配成功的11例一般样本中有高校教师7例、博士研究生2例、个体户1例、高校职工1例，匹配成功的样本主要集中在高校教师、博士研究生等接受过良好高等教育的相关样本。校验样本的匹配结果表明，所收集到的8例陕西院士样本与正例科技创新人才样本相匹配的比例是100%，而三秦学者样本匹配成功的比例只

有 18.18%，说明了匹配模型能够在一定程度上区分样本数据是否为科技创新人才。

10.2.2 科技创新人才模糊综合评价模型实证分析

基于 K-means 聚类的科技创新人才匹配模型能够对样本数据进行处理，以判别该样本数据是否为科技创新人才，但模型只能单一地判断样本是否属于科技创新人才，并不能确定样本与科技创新人才的匹配程度。为进一步判别样本的科技创新层次，本书通过构建的模糊综合评价模型对样本数据进行综合评价，确定样本的科技创新评价等级。

10.2.2.1 科技创新人才评价指标的权重计算

在基于多层交互权重法和熵值理论的模糊综合评价模型构建过程中，综合多层交互权重和熵值权重计算评价指标权值。本节利用 MATLAB 软件对权重的计算过程进行编程计算，具体的评价指标权重计算结果见表 10-2。

表 10-2 科技创新人才评价指标权重

七商	权重	指标	指标权重
健商	0.095 18	健康意识	0.248 81
		自理能力	0.237 56
		身体素质	0.253 68
		运动协调能力	0.259 95
智商	0.189 24	父母遗传基础	0.116 63
		受教育程度	0.327 35
		注意力、观察力水平	0.086 78
		记忆力水平	0.103 88
		应变能力	0.088 47
		想象力水平	0.091 07
		语言理解及表达能力	0.092 18
		逻辑思维能力	0.093 64

续表

七商	权重	指标	指标权重
知商	0.138 05	知识获取能力	0.416 46
		知识存储量	0.137 27
		知识表示与应用能力	0.446 27
情商	0.111 00	情绪认知能力	0.142 33
		情绪表达能力	0.342 56
		情绪运用能力	0.159 04
		情绪控制与调节能力	0.356 07
德商	0.143 66	社会责任感	0.274 42
		奉献精神	0.287 23
		敬业程度	0.267 40
		诚信水平	0.170 95
意商	0.169 12	个人独立程度	0.094 14
		对待事物主动性	0.119 59
		自身行为把控能力	0.195 94
		自信程度	0.190 77
		决策执行能力	0.207 42
		抗压能力	0.192 13
位商	0.153 75	处位能力	0.319 45
		决策水平	0.337 36
		组织工作水平	0.343 19

由表 10-2 中指标权重结果可以看出，科技创新人才评价过程中智商、知商、意商、德商、位商相关的指标权重相对较高。

10.2.2.2 计算评价指标隶属度矩阵并进行模糊合成运算

按照所构建的隶属度函数，利用 MATLAB 软件对待评价样本指标的隶属度向量进行运算，得到评价指标的模糊关系矩阵 $\boldsymbol{R}$，进一步运用公式 $\boldsymbol{B}=\boldsymbol{W}\cdot\boldsymbol{R}$ 对指标权重 $\boldsymbol{W}$ 和模糊关系矩阵 $\boldsymbol{R}$ 进行模糊合成运算。通过下层指标向评价目标层逐级进行合成运算，得到最终的评价结果向量，并利用最大隶属度原则确定被评价样本的评价等级。样本数据经过模糊合成后得到各样本的评价向量构成的评价矩阵如下：

$$\begin{pmatrix} 0 & 0.0035 & 0.0406 & 0.3936 & 0.9293 \\ 0 & 0.0035 & 0.0311 & 0.3914 & 0.9303 \\ 0 & 0 & 0.0565 & 0.4404 & 0.8658 \\ 0 & 0.0362 & 0.2211 & 0.5584 & 0.6664 \\ 0.1035 & 0.2066 & 0.3010 & 0.4451 & 0.4647 \\ \vdots & \vdots & \vdots & \vdots & \vdots \\ 0.0150 & 0.2028 & 0.6392 & 0.6199 & 0.1800 \end{pmatrix}$$

根据计算所得的评价矩阵，利用最大隶属度原则得到所有样本的评价等级统计情况见表 10-3。

表 10-3　样本科技创新人才评价等级统计

科技创新人才评价等级	样本数量	样本比例/%
差	5	0.42
次	76	6.45
中	764	64.86
良	204	17.32
优	129	10.95

从表 10-3 中可以看出，样本科技创新人才评价等级为"差"和"次"的样本占样本总数的 6.87%，评价等级为"中"的样本比例为 64.86%，评价等级为"良"和"优"的样本占总体样本的 28.27%。从样本评价结果来看，样本的科技创新评价等级的分布向高等级偏移，主要是由于样本收集过程中选择了大量的高层次的科学研究人员、高等院校教师及高校学生样本，这些样本的科技创新层次普遍高于样本平均水平。

为进一步验证本书所构建的科技创新人才匹配模型和模糊综合评价模型的有效性，在所有样本中随机抽取 20 组样本数据，同时用所构建的科技创新人才匹配模型和模糊综合评价模型对抽取的 20 组样本数据进行处理，并与样本的职业特征进行对比，具体结果见表 10-4。

探究"钱学森之问"——科技创新人才智能分析

表 10-4 随机抽取样本数据模型输出结果

序号	样本排序	匹配模型输出	样本科技创新人才评价等级	样本来源
1	216	1（匹配成功）	4（良）	院士
2	147	1（匹配成功）	5（优）	影响世界100人
3	437	0（匹配失败）	3（中）	教师
4	985	0（匹配失败）	3（中）	学生
5	952	0（匹配失败）	3（中）	学生
6	311	0（匹配失败）	2（次）	宿舍管理员
7	3	1（匹配成功）	5（优）	院士
8	542	0（匹配失败）	3（中）	学生
9	476	1（匹配成功）	4（良）	大学教授
10	468	0（匹配失败）	3（中）	教师
11	218	1（匹配成功）	4（良）	院士
12	157	1（匹配成功）	4（良）	院士
13	775	0（匹配失败）	4（良）	博士研究生
14	565	0（匹配失败）	3（中）	硕士研究生
15	114	1（匹配成功）	4（良）	诺贝尔奖获得者
16	995	0（匹配失败）	3（中）	大学生
17	794	0（匹配失败）	4（良）	科研人员
18	94	1（匹配成功）	5（优）	院士
19	836	0（匹配失败）	3（中）	图书馆管理员
20	823	0（匹配失败）	2（次）	宿舍管理员

从表10-4中可以看出，在全部样本中随机抽取20组数据，随机样本中与科技创新人才匹配的有8例，占随机抽取样本的40%，样本来源包含影响世界100人、诺贝尔奖获得者、院士和大学教授，科技创新人才评价等级为5（优）和4（良），科技创新人才评价等级处于前列。随机抽取样本中与科技创新人才匹配失败的样本评价等级均在4（良）及以下，样本特征主要集中在教师、高校学生、科研人员和普通管理人员。

随机抽取样本中部分样本的科技创新人才评价等级和院士的评价等级均为4（良），但与科技创新人才标准匹配结果并不完全一致，经过对模型运算数据的详细分析后发现：该部分匹配成功的样本虽然按照最大隶属度原则确定了最终评价等级为4（良），但是样本对等级5（优）的隶属度普遍高于其他评价等级为4（良）的样本对等级5（优）的隶属度，即匹配成功的样本虽然和部分样本处于一个评价等级，但其科技创新层次仍处于该等级的前列。

10.2.3　钱学森院士样本数据匹配及评价模型输出结果分析

钱学森院士作为中国科技创新事业的杰出贡献者，其对科技创新样本数据的研究、对科技创新人才相关研究有重要的意义。通过对钱学森院士七商指标数据的研究发现，钱学森院士的七商指标数据普遍高于90%以上的样本指标数据，各商指标得到了均衡、全面的发展。而钱学森院士极高的科技创新层次也说明了科技创新人才对七商的相关指标都有较高的要求，只有七商指标协同发展，才能成为高水平的科技创新人才。具体对比情况如图10-1所示。

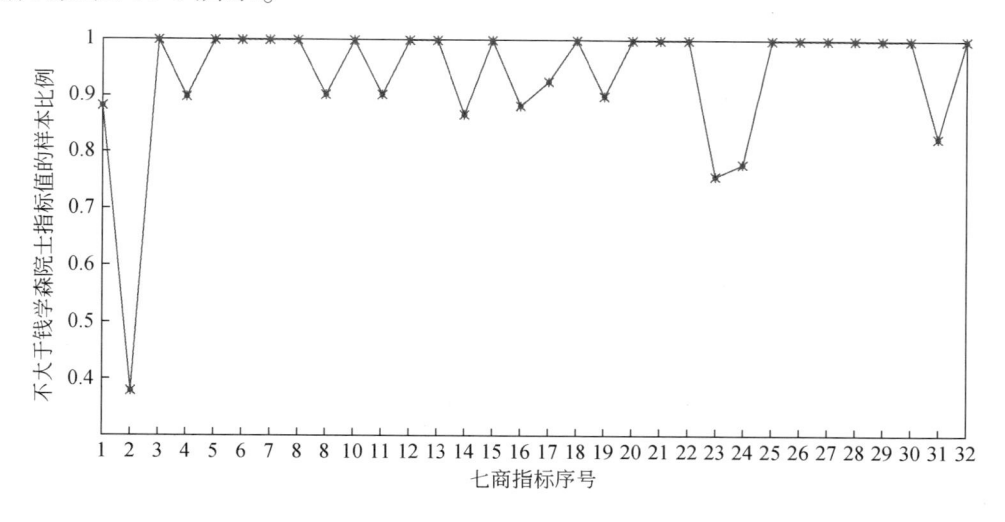

图10-1　钱学森院士七商指标与样本数据的对比分析

标号为2的指标的波动是统计指标值缺失补偿过程导致的

探究"钱学森之问"——科技创新人才智能分析

利用所构建的匹配模型将钱学森院士的数据进行匹配计算,结果显示钱学森院士样本数据与科技创新人才标准向量匹配成功。利用模糊综合评价模型,对钱学森院士的七商指标数据进行处理,得到钱学森院士的科技创新层次的评价结果为"优",该评价等级是模型设定的最高评价等级。评价结果说明钱学森院士的科技创新层次处于样本前列,与实际情况相符。钱学森院士样本数据的评价结果在样本中的层次情况如图10-2 所示。

科技创新综合评价结果对比

☑ 低于钱学森院士评价结果的样本比例　　☒ 其他

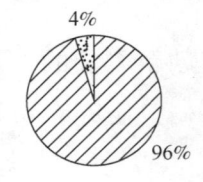

4%
96%

图 10-2　钱学森院士评价结果与样本评价结果对比分析图

从图 10-2 中可以看出低于钱学森院士科技创新层次的样本比例为 96%,也说明了基于七商相关指标的评价理论的合理性和可行性。

10.2.4　科技创新人才匹配及评价模型实证总结

本节利用所收集到的大量实证数据,通过构建的科技创新人才匹配和评价模型对数据进行处理,实证结果表明:科技创新人才匹配模型将公认的高层次科技创新人才数据作为科技创新人才的标准数据,利用样本与标准向量之间的距离划分匹配阈值,能够很好地区分样本是否为科技创新人才。在匹配模型的基础上,为进一步确定匹配成功或匹配失败样本之间科技创新人才的层次区别,通过熵值理论和多层交互权重计算科技创新人才评价指标的权重,并利用模糊综合评价模型对样本科技创新等级进行系统评价。样本评价等级主要集中在等级 3(中),样本评价等级分布呈现右偏正态分布,符合样本相关特征。由评价过程中计算所得到的评价指标权重可以看出，影响科技创新人才成长的重要指标主要集中在智商、知商、意商和位商，表明科技创新人才的成长过程中个体的教育程度、对领域知识的应用、对科研的专注精神及团队管理协作能力对个体的科技创新水平有重要的影响。进一步随机抽取部分样本，并将样本匹配结果、评价结果与样本特征进行对比分析，分析结果也验证了本书所构建的匹配模型和科技创新人才评价模型的有效性。

10.3 科技创新人才关键要素复杂网络模型分析

个体的受教育程度不同、职业不同，其科技创新能力也会有较大的差异。在科技创新人才的培养过程中，需要针对不同层次的培养对象设计不同的培养方案。所以，在科技创新人才关键要素系统的复杂网络模型实证研究中，将所收集到的样本根据其科技创新层次划分为不同的类别，由于不同类别个体培养过程中的七商指标的重要程度也不同，所以针对不同类别的样本数据分别构建复杂网络模型，并对所构建的复杂网络的相关特征进行研究。

10.3.1 科技创新人才关键要素复杂网络节点重要性分析

从表 10-3 样本科技创新人才评价等级统计结果可以看出，样本科技创新人才评价等级主要集中在评价等级 5（优）、评价等级 4（良）、评价等级 3（中），占样本总体的 93.13%。所以，本节科技创新人才关键要素系统的复杂网络模型实证分析将分别利用评价等级 5（优）、评价等级 4（良）、评价等级 3（中）的三类样本构建复杂网络模型，并对所构建的三类复杂网络的相关特征进行分析。

科技创新人才的 32 个评价指标标号情况见表 10-5。

表10-5 科技创新人才评价指标标号

体系	一级指标	二级指标
科技创新人才评价指标体系	健商（HQ）	（1）健康意识
		（2）自理能力
		（3）身体素质
		（4）运动协调能力
	智商（IQ）	（5）父母遗传基础
		（6）受教育程度
		（7）注意力、观察力水平
		（8）逻辑思维能力
		（9）记忆力水平
		（10）应变能力
		（11）想象力水平
		（12）语言理解及表达能力
	知商（KQ）	（13）知识获取能力
		（14）知识存储量
		（15）知识表示与应用能力
	情商（EQ）	（16）情绪认知能力
		（17）情绪表达能力
		（18）情绪运用能力
		（19）情绪控制与调节能力
	德商（MQ）	（20）社会责任感
		（21）奉献精神
		（22）敬业程度
		（23）诚信水平
	意商（WQ）	（24）个人独立程度
		（25）对待事物主动性
		（26）自身行为把控能力
		（27）自信程度
		（28）决策执行能力
		（29）抗压能力
	位商（PQ）	（30）处位能力
		（31）决策水平
		（32）组织工作水平

10.3.1.1 杰出科技创新人才复杂网络节点重要性实证分析

科技创新人才评价等级 5（优）的样本特征主要是影响世界 100 人、诺贝尔奖获得者、两院院士及部分高校教授和科研人员，该部分样本集中了具有高层次科技创新能力的杰出科技创新人才样本数据，利用该类样本构建科技创新人才复杂网络，进一步研究高层次科技创新人才复杂网络特征，对科技创新人才的培养标准研究有重要的作用。

假设样本数据有 m 组数据，每组数据由七商的 32 个指标数据构成，样本数据矩阵为

$$X = \begin{bmatrix} x_{11} & x_{12} & \cdots & x_{132} \\ x_{21} & x_{22} & \cdots & x_{232} \\ \vdots & \vdots & \ddots & \vdots \\ x_{m1} & x_{m2} & \cdots & x_{m32} \end{bmatrix}$$

对于七商的 32 个指标而言，每个指标数据都是由 m 个数值构成，即第 i 个指标的数据为 $X_i = (x_{1i}, x_{2i}, \cdots, x_{mi})^{\mathrm{T}}$。所以指标 i 与指标 j 之间的皮尔逊相关系数可以通过以下公式计算：

$$r(X_i, X_j) = \frac{\sum X_i X_j - \dfrac{\sum X_i \sum X_j}{m}}{\sqrt{\left[\sum X_i^2 - \dfrac{(\sum X_i)^2}{m}\right]\left[\sum X_j^2 - \dfrac{(\sum X_j)^2}{m}\right]}}$$

通过计算指标两两之间的皮尔逊相关系数，并将皮尔逊相关系数的绝对值作为指标间的相关系数，即 $r_{ij} = |r(X_i, X_j)|$。最终确定七商的 32 个指标间的关联系数矩阵（由于数据量较大，本书中只显示部分数据）：

$$r = \begin{pmatrix} 1.0000 & 0.3473 & 0.4959 & 0.3529 & \cdots \\ 0.3473 & 1.0000 & 0.4303 & 0.4185 & \cdots \\ 0.4959 & 0.4303 & 1.0000 & 0.4840 & \cdots \\ 0.3529 & 0.4185 & 0.4840 & 0.0106 & \cdots \\ \vdots & \vdots & \vdots & \vdots & \ddots \end{pmatrix}$$

探究"钱学森之问"——科技创新人才智能分析

基于七商的 32 个指标,利用计算所得的七商指标关联矩阵加入一定的随机性规则构建科技创新人才七商指标复杂网络结构的拓扑模型。具体复杂网络生成步骤如下。

步骤 1:将七商的 32 个指标分别标记为节点 1,节点 2,…,节点 32,并作为复杂网络构建的网络节点。

步骤 2:随机生成一个对称的 32×32 的取值范围在(0,1)的随机数矩阵:

$$P = \begin{bmatrix} p_{11} & p_{12} & \cdots & p_{132} \\ p_{21} & p_{22} & \cdots & p_{232} \\ \vdots & \vdots & \ddots & \vdots \\ p_{321} & p_{322} & \cdots & p_{3232} \end{bmatrix}$$

其中,$p_{ij}=p_{ji}$,$i,j=1,2,\cdots,32$。

步骤 3:构建复杂网络邻接矩阵。

假设复杂网络的邻接矩阵为

$$A = \begin{bmatrix} a_{11} & a_{12} & \cdots & a_{1n} \\ a_{21} & a_{22} & \cdots & a_{2n} \\ \vdots & \vdots & \ddots & \vdots \\ a_{n1} & a_{n2} & \cdots & a_{nn} \end{bmatrix}$$

式中,$a_{ij}=0$ 或 1(0 代表节点 i 与节点 j 不存在连接,1 代表节点 i 与节点 j 直接连接);n 为网络节点个数。a_{ij} 的值根据以下规则确定:

$$a_{ij} = \begin{cases} 1 & p_{ij} \leqslant r_{ij} \\ 0 & p_{ij} > r_{ij} \end{cases}$$

邻接矩阵即复杂网络拓扑结构的矩阵表示,可以根据 A 的数据构建无向小世界网络的具体拓扑结构图。

通过 MATLAB 软件编程计算得到复杂网络的邻接矩阵为

10 科技创新人才关键要素实证分析

$$A = \begin{pmatrix} 0 & 0 & 0 & 1 & \cdots \\ 0 & 0 & 1 & 1 & \cdots \\ 0 & 1 & 0 & 1 & \cdots \\ 1 & 1 & 1 & 0 & \cdots \\ \vdots & \vdots & \vdots & \vdots & \ddots \end{pmatrix}$$

根据计算所得到的复杂网络的邻接矩阵，利用 pajek 软件输出复杂网络的拓扑图如图 10-3 所示。复杂网络节点重要性评价指标值见表 10-6。

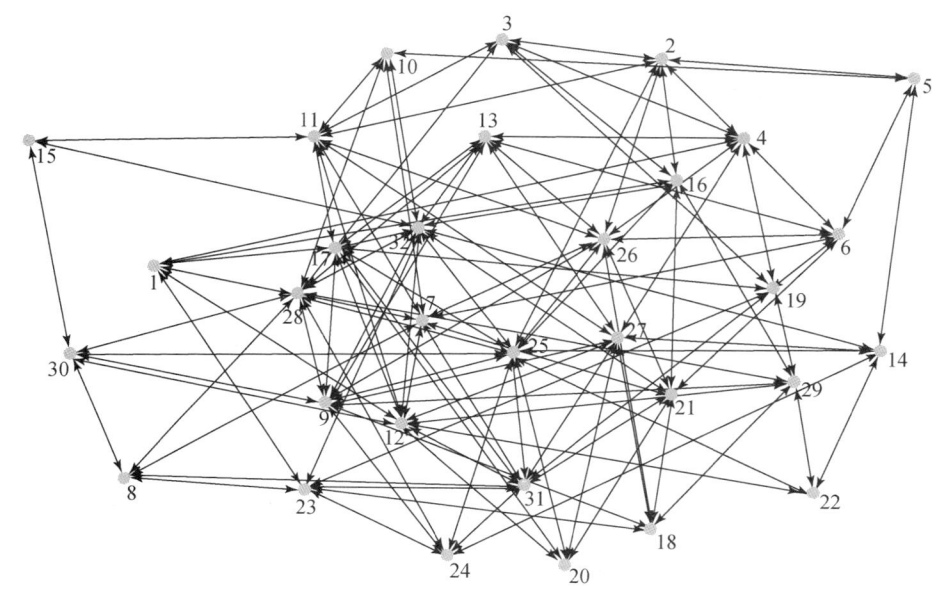

图 10-3 杰出科技创新人才复杂网络拓扑结构图

表 10-6 复杂网络节点重要性评价指标值

指标序号	"节点+邻居节点"度	互信息（I）	接近度（C_c）	介数（C_b）	特征向量（C_e）	NDC	CMI
1	50	-4.0938	0.0161	0.0096	0.1093	0.2644	29.74
2	73	1.5272	0.0175	0.0300	0.1741	0.2849	125.14
3	55	-1.1202	0.0167	0.0179	0.1251	0.2425	59.12
4	74	2.3697	0.0172	0.0448	0.1794	0.3634	192.56
5	31	-4.7769	0.0143	0.0079	0.0709	0.1625	17.26
6	74	-5.0053	0.0179	0.0340	0.1813	0.3094	141.00
...	...	...	...	...	...	...	...

续表

指标序号	"节点+邻居节点"度	互信息（I）	接近度（C_c）	介数（C_b）	特征向量（C_e）	NDC	CMI
30	59	-1.7999	0.0167	0.0184	0.1441	0.2656	65.40
31	85	1.1161	0.0172	0.0351	0.2157	0.3796	173.04
32	89	4.5817	0.0192	0.0673	0.2135	0.4506	311.64

注：NDC 表示邻居信息与集聚系数；CMI 表示综合测度指标。

由于部分评价指标下对复杂网络节点重要性进行排序时，存在若干节点的指标值相同的情况，此时无法区分相同指标值复杂网络节点的重要性，即将相同指标值下的所有节点标记为相同的重要性排序，对表10-7中的对应节点的重要性进行重新标记，结果见表10-8。

表10-7 不同评价指标下复杂网络节点重要性排序

指标节点重要程度	"节点+邻居节点"度	互信息（I）	接近度（C_c）	介数（C_b）	特征向量（C_e）	NDC	CMI
1	25	28	25	25	9	25	25
2	9	12	26	28	25	32	28
3	26	25	28	32	26	28	32
4	28	9	32	12	28	12	12
5	12	32	9	11	21	17	11
6	32	7	12	7	31	9	7
…	…	…	…	…	…	…	…
30	19	20	22	5	22	22	20
31	5	5	5	20	5	5	5
32	15	6	15	15	15	24	15

表10-8 不同评价指标下复杂网络节点重要性重新标记结果

"节点+邻居节点"度	互信息（I）	接近度（C_c）	介数（C_b）	特征向量（C_e）	NDC	CMI
1	1	1	1	1	1	1
2	2	2	2	2	2	2
3	3	3	3	3	3	3
4	4	2	4	4	4	4
5	5	5	5	5	5	5

续表

"节点+邻居节点"度	互信息（I）	接近度（C_c）	介数（C_b）	特征向量（C_e）	NDC	CMI
6	6	3	6	6	6	6
…	…	…	…	…	…	…
27	30	13	30	30	30	30
28	31	14	31	31	31	31
29	32	14	32	32	32	32

将表 10-8 中节点 1~32 所对应的所有指标下复杂网络节点重要性排序序号进行累加，累加值作为该复杂网络节点的排序值，则复杂网络节点排序值越小的复杂网络节点的重要性越高。具体排序值累加结果见表 10-9。

表 10-9 指标下复杂网络节点重要性排序累加值结果

节点序号	排序累加值
1	165
2	96
3	140
4	83
5	197
6	89
…	…
30	127
31	64
32	39

32 个指标节点的重要性由高到低的排序结果如下。

25>8>26>28>12>32>21>17>13>31>27>11>4>6>2>7>18>16>24>30>29>3>20>23>14>1>10>9>22>19>5>15。

具体指标按重要性由高到低排序如下。

对待事物主动性，逻辑思维能力，自身行为把控能力，决策执行能力，语言理解及表达能力，组织工作水平，奉献精神，情绪表达能力，知识获取能力，决策水平，自信程度，想象力水平，运动协调能力，受教育程度，自理能力，注意力、观察力水平，情绪运用能力，情绪认知能力，个人独立程度，处位能力，抗压能力，身体素质，社会责任感，诚信水平，知识存储量，健康意识，应变能力，记忆力水平，敬业程度，情绪控制与调节能力，父母遗传基础，知识表示与应用能力。

由指标复杂网络节点在复杂网络中的重要性排序可以看出，影响杰出科技创新人才成长的指标重要性排在前十位的指标分别为对待事物主动性、逻辑思维能力、自身行为把控能力、决策执行能力、语言理解及表达能力、组织工作水平、奉献精神、情绪表达能力、知识获取能力、决策水平。结果表明，杰出科技创新人才热爱科研工作，具备良好的科研能力和丰富的领域知识，严于律己、乐于奉献，能够协调科研团队的各项工作，具备优越的决策能力。

10.3.1.2 一般科技创新人才复杂网络节点重要性实证分析

科技创新人才评价等级4（良）的样本主要有部分院士、高校教师、科研人员及一部分高校研究生，该部分样本具有一定的科技创新能力，但该类样本的创新层次还有待提高，是一般科技创新人才。利用一般科技创新人才样本数据，构建一般科技创新人才复杂网络，进一步研究一般科技创新人才复杂网络特征，挖掘一般科技创新人才成长过程中的不足之处，对培养高层次科技创新人才有重要的作用。

一般科技创新人才复杂网络节点重要性的计算与杰出科技创新人才的计算过程类似，一般科技创新人才复杂网络拓扑图如图10-4所示。

综合考虑各复杂网络节点的重要性评价指标，得到最终复杂网络节点的重要性排序由高到低如下。

14>15>30>28>32>8>9>12>31>13>7>17>20>21>1>2>6>16>18>25>3>4>11>19>22>23>24>26>5>10>27>29。

具体指标按重要性由高到低排序如下。

知识存储量，知识表示与应用能力，处位能力，决策执行能力，组织工作水平，逻辑思维能力，记忆力水平，语言理解及表达能力，决策水

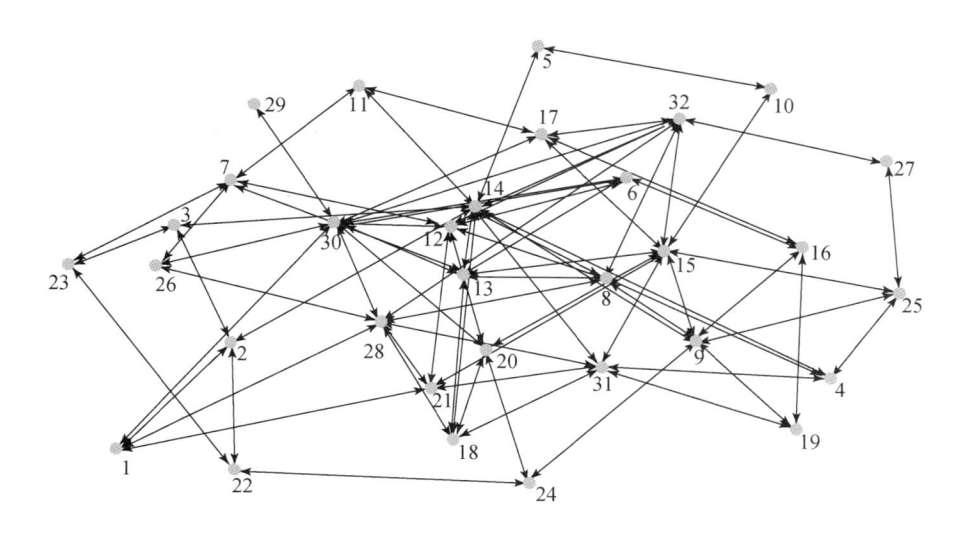

图 10-4　一般科技创新人才复杂网络拓扑结构图

平，知识获取能力，注意力、观察力水平，情绪表达能力，社会责任感，奉献精神，健康意识，自理能力，受教育程度，情绪认知能力，情绪运用能力，对待事物主动性，身体素质，运动协调能力，想象力水平，情绪控制与调节能力，敬业程度，诚信水平，个人独立程度，自身行为把控能力，父母遗传基础，应变能力，自信程度，抗压能力。

由指标复杂网络节点在复杂网络中的重要性排序可以看出，影响一般科技创新人才成长的指标重要性排在前十位的指标分别为知识存储量、知识表示与应用能力、处位能力、决策执行能力、组织工作水平、逻辑思维能力、记忆力水平、语言理解及表达能力、决策水平、知识获取能力。结果表明，一般科技创新人才逻辑思维活跃，具有丰富的专业领域知识，具备优秀的组织协调能力和优越的决策能力，对于科研团队成员与自身具有优良的处位能力。

10.3.1.3　潜在科技创新人才复杂网络节点重要性实证分析

科技创新人才评价等级3（中）的样本主要是高校学生、部分科研人员、一般管理人员和部分教师及个体户，该部分样本的科技创新能力一般，还需要很长时间的培养锻炼才能逐步提高样本个体的科技创新水平，

探究"钱学森之问"——科技创新人才智能分析

将该部分样本作为潜在科技创新人才。利用潜在科技创新人才样本数据，构建潜在科技创新人才复杂网络，研究样本主体的复杂网络特征，挖掘潜在科技创新人才的相关特征，对科技创新人才的培养有重要的意义。

潜在科技创新人才复杂网络拓扑图如图 10-5 所示。

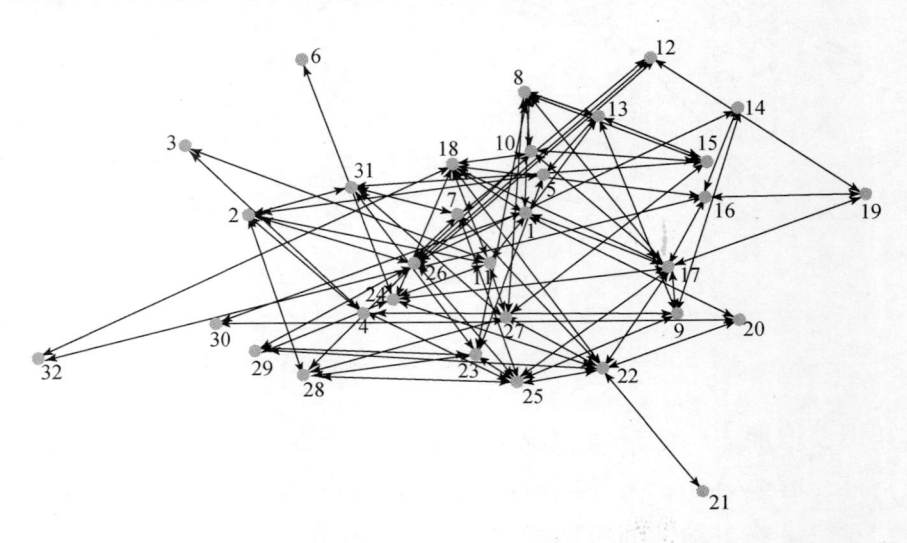

图 10-5 潜在科技创新人才复杂网络拓扑结构图

综合考虑各复杂网络节点的重要性评价指标，得到最终复杂网络节点的重要性排序由高到低如下。

17>18>22>25>1>11>26>7>10>24>27>2>4>5>8>9>13>16>23>31>15>28>29>12>14>19>20>3>30>32>6>21。

具体指标按重要性由高到低排序如下。

情绪表达能力，情绪运用能力，敬业程度，对待事物主动性，健康意识，想象力水平，自身行为把控能力，注意力、观察力水平，应变能力，个人独立程度，自信程度，自理能力，运动协调能力，父母遗传基础，逻辑思维能力，记忆力水平，知识获取能力，情绪认知能力，诚信水平，决策水平，知识表示与应用能力，决策执行能力，抗压能力，语言理解及表达能力，知识存储量，情绪控制与调节能力，社会责任感，身体素质，处位能力，组织工作水平，受教育程度，奉献精神。

由指标复杂网络节点在复杂网络中的重要性排序可以看出，影响潜在科技创新人才成长的指标重要性排在前十位的指标分别为情绪表达能力，情绪运用能力，敬业程度，对待事物主动性，健康意识，想象力水平，自身行为把控能力，注意力、观察力水平，应变能力，个人独立程度。结果表明，潜在科技创新人才具备优秀的情绪处理能力，遵守职业道德规范，对自己的认知清晰，并有一定的控制能力，能够迅速适应社会环境的改变。

10.3.2 科技创新人才复杂网络抗毁性实证分析

由于不同科技创新层次样本的科技创新评价指标的重要性也有所区别，在研究科技创新人才复杂网络抗毁性的过程中仍然针对科技创新人才评级等级5（优）、评级等级4（良）、评级等级3（中）的三类样本数据分别研究其构成的复杂网络的抗毁性特征。

由科技创新人才复杂网络拓扑模型中的相关性质可以看出，复杂网络节点之间的距离越短，表示复杂网络节点间的连接越紧密。而对于整个复杂网络而言，网络平均最短路径值的大小映射了复杂网络间联系的紧密程度。科技创新人才复杂网络中节点的重要程度有高低之分，为此以"加权平均最短路径"作为评估复杂网络性能的指标。同时相关文献中提出的作为复杂网络抗毁性研究指标的"自然连通度"在科技创新人才系统复杂网络中也有着重要的作用。研究表明，复杂网络节点之间连接的抗毁性来源于复杂网络节点之间替代途径的冗余性，即当某个复杂网络节点受到攻击时，复杂网络节点之间是否可以通过替代复杂网络节点继续产生相互影响。对于科技创新人才系统复杂网络而言，复杂网络的抗毁性强弱来源于科技创新人才系统中某一指标缺失或存在缺陷时，科技创新人才系统中是否存在其他指标能够替代该指标的一些作用，使其他指标之间的影响关系不产生明显的变化。所以，本节将利用加权平均最短路径和自然连通度两个指标来衡量科技创新人才复杂网络的抗毁性。

10.3.2.1 杰出科技创新人才复杂网络抗毁性分析

基于复杂网络抗毁性的研究思路，计算随机攻击和蓄意攻击策略下复

探究"钱学森之问"——科技创新人才智能分析

杂网络加权平均最短路径和复杂网络自然连通度的变化情况,具体结果如图 10-6 和图 10-7 所示。

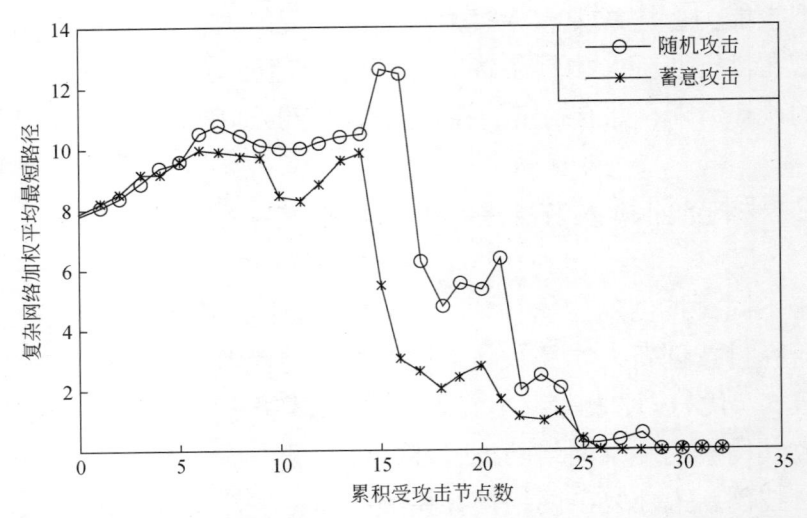

图 10-6　随机攻击和蓄意攻击策略下复杂网络加权平均最短路径的变化情况

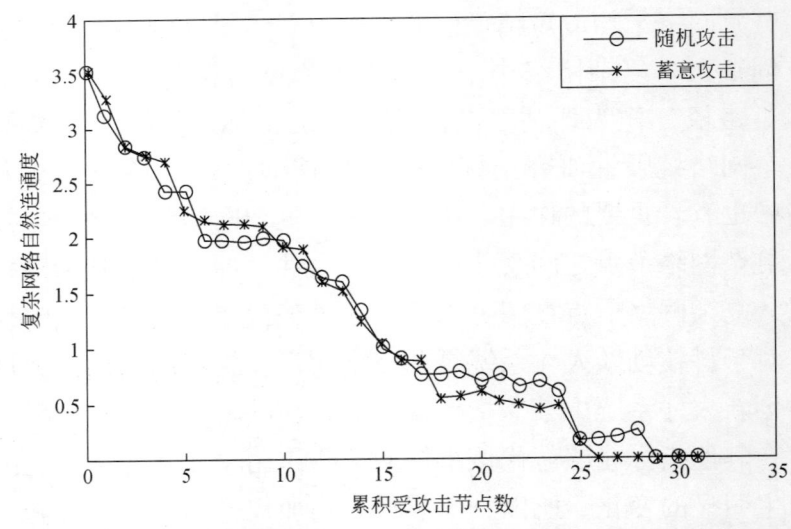

图 10-7　随机攻击和蓄意攻击策略下复杂网络自然连通度的变化情况

由图 10-6 中可以看出,杰出科技创新人才复杂网络在随机攻击和蓄意攻击策略下复杂网络加权平均最短路径的变化情况虽然有所区别,但两种攻击方式的变化情况比较接近。图 10-6 中随机攻击和蓄意攻击策略下

· 294 ·

复杂网络加权平均最短路径的变化情况说明，杰出科技创新人才的七商相关指标都处于较高水平，相关指标都得到了全面发展，随机攻击指标节点和攻击重要节点的两种策略对整个网络的影响并不会有较大的区别。无论是蓄意攻击还是随机攻击复杂网络节点，复杂网络加权平均最短路径在攻击节点累积达到 15 个之前的波动变化都比较平缓，说明杰出科技创新人才复杂网络对蓄意攻击和随机攻击的抗毁性都比较好。

由图 10-7 中可以看出，杰出科技创新人才复杂网络在随机攻击和蓄意攻击策略下复杂网络自然连通度的变化情况几乎一致，随着攻击节点的增加复杂网络自然连通度逐渐下降。表明杰出科技创新人才在随机攻击和蓄意攻击策略下，复杂网络自然连通度逐渐下降，但由于杰出科技创新人才的七商相关指标都处于较高水平，相关指标都得到了全面发展，随机攻击指标节点和攻击重要节点的两种策略对整个复杂网络抗毁性影响没有较大的区别。

10.3.2.2 一般科技创新人才复杂网络抗毁性分析

一般科技创新人才复杂网络在随机攻击和蓄意攻击策略下复杂网络加权平均最短路径和自然连通度的变化情况结果如图 10-8 和图 10-9 所示。

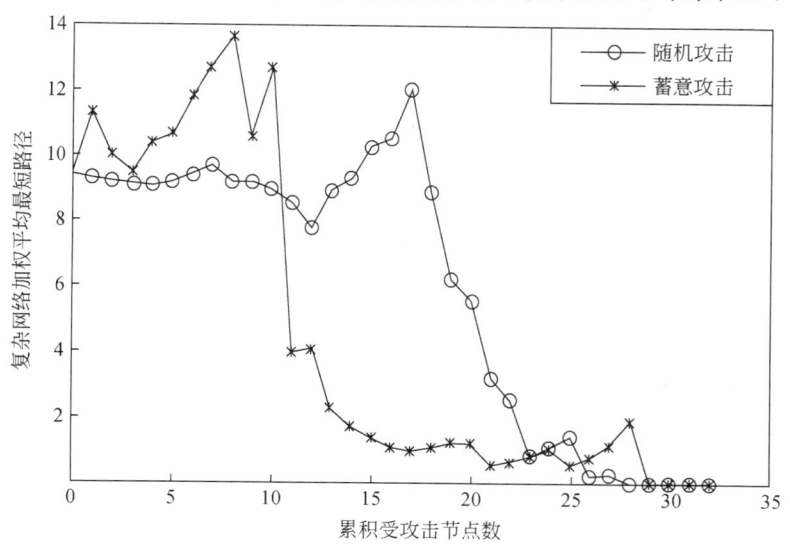

图 10-8 随机攻击和蓄意攻击策略下复杂网络加权平均最短路径的变化情况

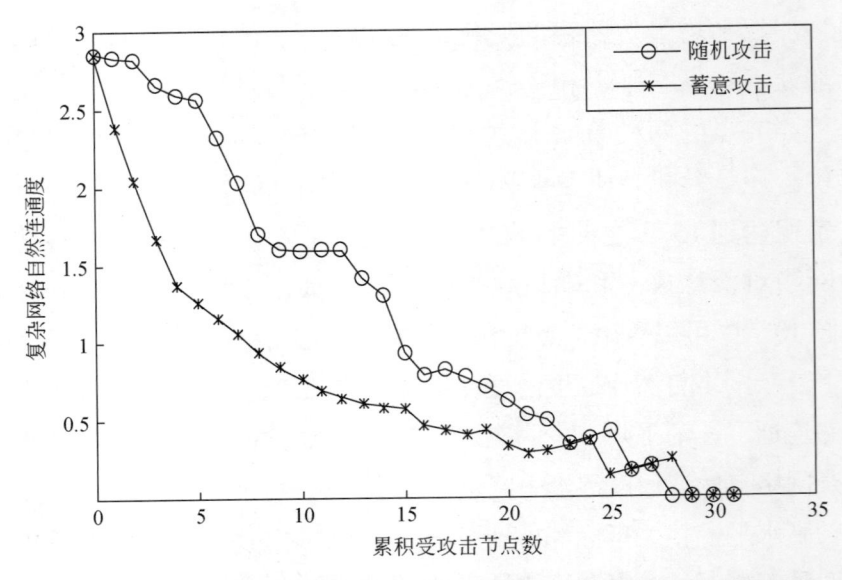

图 10-9 随机攻击和蓄意攻击策略下复杂网络自然连通度的变化情况

由图 10-8 可以看出，在蓄意攻击下一般科技创新人才复杂网络的加权平均最短路径值迅速增加，攻击节点累积到 10 个后迅速下降至 0。而在随机攻击策略下，一般科技创新人才复杂网络的加权平均最短路径值在攻击前期的变化不大，但在攻击后期随机攻击策略下加权平均最短路径值的下降趋势比蓄意攻击更加明显。图 10-9 随机攻击和蓄意攻击策略下复杂网络自然连通度的变化情况也表明，在攻击后期随机攻击比蓄意攻击对网络的影响更大，并比蓄意攻击更早达到零点。对一般科技创新人才的抗毁性来说，在攻击前期，蓄意攻击对复杂网络的影响较大；在攻击后期，随机攻击对复杂网络的影响较大。一般科技创新人才复杂网络加权平均最短路径和自然连通度在两种攻击策略下的变化情况表明，一般科技创新人才对重要节点的抗毁性较弱，需加强相关指标能力的培养。

10.3.2.3 潜在科技创新人才复杂网络抗毁性分析

潜在科技创新人才复杂网络在随机攻击和蓄意攻击策略下复杂网络加权平均最短路径和自然连通度的变化情况结果如图 10-10 和图 10-11 所示。

10 科技创新人才关键要素实证分析

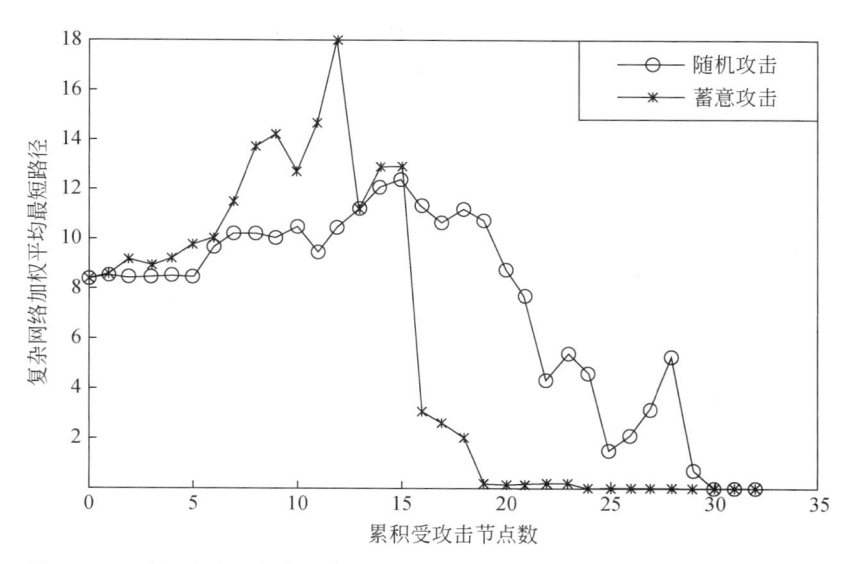

图 10-10 随机攻击和蓄意攻击策略下复杂网络加权平均最短路径的变化情况

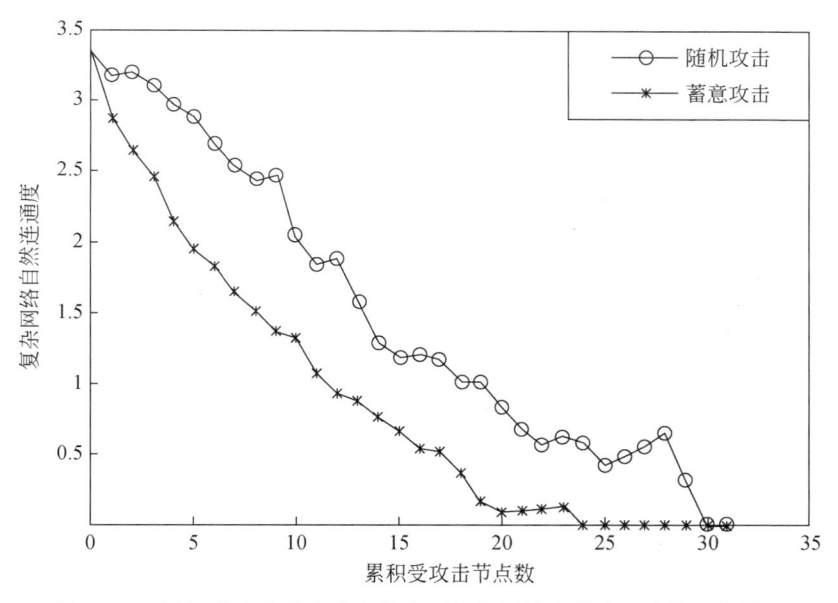

图 10-11 随机攻击和蓄意攻击策略下复杂网络自然连通度的变化情况

从图 10-10 和图 10-11 中明显看出潜在科技创新人才复杂网络在蓄意攻击策略下的加权平均最短路径和自然连通度的变化都比较明显，并迅速达到零值。随机攻击和蓄意攻击策略下抗毁性的变化情况表明，由于潜在科技创新人才的各项指标普遍不高，所构成的复杂网络对蓄意攻击的抗毁性较弱。

10.4 科技创新人才关键要素脑认知模型分析

钱学森院士作为中国科技创新事业的杰出贡献者,其对科技创新样本数据的研究、对科技创新人才相关研究有重要的意义。因此,本节分别利用基于贝叶斯分类器的科技创新人才分类模型、基于层次聚类法的科技创新人才鉴别模型和基于先验决策的谱系聚类法的科技创新人才鉴别模型对钱学森院士样本数据进行匹配,并对鉴别模型输出结果进行分析。

10.4.1 基于贝叶斯分类器的科技创新人才分类匹配模型实证分析

将钱学森院士的七商 32 个指标数据作为概念加工中贝叶斯分类器的输入,人才分类的结果显示钱学森院士样本与杰出科技创新人才匹配的概率为 100%。

1)基于贝叶斯分类器的单个商的人才分类模型的匹配结果如图 10-12 所示。

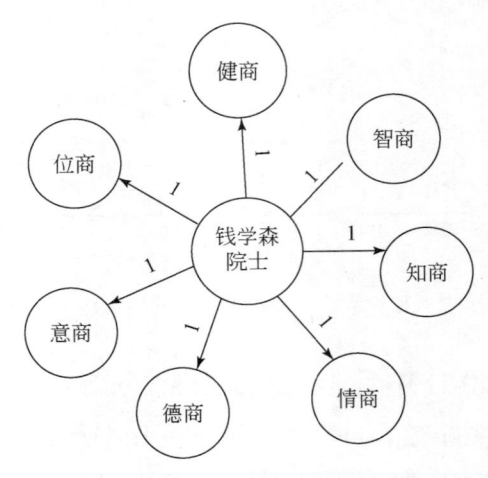

图 10-12 基于贝叶斯分类器的单个商的人才分类模型的匹配结果

将钱学森院士的各商分别进行贝叶斯分类器人才分类实验,发现钱学森院士在健商、智商、知商、情商、德商、意商、位商所占的权重值均为1,说明钱学森院士在七商上都非常优秀,是个"七商全优型"人才。

2) 只包含两种商的数据样本进行贝叶斯分类器人才分类的模型匹配结果如图 10-13 所示。

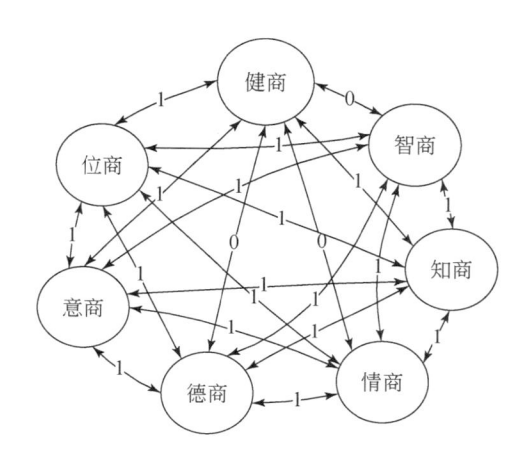

图 10-13 基于贝叶斯分类器的两两商组合的人才分类模型的匹配结果

钱学森院士的七商中,健商与知商、意商、位商联系紧密;智商与知商、情商、德商、意商、位商联系紧密;知商与健商、智商、情商、德商、意商、位商联系紧密;情商与智商、知商、德商、意商、位商联系紧密;德商与智商、知商、情商、意商、位商联系紧密;意商与健商、智商、知商、情商、德商、位商联系紧密;位商与健商、智商、知商、情商、德商、意商联系紧密。这正与杰出科技创新人才两两商关联完全吻合。

10.4.2 基于数据加工方法的科技创新人才匹配模型实证分析

将钱学森院士的七商 32 个指标数据输入基于数据加工方法的人才的鉴别模型,鉴别结果显示钱学森院士样本与科技创新人才匹配成功。

由 10.4.1 节中的实证分析及图 10-14 所示,通过分析钱学森院士在该模型中的鉴别结果可知:钱学森院士的智商、知商、情商、德商、意商

探究"钱学森之问"——科技创新人才智能分析

和位商的相关指标表现都非常优秀,尤其在知商、意商的相关指标方面表现十分突出。他的受教育程度、应变能力、逻辑思维能力、知识获取能力、情绪认知能力、情绪控制与调节能力、自身行为把控能力、自信程度、对待事物主动性、决策执行能力、决策水平、社会责任感、奉献精神和敬业程度等指标方面表现十分优秀。该模型得出的结果与钱学森图书馆调研结果的情况相符。

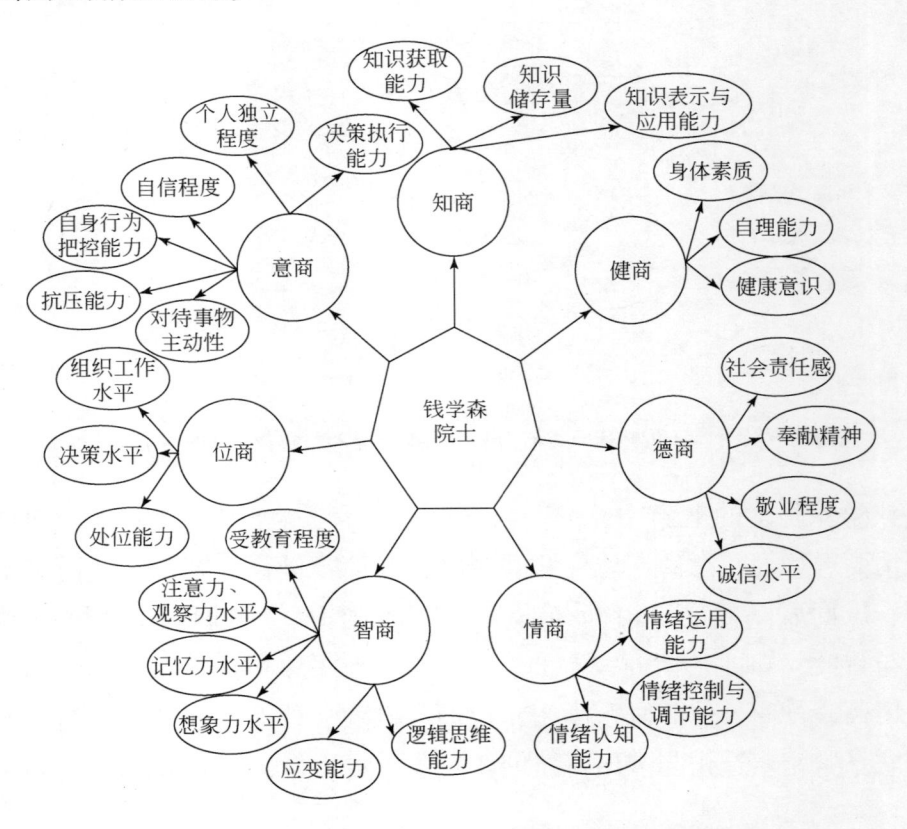

图 10-14 钱学森院士的基于数据加工方法的人才的鉴别结果

10.4.3 基于双向协同加工方法的科技创新人才匹配模型实证分析

将钱学森院士的七商 32 个指标数据输入基于双向协同加工方法的人

才的鉴别模型，鉴别结果显示钱学森院士样本与科技创新人才匹配成功，而且位于杰出科技创新人才的成长模式的最优位置。

钱学森院士在基于双向协同加工方法的人才的鉴别模型中的所处位置如图 10-15 所示，其中黑色椭圆中的案例代表钱学森院士在人才发展谱系树中的定位。

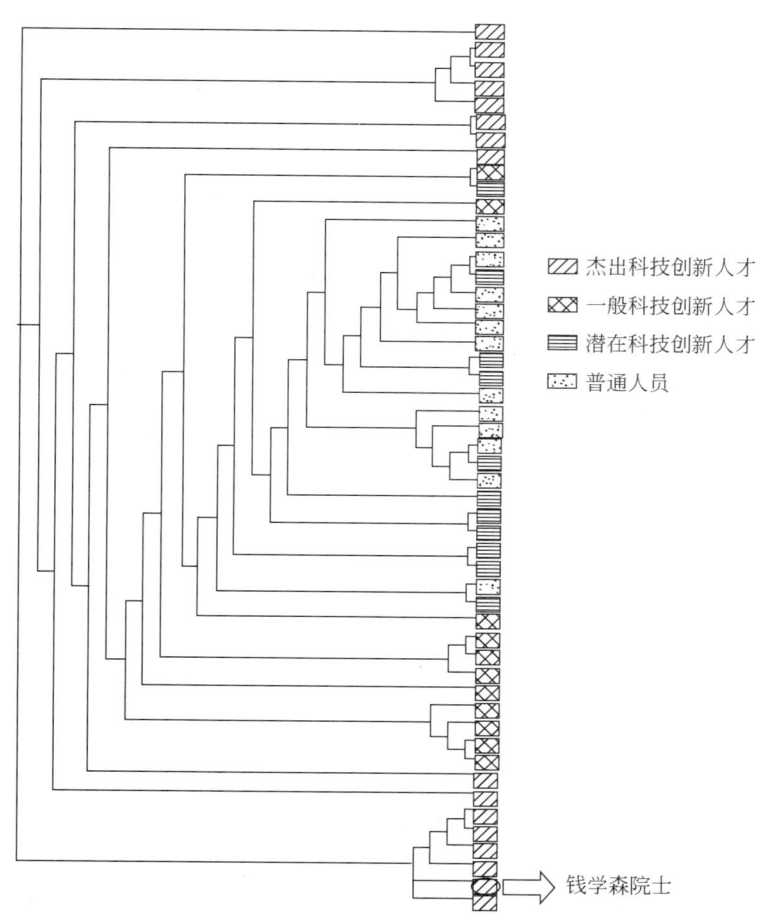

图 10-15　钱学森院士的基于双向协同加工方法的人才的鉴别结果

通过分析钱学森院士在人才发展谱系树中的所处位置，可知钱学森院士的身体素质、父母遗传基础、受教育程度、记忆力水平、想象力水平、逻辑思维能力、知识获取能力、知识存储量、知识表示与应用能力、情绪认知能力、情绪表达能力、社会责任感、奉献精神、对待事物主动性、自身行为把控能力、自信程度、决策执行能力、抗压能力、处位能力和组织工作水平指标方面表现非常优秀。该模型得出的结果与钱学森图书馆调研结果的情况相符。

10.5 科技创新人才关键要素机器智能模型分析

在本节中，采用 K-means 的多种科技创新人才原型定量分析对匹配结果进行分析。基于模式识别的科技创新人才的关键要素抽取和基于 Apriori 算法的科技创新人才的七商之间关联规则挖掘则仅对钱学森院士样本数据进行匹配。

10.5.1 基于模式识别的科技创新人才的关键要素抽取实证分析

将钱学森院士的七商 32 个指标数据输入 SVM 模型，匹配结果显示钱学森院士与杰出科技创新人才匹配度为 100%。

利用钱学森样本的 32 个指标来抽取支撑向量的匹配结果最好。匹配结果可以说明钱学森院士在七商的 32 个素质上都表现得非常优秀，是杰出科技创新人才的典型代表人物。

早期，钱母章兰娟很重视对钱学森运动协调能力的培养，幼年对健商的培养有利于健康意识的形成，这使钱学森院士在健康意识、身体素质、运动协调能力方面都表现得非常优秀，这也是钱学森走上杰出型科技创新人才道路的基础，而这一点对于中国航天事业的发展尤为重要。

钱学森的父母有着相对较高的文化素质，对于钱学森智商的影响除了生理遗传因素外，钱父钱母对文化知识的重视及其本身所具有的广泛的学习兴趣和严谨的学习作风，都对孩提时代的钱学森起着潜移默化的影响，使钱学森的智商得到了很好的挖掘和发展。钱学森观察事物全面、能动、细致、准确，注意力、观察力水平高，有很好的理解能力、分析能力、逻辑思维缜密，同时，他受教育程度高，具有敏锐的注意力、观察力，拥有良好的记忆力，另外，钱学森院士不卑不亢、应变能力强，有很好的语言理解及表达能力，这充分展现了他的高智商。

钱学森院士的知识储备非常深厚，能很好地表达与运用知识，知识获取能力和知识表示与应用能力强，充分显示出他的知商之高。

钱学森是一名科学家，同时也是一位杰出的领导者，面对危机和压力，临危不惧。强大的情绪控制与调节能力包括自身情绪的控制能力和自身情绪的调节能力，他用自己的人格魅力、优秀的情绪表达能力感染鼓舞了所有人。另外他能准确地把握自身、他人的情绪，具有很强的情绪认知能力，可见他的情商非常高。

钱学森院士在科研事业中能深入基层、以身作则，他的敬业程度、工作投入度、科研深入度令人感到敬佩；对他人的无私帮助、对科研的奉献精神，使他拥有较强的奉献精神；钱学森能够对集体负责、对国家负责，拥有高度的社会责任感和诚信水平，可见他的德商非常高。

钱学森抗压能力强，充分体现其超高的适应力、容忍力、耐力及战胜力，并且对于决策绝对执行的果断性，可见其决策执行能力之高。他对于事物总有自己独特的看法，是一位个人思想独立、对待事物主动性高的科学家、思想家。另外，他的自身行为把控能力和个人独立程度较好，以上均可说明钱学森具有很高的意商。

钱学森拥有优秀的处位能力，对自己的定位精准，可以正确认识到自己的处位，也能准确地认识他人定位，以此可以看出钱学森的处位能力之强。钱学森拥有优秀超高的决策能力、卓越的组织协调能力，以上均可说明钱学森的位商之高。

10.5.2 基于 Apriori 的创新人才要素间的关联规则的实证分析

将钱学森院士的七商数据与基于 Apriori 算法挖掘得到的科技创新人才要素间的关联规则进行匹配，结果显示钱学森院士的七商要素符合基于

探究"钱学森之问"——科技创新人才智能分析

Apriori 算法挖掘得到的科技创新人才要素间的关联规则。

通过文本资料挖掘可知,钱学森院士在开拓中国航天事业的过程中,他高水平的智商、知商、德商、意商和位商相互协调,促进了中国航天事业的发展。钱学森院士在建设航天科技创新人才队伍的过程中,他的高水平的智商、知商、德商、意商和位商相互协调,在航天科技人才培养方面获得巨大成功,为中国航天事业的发展提供了人才后备军。钱学森院士在规划航天科技发展蓝图的过程中,他的高水平的智商、德商、意商和位商相互协调;在开拓建立航天系统工程管理体系的过程中,他的高水平的智商、知商、德商和意商相互协调;在主持重大技术方案的决策和实施的过程中,他的高水平的智商、德商、意商、情商和位商相互协调,使中国航天事业得以源源不断地顺利发展。

钱学森院士的研究从空气动力学到物理力学过渡的过程中,他的高水平的智商、知商、意商和位商相互协调。钱学森院士的研究从工程控制论到系统科学过渡的过程中,他的高水平的智商、德商、意商和知商相互协调。钱学森院士在建立现代科学体系的过程中,他的高水平的智商和知商相互协调。钱学森院士在创建综合集成方法的过程中,他的高水平的德商和知商相互协调。

钱学森院士身上忠贞不渝的爱国情怀,是其高水平的智商、德商、意商、情商和位商相互作用的结果。钱学森院士身上卓尔不群的科学品质,是其高水平的智商、德商、意商和知商相互作用的结果。钱学森院士身上超凡脱俗的精神境界,是其高水平的德商和位商相互作用的结果。

钱学森院士经常出入图书馆体现了知识获取能力中的主动学习能力,选择涉足感兴趣的航空理论研究说明具有独立的知识选择能力。相关论文的发表说明钱学森院士具有知识表示与应用能力中的知识表达、知识运用和知识创新能力。钱学森院士孜孜不倦地汲取着书中的知识也是一种高德商的表现。钱学森与书结伴、持之以恒的精神,是钱学森院士知商得以不断提升的不竭动力,是其意商助推人生发展的重要体现,是对待事物主动性及自身行为把控能力的充分展现,是实现科学创新的先决条件。

参 考 文 献

[1] 赵宏远. 创新型科技人才科技人才资源开发战略研究[D]. 合肥:安徽大学,2007.

[2] 王广民,林泽炎. 创新型科技人才的典型特质及培育政策建议——基于84名创新型科技人才的实证分析[J]. 科技进步与对策,2008,25(7):186-189.

[3] 韩利红,李荣平. 河北省创新型科技人才竞争力评价与分析[J]. 河北大学学报(哲学社会科学版),2009,34(6):117-124.

[4] 廖志豪. 高校科技创新型人才的素质特征及培养[J]. 合肥师范学院学报,2010,28(1):107-111.

[5] 刘敏,张伟. 科技创新人才概念及统计对象界定研究——以甘肃为例[J]. 西北人口,2010,31(1):125-128.

[6] 王贝贝. 创新型科技人才特征:结构维度、相互影响及其在评价中的应用[D]. 南京:南京航空航天大学,2013.

[7] 李燕. 我国科技创新领军人才的过去、现在与未来[J]. 中国人力资源开发,2015,(21):65-71.

[8] 马克思. 资本论第一卷[M]. 北京:人民出版社,1975:26.

[9] Burger J M. 人格心理学[M]. 陈会昌译. 北京:中国轻工业出版社,2000:84-289.

[10] 白金铠. 科技人才素质培养纵横谈[J]. 沈阳农业大学学报(社会科学版),1999,(2):149-152.

[11] 施章清. 创新教育与创新人才的培养[J]. 黑龙江高教研究,1999,(3):50-53.

[12] 朱清时,方健华,丁伟红. 创新人才的培养与我国当前教育的改革[J]. 江苏教育研究,2009,(16):3-8.

[13] 黄楠森. 创新人才的培养与人学[J]. 南昌高专学报,2000,(1):5-7.

[14] 殷石龙. 创新学引论[M]. 湖南:湖南人民出版社,2001:115-151.

[15] 张黎. 创新人才素质浅谈[J]. 高等工程教育研究,2001,(3):96-97.

[16] 郝克朋. 造就拔尖创新人才与高等教育改革[J]. 北京大学教育评论,2004,2(2):7-12.

[17] 隋延力. 创新人才的识别与培养[J]. 研究与发展管理,2004,16(4):114-118.

[18] 陈希. 按照党的教育方针培养拔尖创新人才[J]. 中国高等教育,2002,(23):5-7.

[19] 董国强. 创新人才素质培养研究[D]. 哈尔滨:哈尔滨工程大学,2005.

[20] 赵传江. 创新型人才的个性特点探析[J]. 教育理论与实践,2002,(9):16-17.

探究"钱学森之问"——科技创新人才智能分析

[21] 林秀华,汪健,杨存荣,等. 创新能力培养——对清华大学两院院士的调查[J]. 清华大学教育研究,2002,23(5):41-44.

[22] 刘新彦. 诺贝尔自然科学奖得主的精神特质和与境[J]. 自然辩证法通讯,2002,24(3):8-9.

[23] 王建鸣. 诺贝尔化学奖获得者素质分析及对我国的启示[J]. 科技进步与对策,2003,20(8):108-109.

[24] 郑婧. 从诺贝尔奖获得者看高层次科技创新人才素质的构成[J]. 技术与创新管理,2005,26(4):24-26.

[25] 张秀萍. 拔尖创新人才的培养与大学教育创新[J]. 大连理工大学学报(社会科学版),2005,26(1):9-15.

[26] 赵鹏大. 坚持教育改革 培养"五强"地学创新型人才[J]. 中国地质教育,2006,15(1):18-22.

[27] 田建国. 关于21世纪创新型人才培养的思考[J]. 中国教育家大会会刊,2007:9-11.

[28] 王彦梅. 贵州省科技创新人才培养对策研究[D]. 贵阳:贵州大学,2007.

[29] 王思思. 创新型科技创新人才成长的必备素质和环境条件[J]. 科技创业月刊,2007,(11):140-141.

[30] 叶明. 中国科技精英的基本素质分析[J]. 南京理工大学学报(社会科学版),2007,20(4):75-79.

[31] 邢媛媛. 浅析创新型科技创新人才应具备的基本素质和品格[J]. 科技管理研究,2008,28(5):202-204.

[32] 姜建明. 高校培养科技创新人才的思考[J]. 教育评论,2009,(4):21-24.

[33] 余祥庭,李晓锋. 创新型人才的特征及其培养的实践探索[J]. 教育探索,2009,(10):92-93.

[34] 廖志豪. 高校科技创新型人才的素质特征及培养[J]. 合肥师范学院学报,2010,28(1):107-111.

[35] 吕淑琴,陈洪,李雨民. 诺贝尔奖的启示[M]. 北京:科学出版社,2010.

[36] 林崇德,胡卫平. 创造性人才的成长规律和培养模式[J]. 北京师范大学学报(社会科学版),2012,(1):36-42.

[37] 吕成祯. 有灵魂的卓越:拔尖创新人才培养的终极诉求[J]. 教育发展研究,2015,(13-14):56-60.

[38] 郑庆华. 为天下储人才,为国家图富强[J]. 高等工程教育研究,2016,(2):34-39.

[39] 黄小平. 五因子素质结构模型构建及其对我国高校创新型科技创新人才培养的启示[J]. 复旦教育论坛,2017,15(2):54-60.

[40] 王通讯. 人才成长的八大规律[J]. 决策与信息,2006,(5):53-54.

[41] 朱克曼. 科学界的精英——美国的诺贝尔奖金获得者[M]. 周叶谦,冯世则译. 北京:商务印书馆,1979:93.

[42] Roco M. Creative personalities about creative personality in science [J]. Revue Roumaine de Psychology,2006,(1):27-36.

[43] Golub B. Motivational factors in departure of young scientists from Croatian science[J]. Scientometrics,2002,53(3):429-445.

[44] Ren Y F. Characteristics of innovative studies of science as judged from the Nobel Prize for chemistry[J]. Journal of Inner Mongolia University,2002,34(1):68-72.

[45] Zweig D, Chen C G, Rosen S. Globalization and transnational human capital: overseas and returnee scholars to China[J]. The China Quarterly,2004,(179):735-757.

[46] Parke J N. Collaboration in the new life sciences[J]. Standards Regulation & Applications Artech,2010,(47):47-63.

[47] Chan H F, Torgler B. The implications of educational and methodological background for the career success of Nobel laureates: an investigation of major awards[J]. Scientometrics,2015,102(1):847-863.

[48] 郭新艳. 科技创新人才成长规律研究[J]. 科技管理研究,2007,27(9):223-225.

[49] 郭樑. 基于人才矢量分析的拔尖创新人才成长规律研究[J]. 中国高教研究,2006,(6):40-41.

[50] 林曾. 年龄与科研能力的关系[J]. 教育科学文摘,2009,(2):58.

[51] 傅裕贵. 科技创新人才成长之内在要素与重要过程研究[J]. 中国科学基金,2009,(5):287-290.

[52] 史静寰. 创新人才的特征及培养[J]. 大学(学术版),2011,(2):31-32.

[53] 李亚员. 创新人才成长规律:一个学术史的考察[J]. 国家教育行政学院学报,2016,(7):33-38.

[54] 张俊芳,李克仁,薛伟. 科技精英的成功之路[J]. 中国软科学,1994,(11):121-125.

[55] 马建光. "两弹一星"科技精英成才规律探析[J]. 高等教育研究学报,2002,25(4):70-71.

[56] 刘芳. 科技领军人才成长因素研究——国家最高科学技术奖获得者为例[D]. 武汉:武汉科技大学,2011.

[57] 张霜梅. 拔尖创新人才培养研究[D]. 成都:电子科技大学,2013.

[58] 郭俊. 高校科技创新领军人物成长规律的实证分析[J]. 研究与发展管理,2013,25(2):120-125.

[59] 付连峰. 当代中国的科技精英及其形成路径研究[D]. 天津:南开大学,2014.

[60] 傅宇. 拔尖创新人才成长背景与规律调查研究[J]. 合作经济与科技,2015,(7):68-72.

[61] 高芳祎. 华人精英科学家成长过程特征及影响因素研究[D]. 上海:华东师范大学,2015.

[62] 吴培熠,陈印政,张世专,等. 国家最高科学技术奖获得者群体特征分析[J]. 西北大学学报(自然科学版),2016,46(1):151-156.

[63] 马孝民,周竞,李丽佳. 试论影响科技创新人才成长的七大因素[J]. 科技管理研究,1990,(4):49-51.

[64] 万文涛. 大学科研团队的培育研究[M]. 南昌:江西人民出版社,2009.

[65] 刘少雪. 研究型大学科学精英培养中的优势累积效应——基于诺贝尔奖获得者和中国科学院

探究"钱学森之问"——科技创新人才智能分析

院士本科就读学校的分析研究[J].江苏高教,2011,(6):86-89.

[66] 刘亚俊,王黎明,覃孟扬.科学家之路:从博士研究生到诺贝尔物理学奖得主[J].大学物理,2008,27(7):37-40.

[67] 陈其荣,廖文武.科学精英是如何造就的[M].上海:复旦大学出版社,2011.

[68] 董凌轩,胡文婷,陈贡.国际科技人才成长中合作团队特征及其演变研究——以诺贝尔物理学奖获奖者为例[J].现代情报,2014,34(9):10-15.

[69] 朱明明,万文涛.中美创新人才成长规律比较分析研究[J].西南民族大学学报(人文社会科学版),2017,(4):209-217.

[70] 吴殿廷,刘超,顾淑丹,等.高级科学人才和高级科技人才成长因素的对比分析:以中国科学院院士与中国工程院院士为例[J].中国软科学,2003,(8):70-75.

[71] Cao C. China's Scientific Elite[M]. New York:Routledge,2004.

[72] 邓笑天.顶尖科技创新人才成长规律初探[J].经纪人学报,2006,(2):51-53.

[73] 卜晓勇.中国现代科学精英[D].合肥:中国科学技术大学,2007.

[74] 张煌.中国现代军事技术创新高端人才研究[D].长沙:国防科学技术大学,2011.

[75] 白春礼.人才与发展——国立科研机构比较研究[M].北京:科学出版社,2011.

[76] 张楠,李斌.中国女院士的教育背景分析[J].长沙理工大学学报(社会科学版),2014,(6):34-39.

[77] Finke R A, Ward T B, Smith S M. Creative Cognition:Theory, Research, and Applications[M]. Cambridge,MA:MIT Press,1992.

[78] Amabile T M. A model of creativity and innovation in organizations[J]. Research in Organizational Behavior,1988,10(10):123-167.

[79] Lubart T I, Sternberg R J. An investment approach to creativity:theory and data[J]. The Creative Cognition Approach,1995:271-302.

[80] Csikszentmihalyi M. Implications of a Systems Perspective for the Study of Creativity[M]. New York:Cambridge University Press,1999.

[81] Chung N,Ro G. The effect of problem-solving instruction on children's creativity and self-efficacy in the teaching of the practical arts subject[J]. Journal of Technology Studies,2004,30(2):116-122.

[82] Park S,Lee S Y,Oliver J S,et al. Changes in Korean science teachers' perceptions of creativity and science teaching after participating in an overseas professional development program[J]. Journal of Science Teacher Education,2006,(17):37-64.

[83] Houng M, Kang N H. South Korean and the US secondary school science teachers' conceptions of creativity and teaching for creativity[J]. International Journal of Science and Mathematics Education,2010,(8):821-843.

[84] Barak M. Fostering systematic innovative thinking and problem solving:lessons education can learn from industry[J]. International Journal of Technology and Design Education,2002,(12):227-247.

[85] Lewis T. Creativity in technology education: providing children with glimpses of their inventive potential[J]. International Journal of Technology & Design Education, 2009, (19):255-268.

[86] Gibson R. The 'art' of creative teaching: implications for higher education[J]. Teaching in Higher Education, 2010, 15(5):607-613.

[87] Eckhoff A, Urbach J. Understanding imaginative thinking during childhood: sociocultural conceptions of creativity and imaginative thought[J]. Early Childhood Education Journal, 2008, (36):179-185.

[88] Berg D H. The power of a playful spirit at work[J]. Journal for Quality & Participation, 1995, 22(6):3-5.

[89] Chang C P, Hsu C T, Chen I J. The relationship between the playfulness climate in the classroom and student creativity[J]. Quality & Quantity, 2013, 47(3):1493-1510.

[90] 王强,宋协青,张子睿. 创新型科技人才培养模式的研究[J]. 东北大学学报(社会科学版),2001,3(3):229-231.

[91] 蒋雪岩,谢朝阳. 论大学创新人才及其培养[J]. 台声:新视角,2006,(1):193-194.

[92] 赵欢. 试论高校创新人才教学模式的构建[J]. 黑龙江教育(高教研究与评估版),2006,(11):42-44.

[93] 彭菊香,刘向红. 对创新人才培养的思考[J]. 技术与创新管理,2007,28(3):61-63.

[94] 姜联合,袁志宁,朱建民,等. 借"钱学森之问"探讨我国科技创新人才早期培养模式[J]. 科普研究,2011,6(3):27-31.

[95] 李中斌. 科技创新人才的培养及其发展策略[J]. 人口与经济,2011,(5):24-28.

[96] 司徒倩滢. 我国科技人才政策评估[D]. 北京:首都经济贸易大学,2015.

[97] 赵鹏飞,朱雪梅,郭威. 青年科技人才培养机制存在的问题及对策建议——以中国水产科学研究院为例[J]. 山西财经大学学报,2015,37(s2):13-15.

[98] 胡军. 科技创新人才多元化培养路径的战略研究[J]. 电子科技大学学报(社会科学版),2008,10(6):66-69.

[99] 张秀萍. 拔尖创新人才的培养与大学教育创新[J]. 大连理工大学学报(社会科学版),2005,26(1):9-15.

[100] 王红乾. 产学研结合推动高校发展方式转变[J]. 中国高校科技,2011,(6):25-26.

[101] 叶赋桂,罗燕. 拔尖创新人才的新思维[J]. 复旦教育论坛,2011,(9):19-23.

[102] 赵姝颖,潘峰. 基于多维实践平台的大学生创新实践能力培养[J]. 实验室研究与探索,2013,(11):311-313.

[103] 詹秋文. 农科大学生科技创新能力培养模式的探索与实践——以安徽科技学院为例[J]. 安徽科技学院学报,2016,30(5):85-88.

[104] 胡冬煦. 求之于势:研究型大学的个性发展之道[J]. 高等教育国际论坛,2004:1-3.

[105] 刘扬正,王佩麟. 课外科技创新活动在大学生创新能力培养中的作用[J]. 南京工程学院学报(社会科学版),2006,6(1):50-53.

探究"钱学森之问"——科技创新人才智能分析

[106] 王丽茹.跨学科领域研究对科技创新的促进作用[J].科技进步与对策,2003,(1):2-3

[107] 范宁军,唐胜景,丁建中,等.建设跨学科军工专业,培养国防科技创新人才[J].北京理工大学学报(社会科学版),2007,9(s1):36-38.

[108] 应中正,姬刚,严帅,等.新时代背景下创新人才的特征与培养路径探索[J].思想教育研究,2011,(6):99-101.

[109] 孟成民.基于跨学科复合型人才培养的科研创新平台建设[J].科技管理研究,2011,(14):102-104.

[110] 周叶中.科技创新与研究生创新能力的跨学科培养[J].中国高校科技,2011,(3):16-18.

[111] 黄勇荣.论研究生科技创新能力的培养——跨学科的观点[J].黑龙江高教研究,2016,(11):82-84.

[112] 钟秉林,董奇,葛岳静,等.创新型人才培养体系的构建与实践[J].中国大学教学,2009,(11):22-24.

[113] 张磊.跨学科创新型人才培养模式研究[J].河南科技学院学报,2013,(6):16-18.

[114] 何钟宁,刘超,陈松山.科技创新活动与人才培养相结合途径探讨[J].扬州大学学报(高教研究版),2010,14(5):50-52.

[115] 董变林.立体多维科技创新人才培养模式[J].计算机教育,2012,(22):1-4.

[116] 王剑,孙锐,陈立新,等.我国高层次创新型科技人才培养的若干问题研究[J].科学学与科学技术管理,2012,33(8):165-173.

[117] 贺岚.协同创新模式下科技创新人才发展探究[J].科技管理研究,2015,(14):94-99

[118] 冯刚.拔尖创新人才培养与加强研究生思想政治教育的思考[J].思想教育研究,2009,(10):9-14.

[119] 冯慧.理科拔尖人才培养中的个性化思想政治教育研究[J].学校党建与思想教育,2012,(18):50-51.

[120] 翟立.创新人才思想政治教育研究——以西北农林科技大学为例[D].杨凌:西北农林科技大学,2012.

[121] 赵辰智.论思想政治工作在科技人才队伍建设中的重要性[J].山西科技,2016,31(5):40-41.

[122] 眭依凡.大学:如何培养创新型人才——兼谈美国著名大学的成功经验[J].北京青年工作研究,2006,(12):15-18.

[123] 黄江涛,毕正宇.关于高校创新型人才培养模式的探析[J].科教文汇,2012,(9):23,33.

[124] 孙孝科.美国科技人才策略及其对中国的启示[J].南京邮电大学学报(社会科学版),2014,16(2):112-118.

[125] 白强.美国名校科技创新人才培养的实践经验与启示——基于哈佛大学、斯坦福大学和麻省理工学院的考察[J].教师教育学报,2015,2(3):112-117.

[126] 陈锦其,徐明华.知识二元性视角下的创新型科技人才政策研究[J].科技进步与对策,2013,

(12):109-113.

[127] 李光红,杨晨.高层次人才评价指标体系研究[J].科技进步与对策,2007,24(4):186-189.

[128] 魏海燕,何萌.高校高层次科技人才素质评价层次分析模型研究[J].科技和产业,2014,14(10):97-100.

[129] 韩瑜,邵红芳,薄晓明,等.省属高校拔尖创新人才评价指标体系研究[J].基础医学教育,2010,12(4):445-448.

[130] 徐步朝,张延飞,王合义.地质科技人才素质的模糊综合评价[J].科技管理研究,2009,29(10):457-460.

[131] 李良成,杨国栋.基于因子分析的广东省创新型科技人才竞争力评价[J].科技管理研究,2012,32(10):51-55.

[132] 时玉宝.创新型科技人才的评价、培养与组织研究[D].北京:北京交通大学,2014.

[133] 李燕,肖建华,李慧聪.我国科技创新领军人才素质特征研究[J].中国人力资源开发,2015,(11):13-20.

[134] 黄小平,李毕琴.高校科技创新人才素质结构研究[J].心理学探新,2017,37(5):454-458.

[135] 刘泽双,章丹,康英.基于遗传算法的模糊综合评价法在科技人才创新能力评价中的应用[J].西安理工大学学报,2008,24(3):376-381.

[136] 蔡会娟.基于AHP和BP神经网络的高校研究生综合素质评价研究[D].郑州:河南师范大学,2014.

[137] Ren L, Liu J, Wang L. Investigation of the health quotient status and the influence factors among preventive medical students[J]. Chinese Journal of Social Medicine,2016,33(2):141-143.

[138] Yesikar V, Guleri S, Dixit S, et al. Intelligence quotient analysis and its association with academic performance of medical students[J]. International Journal of Community Medicine and Public Health,2017:275-281.

[139] Visweswara U, Chandra S. Community Formation in Social Networks Based on Knowledge Quotient[C]. Bangalore, India: International Conference on Internet Multimedia Systems Architecture and Application,IEEE,2012.

[140] Rafiei M. The effect of emotional quotient on the organizational citizenship behavior in some, Iranian hospitals[J]. Kybernetes,2017,(7):1189-1203.

[141] Yodsakun A, Kuha A. Relationship between emotional intelligence(EQ), adversity quotient(AQ) and moral quotient(MQ) towards academic achievement of Mattayom Suksa two students[J]. Journal of the Faculty of Education,2008,19(2):129-142.

[142] Hao L, Cui Y G. Will-quotient and cultivation of creative talents[J]. Journal of Shandong Institute of Commerce & Technology,2008,8(4):34-36.

[143] Purificación C, Pablo F B. The role of intelligence quotient and emotional intelligence in cognitive control processes[J]. Frontiers in Psychology,2015,6(700):58-66.

［144］Tang Q. On the objectivity principle of reference to values by Max Weber［J］. Journal of Chongqing Normal University（Edition of Social Sciences）,2016,4:63-67.

［145］Wang J D. Principles of scientific research: deductive methods and process of conjecture and refutation［J］. Basic Principles And Practical Applications In Epidemiological Research,2015: 17-38.

［146］Yan J,Ma L. Research on the Managing Problems of Regional Social & Economic System Based on Systemic Fields Controlling［J］. Contemporary Economy & Management,2009,31（4）:27-31.

［147］Chancerel P,Rotter V S,Ueberschaar M,et al. Data availability and the need for research to localize, quantify and recycle critical metals in information technology, telecommunication and consumer equipment［J］. Waste Management & Research,2013,31（10 Suppl）:3-16.

［148］Johansson N, Löfgren A. Designing for Extensibility: An Action Research Study of Maximizing Extensibility by Means of Design Principles ［R］. Gothenburg, Sweden: University of Gothenburg,2009.

［149］刘江华. 一种基于kmeans聚类算法和LDA主题模型的文本检索方法及有效性验证［J］. 情报科学,2017,（02）:16-21,26.

［150］李恩科,马玉祥,徐国华. 信息系统综合评价的模糊层次分析模型［J］. 情报学报,2000,（2）:181-186.

［151］付昂,王国胤,胡军. 基于信息熵的不完备信息系统属性约简算法［J］. 重庆邮电大学学报（自然科学版）,2008,20（5）:586-592.

［152］梁樑,王国华. 多层次交互式确定权重的方法［J］. 系统工程学报,2002,（4）:358-363.

［153］徐红利,周晶,徐薇. 基于累积前景理论的随机网络用户均衡模型［J］. 管理科学学报,2011,14（7）:1-7.

［154］Yang B,Liu D Y,Liu J,et al. Complex network clustering algorithms［J］. Journal of Software,2009,20（1）:54-66.

［155］Noel S, Jajodia S. Understanding Complex Network Attack Graphs through Clustered Adjacency Matrices［C］. Tucson, Arizona: Computer Security Applications Conference, IEEE Computer Society,2005.

［156］任卓明,邵凤,刘建国,等. 基于度与集聚系数的网络节点重要性度量方法研究［J］. 物理学报,2013,（12）:522-526.

［157］Metlicka M, Davendra D. Complex Network Based Adaptive Artificial Bee Colony Algorithm［C］. Vancouver,BC,Canada:IEEE Congress on Evolutionary Computation,IEEE,2016.

［158］Kang J,Lu S,Gong W,et al. A Complex Network Based Feature Extraction for Image Retrieval［C］. Quebec City,Canada:IEEE International Conference on Image Processing,IEEE,2015.

［159］张翼,刘玉华,许凯华,等. 一种基于互信息的复杂网络节点重要性评估方法［J］. 计算机科学,2011,（6）:88-89,109.

[160] 王亚,李永欣,黄文华. 人类脑计划的研究进展[J]. 中国医学物理学杂志,2016,33(2):109-112.

[161] 刘同奎. 人类脑计划[J]. 现代生物医学进展,2003,3(3):40-42.

[162] 陈骞. 欧美地区"脑计划"发展趋势[J]. 上海信息化,2016,(9):81-82.

[163] Bertolero M A, Yeo B T, D'Esposito M. The modular and integrative functional architecture of the human brain[J]. Proceedings of the National Academy of Sciences of the United States of America, 2015,112(49):E6798-E6807.

[164] 冯康. 认知科学的发展及研究方向[J]. 计算机工程与科学,2014,36(5):906-916.

[165] Duan X, Long Z, Chen H, et al. Functional organization of intrinsic connectivity networks in Chinese-chess experts[J]. Brain Research,2014,1558(17):33-43.

[166] 蔡厚德. 认知行为实验技术研究大脑两半球信息整合机制的新进展[J]. 南京师大学报(社会科学版),2004,(3):94-97.

[167] Phinney D G, Isakova I. Plasticity and therapeutic potential of mesenchymal stem cells in the nervous system[J]. Current Pharmaceutical Design,2005,11(10):1255.

[168] 钟磊. 基于贝叶斯分类器的中文文本分类[J]. 电子技术与软件工程,2016,(22):156.

[169] Morsier F D, Tuia D, Borgeaud M, et al. Cluster validity measure and merging system for hierarchical clustering considering outliers[J]. Pattern Recognition,2015,48(4):1478-1489.

[170] Stokes D. Seeing, doing, and knowing: a philosophical theory of sense perception[J]. British Journal of Aesthetics,2010,119(3):323-325.

[171] 朱锐,冯宏伟,冯筠等. 应用属性约简构建含有缺失数据的谱系树[J]. 计算机工程与应用,2018,54(10):180-185.

[172] Sevilla D C. The quest for artificial wisdom[J]. Ai & Society,2013,28(2):199-207.

[173] Che N, Wojtusiak J. Extreme logistic regression[J]. Advances in Data Analysis & Classification,2016,10(1):27-52.

[174] Kelly J E III, Hamm S. Smart Machines: IBM's Watson and the Era of Cognitive Computing[M]. New York: Columbia University Press,2013.

[175] Bishop C M. Pattern Recognition and Machine Learning(Information Science and Statistics)[M]. New York: Springer-Verlag,2006.

[176] Han J. Data Mining: Concepts and Techniques[M]. San Francisco: Morgan Kaufmann Publishers,2005.

[177] Pagel J F, Kirshtein P. Neural Networks[M]. Salt Lake City: Academic Press,2017.

[178] Lecun Y, Bengio Y, Hinton G. Deep learning[J]. Nature,2015,521(7553):436-444.

[179] 盛寅. 融合人件的协作系统中基于角色的人机协作机制研究[D]. 南京:南京大学,2015.

[180] 黄孝鹏. 基于人件的人机协同决策系统若干关键问题研究[D]. 南京:南京大学,2012.

[181] 王思臣,于潞,刘水,等. 分支界定算法及其在特征选择中的应用研究[J]. 现代电子技术,

2008,31(10):142-144.

[182] Gani A, Petkovi D, Pavlovi N T, et al. Algorithm for Extended Robust Support Vector Machine[J]. Applied Optics,2015,54(1):37-45.

[183] Javadi S, Hashemy S M, Mohammadi K, et al. Classification of aquifer vulnerability using K-means cluster analysis[J]. Journal of Hydrology,2017,549(3):27-37.

[184] Bhandari A, Gupta A, Das D. Improvised apriori algorithm using frequent pattern tree for real time applications in data mining[J]. Procedia Computer Science,2015,46:644-651.

[185] Zhang M. Application of BP neural network in acoustic wave measurement system[J]. Modern Physics Letters B,2017,31(1):19-21.

[186] Kim J S, Jung S. Implementation of the RBF neural chip with the back-propagation algorithm for online learning[J]. Applied Soft Computing,2015,29(C):233-244.

[187] Hu X Y, Wu J, Sun Q W, et al. Comparative study on ARIMA model and GRNN model for predicting the incidence of tuberculosis[J]. Academic Journal of Second Military Medical University,2016,27(8):12-24.